LA DEUXIÈME ANNÉE
D'ENSEIGNEMENT SCIENTIFIQUE

(SCIENCES NATURELLES ET PHYSIQUES)

Animaux — Végétaux
Pierres et Terrains — Physique — Chimie — Physiologie animale — Physiologie végétale

OUVRAGE

RÉPONDANT AUX NOUVELLES MATIÈRES OBLIGATOIRES DE L'ENSEIGNEMENT PRIMAIRE

ET AUX PROGRAMMES DES CLASSES ÉLÉMENTAIRES DES LYCÉES ET COLLÈGES

ACCOMPAGNÉ DE 550 GRAVURES

PAR

PAUL BERT

« Les sciences peuvent seules enseigner
« la non-crédulité sans enseigner le
« scepticisme, ce suicide de la raison. »

P. BERT.

DIX-HUITIÈME ÉDITION

PARIS
LIBRAIRIE CLASSIQUE ARMAND COLIN ET Cie
1, 3, 5, RUE DE MÉZIÈRES
(A côté de la Mairie Saint-Sulpice)

1888

AVANT-PROPOS

La Convention, qui a tout compris et tout décrété dans le domaine de l'enseignement primaire, avait institué un concours pour obtenir de bons livres élémentaires destinés aux écoles du premier degré. Lakanal, juge du concours, se plaignit vivement que les auteurs n'eussent pas compris les véritables intentions de la grande Assemblée :

« Les citoyens, dit-il, qui ont travaillé pour ce concours ont gé« néralement confondu deux objets très différents, des *élémen« taires* avec des *abrégés*. Resserrer, coarcter un long ouvrage, c'est « l'*abréger;* présenter les premiers germes et en quelque sorte la « matinée d'une science, c'est l'*élémenter;* il est facile de faire un « abrégé de Mézerai, tandis qu'il faudrait un Condillac pour nous « donner des éléments de l'histoire. Ainsi l'abrégé est précisément « l'opposé de l'élémentaire. »

Mon plus grand désir serait que le présent ouvrage ne méritât pas la juste critique de l'illustre conventionnel. J'ai voulu faire un livre élémentaire, et non un abrégé. Prendre dans chaque science les faits dominateurs, fondamentaux, les exposer avec assez de détails pour qu'ils apparaissent bien clairement à l'esprit de l'enfant et se fixent solidement dans sa mémoire; négliger les faits secondaires, éviter les tendances, trop souvent exagérées, à des applications pratiques qui semblent intéressantes et sont très souvent incompréhensibles, telles sont les règles principales que je me suis imposées.

Comme procédé d'enseignement, j'ai choisi la forme directe : le maître parle comme il le ferait dans sa classe, interrompu de temps en temps par quelques réflexions, parfois embarrassantes, de ses meilleurs élèves. La leçon court ainsi, je m'y suis efforcé du moins, alerte et vivante.

Je n'ai pas oublié que j'écrivais non pour des établissements d'enseignement secondaire, mais pour des écoles primaires, qui sont encore aujourd'hui presque toutes dénuées d'instruments scientifiques et de collections d'histoire naturelle. J'ai tâché de faire en sorte que mes leçons pussent être répétées dans le plus humble hameau. Les instruments que j'emploie pour les expériences existent dans les plus modestes ménages, et pour quelques francs, la foire prochaine fournira à notre instituteur le peu dont il aura encore besoin.

Car il est absolument indispensable que l'instituteur exécute devant les enfants quelques expériences : celles que j'ai décrites d'abord, d'autres ensuite, dont il trouvera l'indication dans les divers livres qui sont entre les mains des élèves. Quand ceux-ci lui en demanderont une, il faudra qu'il s'efforce de les satisfaire, dans les limites, bien entendu, des moyens d'action qu'il aura entre les mains.

Pour l'histoire naturelle, il pourra trouver autour de lui beaucoup d'échantillons utiles de minéraux, végétaux, animaux. Les enfants seront enchantés de courir le dimanche pour ramasser les éléments du petit musée scolaire, surtout si l'on inscrit sur chaque pièce le nom du donateur. Je ne parle que pour mémoire des collections acquises à des prix toujours trop élevés, et que, pour cette raison, on regarde avec respect sans oser s'en servir. Il faut bien se mettre dans la tête qu'un objet d'histoire naturelle destiné à l'enseignement doit être *manié*, et par suite, fatalement disloqué et cassé.

Ce n'est point par enthousiasme de profession que j'attribue aux sciences physiques et naturelles un rôle absolument prépondérant dans l'enseignement, et surtout dans l'enseignement primaire. Sans doute, il est indispensable de connaître les règles de la grammaire et les faits principaux de l'histoire. Mais les raisons des règles de la grammaire sont trop abstraites pour pénétrer dans l'esprit des enfants; quant à l'histoire, qui osera dire que l'élève des écoles primaires y peut saisir le philosophique enchaînement des faits?

Il en est tout autrement pour les sciences naturelles, qui exercent les sens, en donnant une habitude de voir juste et de tout voir, habitude qui devient une sorte d'instinct, et pour les sciences physiques, qui en outre de l'observation appellent à leur aide l'expérimentation, et habituent ainsi à ne rien croire sans que la preuve suive immédiatement l'affirmation.

L'idée de la toute-puissance des lois naturelles, de la régularité et de l'harmonie des phénomènes, de la continuité évolutive dans les faits, ressort, sans qu'il soit besoin de le dire, de l'étude des sciences naturelles et physiques, et s'empare de l'esprit. Plus de sorcellerie, plus de superstitions niaises, et cela, sans la moindre polémique. Je me permets de rappeler ici ce que je disais tout récemment à l'inauguration de l'école Alsacienne : « *Les sciences* « *peuvent seules enseigner la non-crédulité sans enseigner le* « *scepticisme, ce suicide de la raison.* »

C'est à établir cette rectitude de jugement chez les enfants que j'ai voulu contribuer par le présent livre. Ce serait pour moi une grande joie et un grand bonheur que d'y avoir réussi.

Château de Bléneau, 15 juillet 1881.

PAUL BERT.

INDICATIONS

Ce livre est fait pour être **lu** et **relu,** et non pour être « appris » dans le sens spécial du mot.

La **lecture à haute voix** *est le plus fécond des exercices scolaires.*

Par la lecture, l'élève acquiert la connaissance de mots qui ne font pas partie du vocabulaire usuel; il apprend par imitation à exprimer sa pensée; plus encore, il s'assimile une foule de connaissances qu'il ne saurait trouver ailleurs avec un même degré de variété.

Mais la simple lecture risquerait de ne laisser que des souvenirs fugitifs si l'on n'avait soin de dégager de la leçon la **notion essentielle,** celle que l'enfant doit graver dans sa mémoire.

Diverses précautions ont été prises dans ce livre pour atteindre ce but :

1° On a imprimé en caractères noirs les mots qui doivent appeler l'attention de l'enfant.

2° On a répandu à profusion les **gravures** (il y en a un demi-mille).

3° Au-dessous de chaque gravure on a placé une **légende.**

4° A la suite de chaque division on a placé un **résumé,** qui est comme la charpente de la leçon. — *Cette partie seule sera confiée à la mémoire.*

5° Au bas des pages ont été mises des **questions,** qui ne portent que sur les faits principaux.

A. COLIN ET Cie

LA DEUXIÈME ANNÉE D'ENSEIGNEMENT SCIENTIFIQUE

SCIENCES NATURELLES

I. — LES ANIMAUX

DIVISIONS DU RÈGNE ANIMAL

1. Classification. — Mes enfants, nous commençons l'étude de l'*histoire naturelle* par celle des **animaux**. C'est du reste la partie la plus amusante et déjà la mieux connue de vous.

Les **animaux** vous intéressent plus que les *végétaux**, et surtout plus que les *pierres*. Un *animal*, cela grandit, cela court, cela sent et fait ses volontés, cela vit et meurt. Un *végétal* aussi, vit et meurt, et grandit ; mais il ne bouge pas de place, et est insensible aux coups comme aux caresses. Quant aux *pierres*, non seulement elles ne remuent pas, mais elles ne meurent pas, et elles restent éternellement sans changement, si quelque chose ne vient les déplacer ou les briser.

D'autre part, vous savez que les *animaux* sont extrêmement variés de formes et de dimensions. Une baleine, une mouche, un éléphant, un moineau, un tigre, un escargot, un hanneton, une araignée, un ver de terre : voilà bien des bêtes diverses et sur lesquelles vous savez déjà beaucoup de choses.

Ce n'est pas tout ; vous savez bien que nous ressemblons à beaucoup d'animaux, surtout par les parties intérieures de notre corps. Vous savez que vous avez un *cœur* qui bat dans votre poitrine, des *poumons* avec lesquels vous respirez, un *estomac* et des *intestins* qui digèrent, des *yeux* qui voient, et des *oreilles* qui entendent. Et pour peu que vous ayez regardé à l'étal* du boucher, ou que vous ayez vu votre mère apprêter un lapin, vous savez aussi que bœuf, mouton cochon, lapin, et bien d'autres animaux, ont une conformation interne* plus ou moins analogue à la nôtre. Donc, en étudiant d'un peu près les animaux, nous nous étudions nous-mêmes.

Mais par où commencer, parmi toutes ces connaissances si utiles à posséder, si attrayantes à apprendre? Voici mon opinion. Nous avons, l'année dernière et auparavant déjà, quand vous étiez tout petits, appris bien des choses sur l'histoire d'un grand nombre d'animaux, soit en faisant des *leçons de choses*, soit en lisant des livres de lecture, soit en regardant et en expliquant des images.

Vous savez, et de reste, que le *tigre* est un féroce animal d'Asie, qui mange les bœufs et les hommes; que l'*autruche* est un grand oiseau qui court dans les déserts africains, et tant d'autres notions sur le *requin*, le *serpent à sonnettes*, les *oiseaux-mouches*, les *crocodiles*, les *chameaux*, que sais-je? Nous n'allons pas, maintenant que vous voici grands, vous redire les mêmes choses pêle-mêle. Non; nous allons au contraire y mettre de l'ordre, parce que c'est le seul moyen de bien savoir ce qu'on apprend, et puis nous compléterons au fur et à mesure.

Mais pour cela, il ne faut pas étudier les animaux les uns après les autres, comme au hasard. Il faut suivre ce que les naturalistes* appellent une *classification*. Il est nécessaire de rapprocher les uns des autres les animaux qui se ressemblent le plus, afin de n'avoir pas besoin de répéter à propos de chacun d'eux ce qu'ils ont de commun. C'est ainsi qu'en mettant à côté l'un de l'autre tous les Oiseaux, on ne dit qu'une fois pour toutes qu'ils ont un bec, des ailes et des plumes.

Mais ce n'est pas si facile de faire une classification raisonnable. Il faut bien connaître en quoi se ressemblent et en quoi diffèrent les animaux, et pour cela il faut les regarder de près, en dehors et en dedans.

2. Les animaux *à os* et les animaux *sans os*. — Voyons, Pierre, quelles différences y a-t-il entre une mouche et un cheval? Vous riez? Rire n'est pas répondre : dites un peu. — Monsieur, un cheval est une bête très grosse, et une mouche est toute petite. — Oui, mais voici une image où l'on a dessiné une mouche grossie et un cheval très en petit. Vous ne vous y tromperez pas, la grosseur n'y fait rien. Voyez-vous quelque autre différence? — Monsieur, une mouche a des *ailes* et un cheval n'en a pas. — Ah! ceci est bien ; mais si j'arrache les ailes de la mouche ? Il doit y avoir autre chose. — Vous, Paul ? — Monsieur, un cheval est couvert de poils et une mouche n'en a pas. — Vous croyez? Attrapez une mouche et regardons-la avec ma petite loupe*. Voyez, elle est couverte de poils! Ils sont très petits, cela est vrai, mais ils existent. Jacques, vous avez quelque chose à dire? — Monsieur, un cheval a *quatre* pattes et une mouche en a *six*. — Ah! voilà une bonne observation et nous nous en servirons. Mais ôtons deux pattes à la mouche, trouvez-vous encore des différences? Non ? Il y en a pourtant, et de grandes.

Pouvons-nous écraser une mouche? Oui, très aisément, et il n'en reste guère que le dehors, la peau, les pattes et les ailes. Mais un cheval, pourrions-nous l'écraser? Je sais bien que nous n'en aurions pas la force nous-mêmes. Mais si la maison tombait dessus, pourrait-elle l'écraser, le réduire en bouillie, comme nous avons fait pour la mouche? Non, dites-vous. Et pourquoi? *C'est parce qu'il y a dans l'intérieur de son corps des parties dures, des* **os**, *qui ne se laisseraient pas écraser, tandis qu'il n'y en a pas dans la mouche, pas même de tout petits.* **1.** Ainsi le cheval est un **animal à os**, on dit encore **à squelette**, parce qu'on appelle *squelette* l'ensemble de tous les os; la mouche est un **animal sans os**.

Autre différence, non moins importante. **2.** Piquez cette mouche avec une épingle, il n'en sort qu'une gouttelette de *liquide sans couleur*. Mais si vous piquiez le cheval, qu'en sortirait-il ? Ah! vous criez tous: *du sang!* Oui, du sang, un liquide rouge, très curieux à bien étudier et sur lequel nous reviendrons. **3.** Or *il n'y a de vrai sang, de sang rouge, que chez les animaux à squelette.* C'est encore un grand point.

3. Les Vertébrés. — Avec le cheval, connaissez-vous d'autres animaux à squelette et à sang rouge, Paul ? — **4.** Oui, Monsieur, le *chat*, le *chien*, le *cochon*, le *bœuf*, le *rat*, le *lièvre*... — Et vous-même, n'est-ce pas? — Oh! Monsieur! — Ah ! cela vous choque que je vous dise que vous êtes un

---

1. Quelle différence fondamentale y a-t-il entre un cheval et une mouche? — **2.** Parlez d'une autre différence. — **3.** Chez quels animaux trouve-t-on du sang rouge? — **4.** Citez des animaux à squelette et à sang rouge et quelque peu analogues au cheval?

animal, que nous sommes tous des animaux. Cela est pourtant vrai : nous mangeons, nous respirons, nous naissons, nous mourons, comme un animal, et nous sommes faits comme un animal à os et à sang. Cela n'enlève rien à notre supériorité morale, et si nous ne digérons pas mieux que les bêtes, nous pensons infiniment mieux et plus qu'elles. Il n'y a donc pas là de quoi nous choquer, au contraire.

Fig. 1. — Animaux *vertébrés*, c'est-à-dire ayant une colonne vertébrale F G, composée d'os appelés *vertèbres*. — A, homme ; B, quadrupède ; C, oiseau ; D, reptile ; E, poisson.

Mais revenons à nos animaux. Vous n'avez pas eu l'imagination vive. Tous les animaux que vous m'avez cités sont assez semblables les uns aux autres, puisque tous ont quatre pattes et du poil. Ce sont des *quadrupèdes** *à poils*. En connaissez-vous d'autres, qui sont aussi à os et à sang? — Oui, Monsieur, les *Oiseaux*. — Bien, et encore? — Les *Poissons*. — Bien, et encore? — Les serpents, les grenouilles, les lézards. — Bon, et comment appelle-t-on les serpents, les grenouilles, les lézards? — Des *Reptiles*. — Voilà qui est bien, et nous reprendrons cela tout à l'heure.

1. Ainsi, **Quadrupèdes à poils** B (fig. 1), **Oiseaux** C, **Rep-**

1. Citez d'autres animaux tout à fait différents du cheval et qu'on peut cependant rapprocher les uns des autres comme ayant des os et du sang.

tiles D, **poissons** E, *doivent être rapprochés les uns des autres, comme ayant des os et du sang.* **1.** On les désigne sous le nom commun de **Vertébrés**, parce que, parmi les os, il en est qui forment l'épine du dos de F à G, et qu'on nomme *vertèbres*, d'où le nom de *colonne vertébrale* donné à l'ensemble. Vous les sentez aisément sous la peau du dos. **2.** Chez certains vertébrés qui n'ont pas de *membres*, comme les serpents D, cette colonne vertébrale constitue avec la tête (ou mieux avec le *crâne*, car on appelle ainsi l'ensemble des os de la tête) tout le squelette; mais chez la plupart des vertébrés, il y a des os dans les membres, comme vous le savez bien. Nous reviendrons plus tard sur tout cela.

4. Les Annelés. — **3.** Passons maintenant aux animaux *qui n'ont ni os, ni sang rouge*, et qu'on appelle **invertébrés** (sans vertèbres), pour les distinguer des autres.

Fig. 2. — Hanneton (insecte), 6 pattes. Fig. 3. — Papillon (insecte), 6 pattes. Fig. 4. — Demoiselle (insecte), 6 pattes.

4. Nous avons déjà vu la *mouche* qui a deux ailes et *six* pattes. Connaissez-vous des bêtes que vous mettriez à côté d'elle assez volontiers? Que dites-vous d'un *hanneton* (fig. 2)? Oui, n'est-ce pas? Et combien un hanneton a-t-il d'ailes? — Quatre. — Et de pattes? — *Six.* — Bien. Citez d'autres bêtes. — Un *papillon* (fig. 3). — Qui a aussi quatre ailes et *six* pattes. — Une *demoiselle* (fig. 4). — Qui a aussi quatre ailes et *six* pattes. Bien; en voilà assez pour le moment. **5.** *Toutes ces bêtes à six pattes, on les appelle des* **Insectes.**

6. Attrapons maintenant une **araignée** (fig. 5). Elle res-

---

1. Sous quel nom commun désigne-t-on tous ces animaux? — Pourquoi? — **2.** Quelle particularité présente le squelette du serpent? — **3.** Quel nom donne-t-on aux animaux qui n'ont ni os ni sang rouge? — Pourquoi? — **4.** Citez des animaux qui ont six pattes. — **5.** Quel nom donne-t-on à toutes les bêtes à six pattes? — **6.** Citez une sorte d'insecte à huit pattes.

semble assez à un insecte; mais elle court sur *huit* pattes.

1. Ce **mille-pattes** (fig. 6), comme on dit par exagération, en a au moins vingt paires. Ces animaux, regardez-les de près; vous voyez qu'ils sont formés par des espèces d'**an-**

Fig. 5. — Araignée, 8 pattes.

Fig. 6. — Mille-pattes, 20 paires de pattes.

Fig. 7. — Cloporte (crustacé).

neaux, ajoutés les uns aux autres, jouant les uns sur les autres, *articulés* les uns sur les autres. Pierre, apportez-moi ce *cloporte* (fig. 7) que je vois là, courant dans un coin. Voyez, lui aussi, il est composé d'anneaux successifs.

2. L'*écrevisse* (fig. 8), elle, a des anneaux durs. C'est un **crustacé** (latin, *crustá*, croûte).

Fig. 8. — Ecrevisse d'eau douce (crustacé).

Fig. 9. — Ver de terre (ver).

Fig. 10. Sangsue (ver).

Voici maintenant un *ver de terre* (fig. 9); voici une *sangsue* (fig. 10). Il y a bien là encore des anneaux; mais plus de tête distincte, plus de corps séparé, plus de pattes; la peau n'est pas coriace comme dans les insectes, ni encroûtée comme dans l'écrevisse. 3. Ce sont des **Vers**.

4. *Insectes, Araignées, Mille-pattes, Crustacés* et *Vers* sont souvent désignés d'ensemble sous le nom d'**Annelés**, parce que tous les animaux de ce groupe semblent composés d'*anneaux*.

5. **Les Mollusques.** — Regardez cette *limace* (fig. 11), toute nue et toute molle; ce *colimaçon* (fig. 12), non moins nu et non moins mou, quoiqu'il ait eu l'astuce de se fabriquer une *coquille* qui le protège et lui sert de maison.

1. A quel groupe appartiennent les mille-pattes, les cloportes? — 2. Les écrevisses? — 3. Les vers de terre, les sangsues? — 4. Énumérez ces différents groupes; quel nom d'ensemble leur donne-t-on?

Ajoutons-y cette *moule* (fig. 13), molle aussi, mais abritée par deux coquilles. **1.** *Ce sont là des animaux où vous ne voyez*

Fig. 11. — Limace (mollusque). Fig. 12.—Colimaçon (mollusque). Fig. 13. — Moule (mollusque).

pas trace de division en anneaux : ce ne sont donc pas des *annelés. Ils n'ont ni os ni sang rouge :* ce ne sont pas des *vertébrés.* **2.** On les désigne sous le nom de **Mollusques.**

6. Les Zoophytes. — Enfin, je vous montre deux images. L'une représente un animal fort commun sur les bords de la mer, et connu sous le nom caractéristique d'*étoile de mer* (fig. 14). L'autre B (fig. 15) est la représentation grossie d'une petite bête qui vit en colonies* innombrables

Fig. 14.— Etoile de mer (zoophyte). Grosseurs variées.

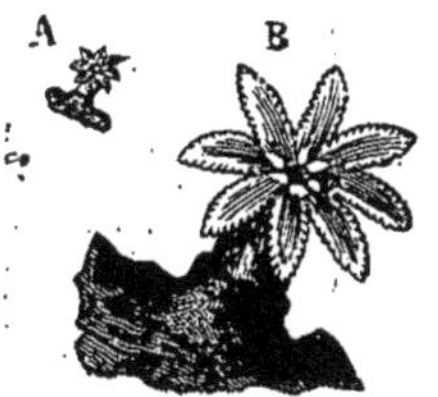

Fig. 15. — Polype (zoophyte). — A, grandeur réelle. — B, grossissement.

avec des camarades semblables à elle ; ces petites bêtes, qu'on nomme *polypes*, se fabriquent une sorte de coquille pierreuse, et la réunion de toutes ces coquilles forme ce qu'on appelle un *polypier ;* ces polypiers se présentent souvent en grandes masses : rochers, récifs*, îles. **3.** Voyez : l'étoile de mer et le polype se ressemblent un peu ; ils sont composés de *rayons* qui partent d'une espèce de noyau ou de moyeu* : l'étoile en a cinq, le polype en a huit ; mais chez l'un et l'autre, ils sont disposés de même. **4.** Vous com-

---

1. Quels sont les caractères qui distinguent les limaces, etc., des annelés et des vertébrés ? — **2.** Sous quel nom les désigne-t-on ? — **3.** Quel est le caractère commun à l'étoile de mer et aux polypes ? — **4.** Quel nom donne-t-on à ces animaux ?

prenez bien pourquoi on a donné à ces animaux le nom de **Rayonnés**, il s'explique de lui-même. **1.** On préfère souvent au mot *Rayonnés* celui de **Zoophytes**, qui veut dire *animaux-plantes*, parce que les polypes, quand ils étalent leurs huit petits bras blancs, ont été pris pour de petites fleurs poussant sur un rocher.

Voici donc les bases de la classification de ce qu'on appelle le *règne animal*. **2.** Il y a quatre grands groupes : 1° **Vertébrés** ; 2° **Annelés** ; 3° **Mollusques** ; 4° **Zoophytes**. Ce que nous avons de mieux à faire, c'est d'étudier l'un après l'autre ces divers groupes, en passant en revue les plus intéressants parmi les animaux qu'ils contiennent.

RÉSUMÉ. — DIVISIONS DU RÈGNE ANIMAL.

1. Généralités (p. 5). — Un *animal* grandit, court, sent, vit et meurt.

2. Un *végétal* grandit, vit et meurt, mais il ne bouge pas et ne sent pas.

3. Un *minéral* reste sans changements, si rien ne vient le déplacer ou le briser.

4. Le **règne animal** comprend quatre grands groupes : les **Vertébrés**, — les **Annelés**, — les **Mollusques**, — les **Zoophytes**.

5. Vertébrés (p. 7). — On désigne sous le nom commun de *vertébrés* tous les animaux *à os*, ou, comme on dit encore, *à squelette*. — Un cheval est un *vertébré*.

6. Ce nom de *Vertébrés* vient de ce que, parmi les os, il en est qui forment l'épine du dos et qu'on nomme *vertèbres*.

7. Parmi les animaux, les vertébrés sont les *seuls* qui aient du **sang rouge**.

8. Annelés (p. 9). — Les *Annelés* (insectes, araignées, mille-pattes, crustacés, vers) sont des animaux qui n'ont ni *os*, ni *sang rouge*, et qui sont formés par des espèces d'**anneaux** ajoutés les uns aux autres, jouant les uns sur les autres. — Un *cloporte* est un *annelé*.

9. Mollusques (p. 10). — Les *Mollusques* n'ont ni *os*, ni *sang rouge*, ni *anneaux*. Ils ont le corps **mou**, souvent caché dans une coquille. — Un *colimaçon* est un *mollusque*.

10. Zoophytes (p. 11). — Les *Zoophytes* ou *Rayonnés* sont composés de *rayons* qui partent d'une espèce de noyau. — Une *étoile de mer* est un *zoophyte*.

[On trouvera, p. 75, des *Sujets de rédaction* d'un genre simple.]

---

1. Quel mot préfère-t-on au mot *rayonnés?* — Pourquoi? — **2.** Quels sont les quatre grands groupes du règne animal?

I. — LES VERTÉBRÉS.

1. *Les* **Vertébrés**, avons-nous dit, *sont les animaux qui ont des* **os** *et du* **sang rouge**. 2. Nous savons déjà qu'ils se divisent à leur tour en plusieurs grandes catégories : *Mammifères*, — *Oiseaux*, — *Reptiles*, auxquels on rattache les *Amphibiens*, — *Poissons*.

7. **Mammifères.** — 3. Il y a d'abord les *Quadrupèdes** qui ont du poil. 4. Comme ils allaitent leurs petits, on les appelle **Mammifères** (fig. 16), mot qui veut dire *porteurs de mamelles*.

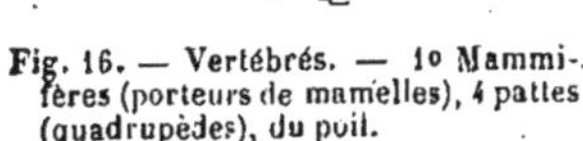

Fig. 16. — Vertébrés. — 1° Mammifères (porteurs de mamelles), 4 pattes (quadrupèdes), du poil.

Fig. 17. — Vertébrés. — 2° Oiseaux. Un bec, des ailes, des plumes, deux pattes.

8. **Oiseaux.** — Qu'est-ce qui caractérise les **Oiseaux** (fig. 17), que possèdent-ils tous, Paul ? — 5. Monsieur, vous nous l'avez dit : les oiseaux ont un bec, des ailes, des plumes et deux pattes seulement. — Bien.

9. **Animaux à sang chaud et animaux à sang froid.** — Qu'ont de commun entre eux les **Reptiles**? Quels sont leurs caractères? Ah ! vous voilà embarrassés? 6. Vous pensez au *lézard*, qui a quatre pattes; au *serpent*, qui n'en a pas; à la *tortue*, qui est renfermée dans une boîte ou *carapace**. Toutes ces bêtes-là ne se ressemblent guère, et pourtant on les appelle d'un nom commun : **Reptiles**. Il faut en connaître la raison. Je vais essayer de vous la faire trouver.

Pierre, quand vous mettez la main sur un chien ou sur

---

1. Rappelez les caractères généraux des vertébrés. — 2. En combien de catégories se divisent les vertébrés et quelles sont-elles. — 3. Quel est le premier groupe des vertébrés ? — 4. Pourquoi leur donne-t-on le nom de mammifères ? — 5. Qu'est-ce qui caractérise les oiseaux ? — 6. Citez des animaux qui appartiennent au groupe des reptiles ?

un cheval, le sentez-vous chaud ou froid? — *Chaud*, Monsieur. — Oui. Et quand vous saisissez un oiseau, une poule, par exemple, la sentez-vous chaude ou froide? — *Très chaude*, Monsieur. — Bon. Et si vous prenez un lézard dans la main, ou un serpent? — Oh! Monsieur, un serpent, je n'oserais jamais; il me mordrait, et on en meurt. — Je ne vous conseillerais pas, en effet, de toucher une *vipère;* mais voici une jolie petite *couleuvre* à collier (fig. 18), gracieuse et inoffensive. Mettez bravement la main sur elle, il n'y a aucun risque. Que sentez-vous? — **1.** Monsieur, **elle est toute froide.** — Bien, et cette grenouille? — **Froide** *aussi.* — Et mon poisson rouge que je tire exprès du bocal? — **Froid,** *comme le serpent et la grenouille.*

Fig. 18. — Vertébrés. — 3° Reptiles. — Animaux à sang froid et vivant sur terre (aériens). Peau garnie de fausses écailles.

2. Voilà donc une nouvelle et très grande différence entre les animaux. Il y a des animaux *à sang chaud*, ce sont les mammifères et les oiseaux. **3.** Il y a des animaux *à sang froid*, ce sont les Reptiles, les Amphibiens, dont je vais vous parler, les Poissons et, avec eux, tous les animaux sans os et sans vertèbres (Annelés*, Mollusques, Zoophytes*), les *Invertébrés**, comme on dit souvent.

10. Reptiles, amphibiens, poissons. — Donc *les reptiles sont à sang froid*, ce qui les distingue suffisamment des mammifères et des oiseaux. Reste à les distinguer des **poissons** (fig. 19). Quelles différences voyez-vous entre eux, Jacques? — **4.** Monsieur, *les poissons vivent dans l'eau et les reptiles vivent sur terre.* — Très bien, mon enfant; on exprime cela en termes scientifiques en disant que les reptiles sont des animaux *aériens*, vivant dans l'air, et les poissons, des animaux *aquatiques* (latin, *aqua*, eau).

Fig. 19. — Vertébrés. — 4° Poissons. — Animaux à sang froid et vivant dans l'eau (aquatiques). Vraies écailles.

1. Une couleuvre est-elle chaude ou froide à la main? — **2.** Quels sont les groupes qui font partie des animaux à sang chaud? — **3.** Quels sont les groupes qui font partie des animaux à sang froid? — **4.** Quelle différence y a-t-il entre les reptiles, animaux à sang froid, et les poissons, également à sang froid?

Pourquoi riez-vous, là-bas? Qu'avez-vous à dire? — Mais, Monsieur, qu'est-ce que vous ferez de la *grenouille* (fig. 20), qui vit dans l'air et dans l'eau? Elle est donc moitié poisson, moitié reptile? — Oui et non, mon enfant, et votre observation est très intelligente. Mais vous avez commis une erreur. **1.** La grenouille ne vit pas dans l'air et dans l'eau; *elle vit dans l'air seulement.* Il est vrai qu'au moindre bruit elle saute dans l'eau et s'y cache; *mais si elle ne remontait pas à la surface, et ne sortait au moins son nez pour respirer l'air, elle périrait noyée.* Il y a des hommes qui peuvent rester la tête sous l'eau deux minutes sans asphyxie *; la grenouille, elle, y reste une bonne heure, mais c'est tout ce qu'elle peut faire, excepté en hiver, quand il fait très froid et qu'elle est engourdie, comme morte. La grenouille est donc un animal *aérien*, comme le lézard et le serpent. Cependant la grenouille n'a pas toujours été comme cela. **2.** Dans son jeune âge, c'était un *têtard qui vivait dans l'eau, toujours*; c'était un *aquatique*. **3.** Voilà donc une bête qui, jeune, était *aquatique*; et qui, après ses métamorphoses, est devenue *aérienne*. **4.** On a fait pour elle et pour les animaux qui sont comme elle, le crapaud, la salamandre, etc., un groupe dont le nom signifie *double vie*, c'est le groupe des **Amphibiens***, qu'on distingue des **Reptiles**.

Fig. 20. — Vertébrés. — 5° Amphibiens. — Animaux à sang froid, *aquatiques* quand ils sont jeunes, *aériens* quand ils sont développés.

Il y a encore une différence entre les Amphibiens et les Reptiles. Regardez la peau de cette grenouille; *elle est humide et lisse;* et celle de la couleuvre, Pierre? — Monsieur, *elle est garnie d'écailles.* — Comme celle du poisson? — Oui, Monsieur. — Vous vous trompez. Regardez de plus près. Tenez, sur ce poisson rouge, je puis arracher une

1. Pourquoi la grenouille ne peut-elle pas être rangée dans la catégorie des poissons? — **2.** Quel était le mode d'existence de la grenouille quand elle était têtard? — **3.** Tirez les conséquences de ce fait. — **4.** Quel groupe a-t-on fait pour les animaux du genre de la grenouille?

écaille, comme j'arracherais un cheveu sur votre tête ou une plume sur un oiseau. Mais sur la peau de la couleuvre, vous ne pourriez le faire; ce que vous voyez ce sont simplement des *saillies* de la peau, des espèces de rides régulières; on les appelle des *fausses écailles*.

Résumons-nous. **1.** Les **Reptiles** sont *aériens;* ils ont la peau garnie de fausses écailles. — **2.** Les **Amphibiens** sont *aquatiques* dans leur jeune âge, *aériens* quand ils ont atteint tout leur développement; ils ont la peau nue. — **3.** Les **Poissons** sont *aquatiques;* ils ont la peau couverte de vraies écailles isolées.

RÉSUMÉ. — Les Vertébrés.

1. **Division des Vertébrés** (p. 13). — Les **Vertébrés** se divisent en plusieurs grandes catégories qui sont : les *Mammifères,* — les *Oiseaux,* — les *Reptiles,* auxquels on rattache les *Amphibiens,* — les *Poissons.*

2. **Animaux à sang chaud** (p. 13). — Les **Mammifères,** mot qui signifie *porteurs de mamelles,* ont du poil et allaitent leurs petits.

3. Les **Oiseaux** ont un bec, des ailes, des plumes et deux pattes.

4. Les Mammifères et les Oiseaux ont le *sang chaud.*

5. **Animaux à sang froid** (p. 14). — Les **Reptiles** ont le *sang froid* et ont la peau garnie de fausses écailles.

6. Les **Amphibiens** ont le sang froid et la peau nue. Dans leur jeune âge ils vivent dans l'eau ; ils sont *aquatiques.* Quand ils ont atteint tout leur développement, ils sont obligés de venir respirer l'air à la surface de l'eau : ils sont *aériens.*

7. De cette double existence vient leur nom d'*Amphibiens,* qui signifie *deux vies.*

8. Les **Poissons,** animaux à sang froid, sont *aquatiques.* Ils ont la peau couverte de *vraies écailles* isolées.

[On trouvera, p. 75, des *Sujets de rédaction* d'un genre simple.]

VERTÉBRÉS. — 1° Mammifères.

11. Hommes.—A tout seigneur, tout honneur, dit un vieux proverbe. Nous commencerons l'étude des mammifères par celle de l'*Homme*, car c'est un mammifère.

---

1. Quels sont les caractères des reptiles ? — 2. Quels sont les caractères des amphibiens ? — 3. Quels sont les caractères des poissons ?

Je sais bien qu'il mérite de faire tout à fait bande à part, tant il est supérieur à tous les autres. Mais oublions un moment notre intelligence, et ne voyons que notre corps : alors, il faut bien le dire, nous trouvons que nous ressemblons beaucoup aux singes.

Cependant nous marchons debout, sur deux pieds, ce qu'ils ne savent pas faire; nous avons des mains fortes et délicates, avec lesquelles, grâce au pouce, nous pouvons empoigner avec vigueur ou palper avec finesse. Notre corps n'est couvert que de rares petits poils, sauf les cheveux et la barbe.

Tous les hommes ne sont pas identiques à ceux de ce pays-ci. Déjà, dans notre petit village, il y a des blonds et des bruns qui sont assez différents les uns des autres. Vous savez qu'un Flamand*, grand et blond, ressemble encore moins à un Provençal*, petit et très brun. Un Allemand et un Italien sont encore plus dissemblables. Mais enfin, tous les peuples de notre *Europe* ont la peau **blanchâtre**, comme la nôtre (fig. 21), la figure régulière, le nez

Fig. 21. — Race blanche (Europe).

Fig. 22. — Race jaune (Asie).

droit, la mâchoire d'aplomb, les cheveux plats mais souples, ou même ondulés. Au contraire, les *Chinois* (fig. 22) ont la peau **jaunâtre**, les cheveux plats, durs et noirs, les yeux obliques, les dents saillantes. Les *Nègres* (fig. 23) ont la peau **noire**, les cheveux frisés comme de la laine, les mâchoires en avant, le nez épaté; ils sont bien moins intelligents que les Chinois, et surtout que les blancs. En *Amérique* (fig. 24) vit une autre race qui a des rapports avec la race jaune, mais qui est plus grande et qui a la peau **rougeâtre**. Il y a beaucoup d'autres races moins nombreuses ou moins faciles à caractériser. 1. Contentons-nous d'indiquer cette année les *Blancs* européens, les *Jaunes* asiatiques, les *Noirs* africains, les *Rouges*-américains. Seulement il faut

Fig. 23. — Race nègre (Afrique).

Fig. 24. — Race rouge (Amérique).

bien savoir que les blancs, étant plus intelligents, plus travailleurs, plus courageux que les autres, ont envahi le monde entier, et menacent de détruire ou de subjuguer* toutes les races inférieures.

Et il y a de ces hommes qui sont vraiment bien inférieurs. Ainsi l'Australie* est peuplée par des hommes de petite taille, à peau noirâtre, à cheveux noirs et droits, à tête très petite, qui vivent en petits groupes, n'ont ni culture ni animaux domestiques (sauf une espèce de chien), et sont fort peu intelligents. Certaines peuplades humaines ne savent même pas faire du feu.

12. Singes. — En tête des *Singes*, il faut placer trois grandes espèces, beaucoup plus intelligentes que les autres, et qui ont vraiment avec l'homme des ressemblances remarquables.

2. Le plus anciennement connu de ces grands singes est l'*Orang-outang* (fig. 25), qui vit dans les forêts de Bornéo*, et atteint la taille de 1m,40. Au Gabon* et dans la Guinée*, se rencontrent l'énorme *Gorille* (fig. 26), qui atteint jusqu'à 2 m., et le *Chimpanzé* (fig. 27), qui atteint rarement 1m,30.

Ces animaux n'ont pas de queue; ils marchent en s'ap-

---

1. Quelles sont les principales races d'hommes? — 2. Citez trois grandes espèces de singes?

puyant seulement sur les phalanges* repliées des mains, et se relèvent très souvent presque debout comme l'homme. Mais ils ont, comme tous les autres singes, un gros pouce au pied, séparé des autres doigts comme celui de notre

Fig. 25. — Orang-outang (Bornéo). — Haut. 1m,40.

Fig. 26. — Gorille (Afrique). — Haut. 2m.

Fig. 27. — Chimpanzé (Afrique). — H. 1m, 30.

main, et leur permettant d'empoigner les branches d'arbres. 1. C'est pour cette raison que vous trouverez souvent les singes désignés sous le nom de *quadrumanes* (animaux à quatre mains), et l'homme sous celui de *bimane* (deux mains).

Ces grands singes, vivant en petites familles, sont extrêmement intelligents, pour des bêtes, vous entendez bien, faciles à apprivoiser* quand on les prend jeunes, et capables alors, à cause de leur taille et de leur marche presque droite, de rendre toutes sortes de services à la maison.

Les autres espèces de singes sont très nombreuses. Elles habitent les régions chaudes des deux continents * et vivent en troupes innombrables, gaies et bruyantes, toujours sautant, gambadant et se chamaillant dans les forêts où elles se nourrissent de fruits.

13. Chauves-souris. — Passons maintenant aux *Chauves-souris.* Cela vous étonne, n'est-ce pas, de me voir placer les chauves-souris parmi les *mammifères?* Elles volent, et vous seriez plutôt disposés à en faire des *oiseaux.*

Comme je me doutais de votre objection, j'en ai attrapé une hier soir, en plaçant une lumière dans la classe et en laissant la fenêtre ouverte. Tenez, je l'ai là dans un bocal, et elle n'a aucun mal. Regardons-la ensemble (fig. 28).

---

1. Sous quel nom désigne-t-on souvent les singes ?

1. D'abord, nous la voyons *couverte de poils*, non de plumes; puis elle a sur la tête de *grandes oreilles*, que vous n'avez jamais vues à aucun oiseau. Attendez, je vais la prendre sans lui faire de mal, mais avec les pincettes. Pourquoi avec les pincettes? Parce qu'elle me mordrait : regardez toutes ces *petites dents*. En avez-vous jamais vu à un oiseau? Donc, ni bec ni plumes, mais des dents : ce n'est pas un oiseau.

Fig. 28. — Chauve-souris (mammifère).
Ni bec, ni plumes : des poils, des oreilles et des dents. Pour ailes, la peau du dos et celle du ventre prolongées et soutenues par les os allongés des doigts. — **Animal nocturne, utile à l'agriculture.** Long. 0m,06 à 0m,07.

Mais l'aile? Ah! il faut regarder de plus près. Je tiens bien la bête maintenant, et j'étale son aile. Voyez quelles différences avec une aile d'oiseau! 2. Toujours pas de plumes; tout simplement une *membrane* mince*, soutenue par des os, étendue en éventail. Les os, ce sont ceux des doigts, qui sont ici très allongés. La membrane est double : c'est la *peau du dos et celle du ventre* prolongées et amincies. Enfin, cette membrane va du bras à la queue, en embrassant la jambe. Voilà une aile bien bizarre.

Maintenant, lâchons notre chauve-souris. Elle s'envole lourdement et gauchement, et ne sait où aller. 3. C'est qu'il fait grand soleil, et la pauvre bête, qui a peur de la lumière, qui ne sort qu'au crépuscule*, et qui est ce qu'on appelle un animal *nocturne**, se trouve tout éblouie. Enfin, elle prend la fenêtre, et va pouvoir aller se cacher dans quelque cave ou dans quelque trou noir. Là, elle s'accrochera par les pattes de derrière, et dormira tout le jour, la tête en bas. 4. Ce soir, elle se réveillera et commencera à chasser les insectes qu'elle mange en quantité. 5. *C'est donc une bête utile à l'agriculture et qu'il faut respecter.*

6. Pendant l'hiver, les chauves-souris restent inertes dans leurs trous, où elles dorment constamment, sans boire

---

1. Pourquoi ne peut-on pas ranger les chauves-souris parmi les oiseaux? — 2. Dites pourquoi l'aile des chauves-souris n'est pas une aile d'oiseau? — 3. Quel nom donne-t-on aux animaux qui, comme la chauve-souris, fuient la lumière du jour? — 4. Quelle est la nourriture des chauves-souris? — 5. Que faut-il conclure de là? — 6. Pourquoi dit-on que la chauve-souris est un animal hibernant?

ni manger. C'est ce que les savants appellent *hiberner* *.

14. Insectivores. — 1. D'autres mammifères, non volants cette fois, sont des *mangeurs d'insectes;* de là leur nom d'*Insectivores*. 2. Ils sont de petite taille, car vous comprenez bien qu'une pareille nourriture ne pourrait pas suffire à de grands animaux!

3. Nous avons en France le *Hérisson* (fig. 29), dont les poils sont changés en piquants, et qui a la faculté de se mettre en boule; c'est un animal hibernant.

Fig 29. Hérisson. — Ses poils sont changés en piquants. Animal hibernant. — Long. 0m,35 [1].

Fig. 30. — La Taupe. — Mange les vers blancs. (Ne pas la détruire). — Long. 0m,12.

Puis la *Taupe* (fig. 30), qui creuse sous terre des terriers très longs, grâce à ses énormes pattes de devant A, B, qui agissent comme des pioches; elle a de tout petits yeux qu'on a peine à voir, comme le trou de ses oreilles, car le tout est caché sous son joli poil soyeux*. 4. *On a tort de détruire la taupe comme on le fait;* elle ne mange jamais les racines des plantes, et dévore une quantité de *vers blancs* (larve* du hanneton) et autres insectes malfaisants cachés sous terre.

Les *Musaraignes* (fig. 31), autres insectivores de nos pays, ressemblent à des souris qui auraient le museau pointu et les dents garnies de pointes aiguës, pour briser les carapaces* des insectes.

Fig. 31. — La Musaraigne. Se nourrit d'insectes. Long. 0m,06.

15. Carnivores. — 5. Nous passons maintenant à des

1. Que signifie le nom d'insectivores? — 2. Quelle est en général la taille des insectivores? — 3. Citez quelques insectivores. — 4. Pourquoi ne doit-on pas détruire la taupe? — 5. Quel nom donne-t-on aux animaux qui mangent de la viande?

1. Pour les quadrupèdes, les longueurs sont prises du nez à la naissance de la queue, les hauteurs, du sol au garrot*.

animaux qui mangent de la vraie viande, qui dévorent des mammifères, des oiseaux vivants. Ce sont les *Carnassiers* ou *Carnivores* (du latin *caro*, *carnis*, chair, *vorare*, dévorer).

Le type le mieux réussi, le mieux organisé pour la chasse, est celui du **Chat**. Examinons notre brave *mimi*, s'il veut bien se laisser faire. Voyez sa patte d'abord, et les ongles aigus, tranchants, dont elle est garnie ; ils ne peuvent s'user, car, dans le repos, ils sont relevés (fig. 32), de telle sorte que la pointe ne peut toucher terre; cette pointe ne sort (fig. 33)

Fig. 32. — Patte de chat au repos. Les ongles aigus ne touchent pas terre.

Fig. 33. — Patte de chat à l'attaque. Les ongles sont allongés.

Fig. 34. — Gueule de chat. En avant, 4 dents longues et pointues ; en arrière, dents tranchantes.

que lorsque l'animal allonge les doigts pour grimper ou pour frapper sa proie*. Regardons la gueule maintenant (fig. 34), mais faisons vite : voyez, de chaque côté, ces longues dents fortes et pointues qui prennent la proie *, et derrière, ces autres dents qui sont tranchantes, jouent l'une sur l'autre comme des ciseaux, et déchireront la

Fig. 35. — Tigre (Asie). Haut. 0m, 80.

Fig. 36. — Lion (Afrique). Haut. 1m.

chair. Quelles armes ! Rien qu'un simple chat peut faire avec elles beaucoup de mal. Que sera-ce d'un Tigre ou d'un Lion ! **1**. *Car le Tigre, le Lion, ne sont que de très gros*

---

1. A quel type bien connu se rattachent le tigre, le lion?

chats, capables de traiter l'homme comme une simple souris.

Le plus redoutable est le *Tigre* (fig. 35), à la belle peau jaune rayée de noir, qui habite l'Asie. Il est d'une hardiesse extraordinaire, et attaque l'homme avec une telle férocité qu'en 1875, dans la seule Inde* anglaise, 917 hommes ont été tués par lui.

Le *Lion* (fig. 36), habitant de l'Afrique et des régions méditerranéennes de l'Asie, est moins agressif* ; mais quels impôts il prélève sur les animaux sauvages et domestiques ! On compte que chaque lion d'Algérie* coûte une vingtaine de mille francs par année aux colons*.

Les *Panthères* (fig. 37), à la peau tachetée, ne s'attaquent

Fig. 37. — Panthère (Afrique et Asie). Haut. 0m, 70.

Fig. 38. — Jaguar (Amérique du Sud). Haut. 0m, 80.

guère à l'homme ; il y en a plusieurs espèces en Afrique et en Asie.

Dans l'Amérique du Sud vivent : le *Jaguar* (fig. 38), presque aussi gros que le tigre, mais beaucoup moins dangereux pour l'homme ; il a la peau tachetée ; le *Couguar* (fig. 39),

Fig. 39. — Couguar (Amérique du Sud). — Haut. 0m, 65.

Fig. 40. — Lynx ou Loup-cervier (Europe). — Haut. 0m, 65.

à qui sa peau sans taches a mérité le nom de *lion d'Amérique*, qu'il ne justifie ni par sa force ni par son courage.

En Europe, en France, nous n'avons, en fait de chats, que le *Chat sauvage* de nos forêts, d'où est venu notre chat domestique ordinaire, et le *Lynx* ou *Loup-cervier* (fig. 40), qui existe encore dans les hautes montagnes.

Après les *Chats*, viennent les **Chiens**, dont les dents ressemblent à celles des chats, mais dont les pattes ont les ongles fixes. Nous avons en Europe les *Loups* (fig. 41) qui,

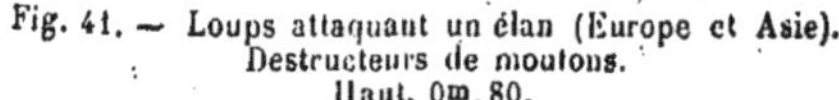

Fig. 41. — Loups attaquant un élan (Europe et Asie). Destructeurs de moutons. Haut. 0m,80.

Fig. 42. — Le Renard. Fin chasseur de volailles. — H. 0m,38.

peu dangereux chez nous, vivent en troupes nombreuses et redoutables en Asie et dans l'Europe orientale ; ils mangent en Russie, bon an, mal an, pour 60 millions de bestiaux divers. Le *Renard* (fig. 42) se creuse des terriers* ; c'est un rusé chasseur.

Fig. 43. — Le Chacal (Afrique). Destructeur de gibier et de volailles. — Haut. 0m,50.

En Algérie, dans le reste de l'Afrique, sur les rivages asiatiques de la Méditerranée et en Grèce, vit une espèce de petit loup qui fait une grande consommation de gibier et de volailles : c'est le *Chacal* (fig. 43).

Les *Hyènes* (fig. 44) sont des animaux africains grands

Fig. 44. — Hyène d'Afrique. N'attaque jamais l'homme. Haut. 0m,80

Fig. 45. — L'Ours brun des Pyrénées. Préfère les fruits et le miel à la chair des troupeaux. — Haut. 1m,10.

et forts, mais plus friands de cadavres que de chair vivante. Jamais elles n'attaquent l'homme. Nous avons en Algérie l'*Hyène rayée*.

On rencontre des *Ours* dans le monde entier, sauf en Afrique. Il existe en Europe l'*Ours brun* (fig. 45), qui vit dans les Alpes*, les Pyrénées*, etc.; il n'est pas à craindre pour l'homme, et préfère, comme la plupart des autres ours, les fruits et le miel à la chair des troupeaux. L'*Ours*

Fig. 46. — L'Ours blanc (terres glaciales). — Haut. 1m,20.

Fig. 47. — L'Ours gris (Amérique du Nord). — Haut. 1m,30.

blanc (fig. 46), qui vit au Spitzberg*, au Groënland*, sur toutes les glaces du Nord, et le grand *Ours gris* de l'Amérique du Nord (fig. 47) ne sont pas d'aussi bonne composition; ils considèrent l'homme comme le plus précieux des gibiers, et il est parfois difficile de se soustraire à leur poursuite.

Le *Blaireau* de nos forêts (fig. 48) a beaucoup de rapports

Fig. 48. — Le Blaireau. — Mangeur de raisins et de volailles. — Haut. 0m, 33.

Fig. 49. — La Fouine. — Mangeur de volailles et de petit gibier. — Long. 0m, 50.

avec les ours; c'est un grand mangeur de raisins qui donne cependant assez volontiers un coup de dent à la volaille.

Mais les grands ennemis de celle-ci et du petit gibier,

Fig. 51. — L'Hermine. — Long. 0m,35.

Fig. 52. — Le Putois. — Long. 0m,40.

Mangeurs de volaille et de petit gibier.

ce sont : la *Fouine* (fig. 49), la *Marte*, la *Belette*, l'*Hermine* (fig 51), le *Putois* (fig 52), toutes petites bêtes allongées, trop communes dans nos bois et nos haies.

En revanche, quand on les tue, on utilise leur peau comme *fourrures*. Mais ces peaux sont beaucoup plus belles dans les pays froids. On vend tous les ans, en Sibérie*, pour des millions de peaux d'hermine, de marte zibeline, etc.

Fig. 53. — La Loutre. Poursuit les poissons. — Long. 0m,90.

La *Loutre* (fig. 53), de forme à peu près aussi allongée, poursuit et détruit les poissons de nos rivières et de nos étangs.

16. Édentés. — Les *Édentés* sont de bizarres mammifères inconnus à l'Europe. Ils ont peu ou point de dents et ne se nourrissent que de petits insectes. Le plus intéressant est le *Grand fourmilier* (fig. 54), animal de l'Amérique du Sud, qui atteint 1m,50 de longueur, non compris une queue de 75 cent. et une langue de 40 cent., qui sort de sa bouche comme un long ver et avec laquelle l'animal englue* les fourmis.

Fig. 54. — Le Grand fourmilier (Amérique du Sud). Se nourrit de fourmis. — Long. 1m,50.

17. Rongeurs. — Nous en avons fini avec les mangeurs de viande, du moins avec les plus intéressants. 1. Passons maintenant aux mangeurs de végétaux, aux *Herbivores* (mangeurs d'herbe).

Fig. 55. — Tête de lapin (herbivore rongeur).

Les premiers dont je vous parlerai sont les *Rongeurs*. Voyez cette tête de *Lapin* (fig. 55). 2. A chaque mâchoire, voici deux longues dents qui s'appliquent l'une sur l'autre en frottant, de manière à ronger fortement ce qui se trouvera entre elles; la mâchoire inférieure se meut d'arrière en avant de manière à produire ce frottement. Mais en frottant elles s'usent.

1. Quel nom donne-t-on aux animaux qui se nourrissent d'herbe? — 2. A quoi les lapins, l'écureuil, les souris doivent-ils le nom de rongeurs?

Oui, mais elles poussent continuellement, ce qui les maintient toujours à la même longueur.

Fig. 56. — L'Écureuil. Rongeur. — Long. 0m,25.

Fig. 57. — Le Loir. Rongeur. — Long. 0m,16.

Fig. 58. — Le Lérot. Rongeur. — Long. 0m,15.

Les principaux rongeurs de nos contrées sont l'*Écureuil* (fig. 56), agile comme un singe, si gai, si joli, si vif, en été du moins, car en hiver il dort dans son nid; le *Loir* (fig. 57) et le *Lérot* (fig. 58), qui sont plus petits que lui, mais qui ne sont pas moins jolis, et hibernent* encore mieux. Puis les

Fig. 59. — Le Campagnol. Rongeur. Long. 0m,08.

Fig. 60. — Le Lièvre. Rongeur. Long. 0m,65.

Rats, les *Mulots*, les *Souris* et les *Campagnols* (fig. 59), à qui leurs rapines* ont donné une si détestable réputation; le *Lièvre* (fig. 60) et le *Lapin*, bien connus de tout le monde;

Fig. 61. — La Marmotte (Alpes). Rongeur. — Long. 0m,35.

Fig. 62. — Le Castor (Amérique du Nord). Rongeur. — L. 0m,80.

Fig. 63. — Le Porc-épic (Italie et Afrique). Rongeur. — Long. 0m,65.

la *Marmotte* (fig. 61), commune dans les Alpes*, et célèbre surtout par son sommeil hibernal.

Il faut encore compter le *Castor* (fig. 62) dont on trouve quelques individus sur les bords du Rhône*; mais c'est dans l'Amérique du Nord que l'on rencontre surtout ce gros rongeur, qui vit en colonies*, construit des digues* sur les rivières, se bâtit des huttes*, coupe des arbres avec ses fortes dents, et bat la terre glaise de sa queue écailleuse. En Italie et en Afrique vivent les *Porcs-épics* (fig. 63), qui arrivent à peser 15 kilog., et dont les piquants ont jusqu'à un pied de longueur.

18. Chevaux. — Les *Chevaux* sont de vrais herbivores, comme vous le savez bien ; il suffirait du reste, pour le deviner, de regarder les dents B du fond de leur bouche (fig. 64).

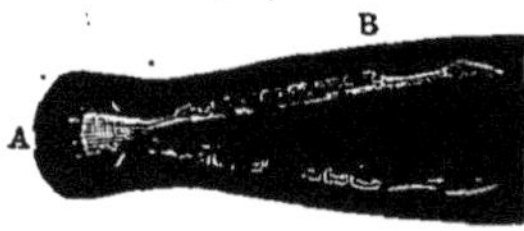

Fig. 64. — Mâchoire inférieure du cheval. A, dents de devant. B, dents molaires, aplaties (dents d'herbivore).

Fig. 65. — Les chevaux n'ont qu'*un doigt* terminé par un ongle qui forme le sabot.

1. Au lieu d'être, comme celles des insectivores, hérissées de pointes, ou, comme celles des carnivores*, tranchantes, *elles sont tout aplaties*, ce qui leur permet d'agir comme des meules, — de là leur nom de *molaires*, — et de broyer les grains et les herbes.

2. Le caractère commun aux chevaux est de n'avoir à chaque pied qu'*un doigt* terminé par un ongle qui en enveloppe complètement l'extrémité, c'est-à-dire par un *sabot* (fig. 65).

Fig. 66. — 1. Ane. 2. Dauw. 3. Hémione. 4. Zèbre. Haut. 1m,30.

3. Les principales espèces de chevaux sont le *Cheval* proprement dit, l'*Ane* (fig. 66), le *Dauw*, l'*Hémione*, le *Zèbre*.

1. Quelle particularité présentent les molaires des chevaux? — 2. Quel est le caractère commun aux chevaux? — 3. Quelles sont les principales espèces de chevaux?

19. Ruminants. — 1. Vous avez tous vu une vache ou un mouton *ruminer*, c'est-à-dire mâcher sans paraître avoir rien à manger. Voici ce qui se passe. 2. Ces animaux mangent très vite, en mastiquant* insuffisamment leurs aliments. Quand ils sont au repos, *ils font remonter de leur estomac à leur bouche des pelotes d'herbe mal mâchée*, et ils les broient tranquillement et à loisir, pour les digérer plus aisément.

Fig. 67. — Pied à deux doigts des ruminants, (vaches, moutons, cerfs, girafes, etc.).

Fig. 68. — Chameau à une bosse ou Dromadaire d'Afrique. — Rend de grands services. — Ruminant. — Haut. à l'extrémité de la bosse, 2m,25.

Les ruminants sont presque tous d'assez grande taille, il y en a de gigantesques*. 3. Leurs dents molaires* sont aplaties comme celles des chevaux ; leur estomac est composé de

Fig. 69. — Chameau à deux bosses (Asie). — Rend de grands services. Ruminant. — Haut. à l'extrémité de la bosse, 2m,30.

Fig. 70. — Lama (Amérique du Sud). Petit chameau sans bosse. — Ruminant. — Haut. au garrot, 1m,10.

plusieurs poches, ce qui leur permet la *rumination*. 4. Ils ont à chaque pied deux doigts terminés par des sabots (fig. 67).

---

1. Que signifie le mot *ruminer*? — 2. Comment cela se passe-t-il? — 3. Quelles particularités présentent les dents molaires des ruminants? — Leur estomac? — 4. Combien les ruminants ont-ils de doigts aux pieds?

1. Je vous parlerai d'abord des *Chameaux*, dont on connaît deux espèces domestiquées* : le *Chameau à une bosse* ou *Dromadaire* d'Afrique (fig. 68), et le *Chameau à deux bosses*

Fig. 71.— La Girafe (Afrique). Haut. des pieds à la tête, 6m.

Fig. 72. — Cerf (Europe). Ruminant. Haut. au garrot, 1m,50.

Fig. 73.— Chevreuil (Europe). Ruminant.— Haut. 0m,80.

Fig. 74. — Daim (Europe). Ruminant.— Haut. 1m.

d'Asie (fig. 69). Ces deux animaux rendent les mêmes services par leur force, leur docilité, leur sobriété*.

Dans l'Amérique du Sud vivent de véritables petits chameaux sans bosse, dont une espèce, le *Lama* (fig. 70), a été domestiquée par les Indiens.

2. La *Girafe* (fig. 71) atteint six mètres de hauteur ; on ne la trouve qu'en Afrique et on n'en connaît qu'une espèce.

3. Les *Cerfs*, au contraire, sont extrêmement nombreux en espèces, et l'on en trouve en Europe, en Asie, en Amérique.

4. Leur caractère principal consiste dans la présence sur la tête des mâles de *cornes pleines*, de *bois*, sortes d'os ramifiés* *qui tous les ans tombent et tous les ans repoussent*. Nous

---

1, 2, 3. Citez les principales espèces de ruminants. — 4. Que savez-vous des cornes des cerfs ?

avons en Europe le *Cerf* (fig. 72), le *Chevreuil* (fig. 73), le *Daim* (fig. 74), et dans le nord de l'Europe l'*Élan* (fig. 75), grand comme un cheval, et le *Renne* (fig. 76), l'animal de trait des régions glaciales, dont la femelle aussi porte un bois.

1. Voici une corne de vache; c'est une espèce d'*étui creux*. Sur la bête, cet étui recouvre une saillie* osseuse

Fig. 75. — Élan (Nord de l'Europe). Grand comme un cheval. Ruminant. — Haut. 2m.

Fig. 76. — Renne. — Ruminant. Animal de trait des régions glaciales. — Haut. 1m,15.

du front et l'emboîte exactement. *La saillie et l'étui ne tombent jamais*. On appelle tous les ruminants qui ont de semblables cornes, les *ruminants à cornes creuses*.

Les *Bœufs* sont les plus gros d'entre eux et aussi les plus intéressants à connaître. En Europe, en Afrique, en Asie, on en a domestiqué plusieurs espèces. Cependant il en reste encore à l'état sauvage même en Europe, où une sorte de bœuf à grosse tête et à dos bossu vit dans les grandes forêts de Pologne*. Ce bœuf ressemble beaucoup aux *Bisons* (fig. 77) qu'on rencontre en grandes troupes dans les prairies du nord de l'Amérique.

Fig. 77. — Bison (Amérique du Nord). — Gros comme un bœuf. Ruminant. — Haut. 2m.

Les *Moutons* et les *Chèvres* sont encore des animaux

1. Quels sont les caractères des cornes des vaches ?

domestiques. Mais nous avons dans les Alpes* et les Pyrénées* une espèce de chèvre sauvage, le *Bouquetin* (fig. 78), et en Corse, un mouton sauvage, le *Mouflon* (fig. 79).

Enfin, on désigne sous le nom général d'*Antilopes* d'autres

Fig. 78. — Bouquetin des Alpes. Ruminant. Haut. 0m,80.

Fig. 79. — Mouflon de Corse. Ruminant. — Haut. 0m,80.

Fig. 80. — Gazelle. Ruminant. Haut. 0m,66.

ruminants à cornes creuses, d'espèces très nombreuses, de forme et de taille très variées, qui vivent en troupes souvent innombrables en Afrique, en Asie et dans l'Amérique du Nord. Les *Gazelles* africaines (fig. 80) sont célèbres ; une espèce, qui habite l'Afrique du sud, voyage en troupeaux qui comptent parfois plus de 20 000 individus. Nous n'avons en France et même en Europe qu'une seule espèce d'antilope, le *Chamois* (fig. 81) des Alpes et des Pyrénées.

Fig. 81. — Chamois des Alpes et des Pyrénées. Ruminant. — Haut. 0m,76.

Fig. 82. — Éléphant d'Afrique. — Les anciens l'apprivoisaient. — Atteint 5m de hauteur. — Pachyderme.

20. Éléphants. — 1. Les *Éléphants* (fig. 82) sont les plus gros animaux terrestres ; ils arrivent à peser 7000 kilog.,

---

1. Quels sont les plus gros animaux terrestres?

avec 5 mètres de hauteur. Tout est étrange dans ces animaux : leur nez prolongé en une trompe mobile* ayant jusqu'à 2m,50 de longueur; les deux énormes dents ou *défenses* de leur mâchoire supérieure et avec lesquelles on fait l'ivoire; leur intelligence, leur facilité à s'apprivoiser*; les services qu'ils rendent en portant des fardeaux, en servant à la chasse et à la guerre.

On en connait deux espèces : l'une qui habite l'Inde* et Ceylan*; celle-là seule est domestiquée aujourd'hui. L'autre, à plus larges oreilles et à front bombé, est africaine; les nègres n'ont pas su l'utiliser; mais on s'en servait du temps des Grecs et des Romains, et on pourrait tout aussi facilement s'en servir aujourd'hui.

21. Pachydermes. — 1. On désigne sous le nom de *Pachydermes*, mot qui veut dire *peau épaisse*, des animaux plus ou moins voisins de notre *Sanglier* (fig. 83), devenu le *Cochon domestique.*

Fig. 83. — Sanglier. Pachyderme. — Haut. 1m.

2. En dehors des espèces de sangliers connues en Asie, en Afrique et même en Amérique, les plus intéressants des pachydermes sont les *Rhinocéros* et les *Hippopotames.*

Les *Rhinocéros* (fig. 84) sont de grosses, stupides et méchantes bêtes, dont la peau extraordinairement dure n'est

Fig. 84. — Rhinocéros. — Pachyderme. — Haut. 1m, 50.

Fig. 85. — Hippopotame (fleuves d'Afrique). Pachyderme. — H. 1m, 70.

que difficilement traversée par la balle; ils ont sur le nez, les uns une corne, les autres deux ; ces cornes atteignent quelquefois un mètre de long et sont une arme terrible.

L'Hippopotame (fig. 85) est aussi gros mais bien plus massif

1. Quel nom donne-t-on aux animaux qui ont la peau épaisse? — 2. Quels sont les pachydermes les plus intéressants?

et plus lourd que le rhinocéros, si lourd, qu'à terre il peut à peine marcher. Mais dans l'eau, où il vit presque continuellement, il est agile et redoutable. Il a une gueule énorme, armée de grandes dents dont on utilise l'ivoire. On trouve l'hippopotame dans tous les grands fleuves d'Afrique.

22. Marsupiaux. — **1.** La grande île Australienne ne nourrit, sauf le chien et quelques chauves-souris, aucun mammifère* ressemblant à ceux des autres parties du monde. *Ceux qu'on y rencontre ont des caractères tout à fait particuliers.*

2. Comme le plus souvent les petits, immédiatement après la naissance, se réfugient dans une poche (en latin *marsupium*) située sous le ventre de leur mère, on donne à ce groupe d'animaux le nom de *Marsupiaux*.

Il y a des Marsupiaux *carnivores* et *insectivores*, et des Marsupiaux *herbivores*.

Parmi ces derniers, les plus connus sont les *Kangourous* (fig. 86), bizarres animaux, qui, grâce à leur longue queue

Fig. 86. — Kangourou (Australie). A une poche où il met ses petits. Marsupial. — Long. 1m,20.

Fig. 87. — Ornithorynque (Australie). Bec de canard et pieds palmés. Marsupial. — L. 0m,35.

Fig. 88. — Sarigue (Amérique). Marsupial. — Long. 0m,50.

et à leurs énormes pattes de derrière, font des bonds prodigieux. La plus grande espèce atteint en se dressant 2 mètres et plus de hauteur.

Un des plus bizarres marsupiaux est l'*Ornithorynque* (fig. 87), qui a les mâchoires garnies d'un véritable bec aplati comme celui d'un canard et les pieds palmés*.

Un seul marsupial habite hors d'Australie, c'est la *Sarigue* (fig. 88), qu'on trouve en Amérique ; c'est un petit carnivore* sur lequel Florian* a fait la jolie fable que vous connaissez.

---

1. *Quelle particularité présente l'Australie, en ce qui concerne les animaux ?* — **2.** *D'où vient le nom de marsupiaux donné à un groupe d'animaux d'Australie ?*

23. Phoques. — Tous les mammifères dont je vous ai parlé jusqu'ici vivent sur terre. 1. Il y a bien la *Loutre*, qui chasse le poisson, l'*Hippopotame*, qui reste une grande partie de son temps dans l'eau ; mais s'ils aiment à se baigner, tous viennent à terre, y marchent et y courent.

2. Il n'en est pas de même des *Phoques* (fig. 89), qui ont les pattes aplaties et transformées en nageoires et qui peuvent à grand'peine se traîner sur le sable à quelques mètres du rivage. Ils passent leur vie presque tout entière dans l'eau, nageant et plongeant avec une agilité merveilleuse, et se nourrissant de poissons.

Nous avons des phoques sur nos côtes de Bretagne*, et ils vivent en petites troupes sur les bancs de sable de l'em-

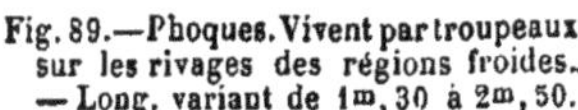

Fig. 89.—**Phoques. Vivent par troupeaux sur les rivages des régions froides.** — Long. variant de 1m,30 à 2m,50.

Fig. 90. — Morses des mers du nord. 3 à 4 mètres de longueur. Ont deux défenses redoutables.

bouchure de la Somme*. Mais cela n'est rien à côté des *troupeaux de phoques* qu'on chasse et qu'on massacre sottement sur les rivages des régions froides des deux hémisphères*. En 1870, les pêcheurs écossais en ont tué 90 000. On utilise la graisse ou huile des phoques et leur peau. Il y a des espèces de phoques qui atteignent 10 mètres de long.

3. Dans les mers du nord vit en troupes un animal voisin du phoque, le *Morse* (fig. 90), remarquable surtout par les deux énormes défenses que porte sa mâchoire supérieure. Les morses sont des bêtes redoutables, ayant jusqu'à 7 mètres de long, qui, lorsqu'on les attaque à la mer, se précipitent en bandes sur le canot et peuvent le submerger.

24. Cétacés. — Voici maintenant des mammifères qui ne peuvent même pas venir un instant à terre, et qui, si la tempête les jette sur le sable, y périssent rapidement. Ce sont les *Cétacés* (fig. 91) : *Baleines* et *Marsouins*.

---

1. Parmi les mammifères étudiés précédemment, citez-en deux qui séjournent volontiers dans l'eau, bien qu'ils viennent à terre? — 2. Citez des mammifères qui passent leur vie presque tout entière dans l'eau. — 3. Citez un autre animal voisin du phoque.

Beaucoup de personnes comptent les cétacés parmi les poissons. Si l'on vous disait qu'une baleine est un poisson,

Fig. 91. — Baleine. — Pas d'écailles. — Fanons à la mâchoire supérieure. — Sang chaud. — Allaite ses petits (mammifère), vient respirer l'air à la surface de l'eau (aérien). — 25 à 35 mètres de longueur. — Gosier très étroit. Cétacé.

que répondriez-vous, Paul? — 1. Monsieur, *je dirais que la baleine n'a pas d'écailles et que les poissons en ont.* — Bien, et encore? — Ah! Monsieur, je ne sais pas si la baleine a le sang froid ou chaud. — 2. *Elle a le sang chaud.* — Alors ce n'est pas un poisson. — 3. Non, de plus *elle donne à téter à ses petits*, enfin *elle est obligée de venir respirer l'air à la surface de l'eau*, et se noierait si elle restait sous l'eau plus d'une demi-heure. La baleine est donc un animal **aérien** et un **mammifère**.

Mais les cétacés sont de curieux mammifères. 4. Ils ont la forme d'un poisson; leur queue est aplatie en nageoire, mais en nageoire horizontale* et non verticale* comme l'est celle des poissons. 5. Leurs pattes de devant forment de véritables rames ou nageoires, et ils n'ont pas de pattes de derrière.

Fig. 92. — Marsouins et Dauphins. Vivent de poissons. Cétacés. — L. 1m,60.

6. Parmi les cétacés, il en est qui ont des dents, et qui dévorent les poissons en grande quantité. Tels sont les *Marsouins* et *Dauphins* (fig. 92), dont nous avons de nombreux individus sur nos côtes de France.

1. Citez, à propos de la peau, un caractère qui indique que la baleine n'est pas un poisson. — 2. Citez un caractère tiré de la température de son sang. — 3. Citez un caractère tiré de la façon dont elle nourrit ses petits; — de la façon dont elle respire. — 4. Quelle est la forme de la queue chez les cétacés? — 5. Que forment leurs pattes de devant? — 6. Citez deux cétacés qui ont des dents.

Un grand cétacé, le *Cachalot* (fig. 93) a des dents à la mâchoire inférieure. Il atteint 20 à 25 mètres de longueur et est très dangereux.

Fig. 93. — Cachalot. — Dents à la mâchoire inférieure. — 20 à 25 mètres de longueur. — Dangereux. Cétacé.

1. Les *Baleines* n'ont point de dents; seulement elles ont, à la mâchoire supérieure, des rangées de plusieurs centaines de longues baguettes flexibles et aplaties nommées *fanons*, dont on fait la *baleine*. Ces animaux énormes atteignent 35 mètres de longueur et arrivent à peser 250 000 kilogrammes, c'est-à-dire le poids de 40 éléphants.

2. Si grosses qu'elles soient, les baleines ne se nourrissent que de très petites bestioles*, qui flottent en colonnes innombrables à la surface de la mer. Mais, direz-vous, pourquoi la baleine ne mange-t-elle pas de poissons? **3.** C'est parce qu'elle a le gosier trop petit pour les avaler; à peine un hareng y pourrait-il passer.

4. On pêche les baleines pour leurs fanons et pour la graisse huileuse qui double leur peau et les protège contre le froid.

RÉSUMÉ. — MAMMIFÈRES.

1. L'Homme (p. 16). — L'**Homme** est un mammifère.

2. Il y a quatre races principales d'hommes : les *blancs* européens, les *jaunes* asiatiques, les *noirs* africains, les *rouges* américains.

3. Il existe aussi quelques races inférieures.

4. Singes (p. 18). — En tête des **Singes**, sont trois grandes espèces : *l'Orang-outang* asiatique, le *Gorille* et le *Chimpanzé* africains.

5. Les autres espèces de singes sont extrêmement nombreuses.

---

1. Par quoi les dents sont-elles remplacées chez la baleine? — **2.** De quoi se nourrissent les baleines? — **3.** Pourquoi la baleine ne mange-t-elle pas de poissons? — **4.** Quels produits tire-t-on de la baleine?

6. Toutes, les grandes espèces comme les petites, habitent les régions chaudes.

7. Chauves-souris (p. 19). — Les **Chauves-souris** sont des mammifères et non des oiseaux. Elles ont des poils et non des plumes; elles ont des oreilles, des dents; — les ailes se composent d'une membrane mince, prolongement de la peau du ventre et du dos, soutenue par les os prolongés des doigts.

8. Le jour, les chauves-souris dorment. La nuit, elles sortent et volent en faisant la chasse aux insectes. Ce sont donc des bêtes utiles à l'agriculture et qu'il faut respecter.

9. Insectivores (p. 21). — D'autres **Insectivores**, non volants, se nourrissent d'insectes; ils sont de petite taille. Tels sont le *Hérisson*, dont les poils sont des piquants, — la *Musaraigne*, au museau pointu, — la *Taupe*, qui ne mange pas la racine des plantes, mais dévore quantité de vers blancs.

10. Carnivores (p. 21). — Les **Carnivores** (latin, *carnis*, chair) ou *Carnassiers* mangent de la viande.

11. Ils ont les pattes fortes et garnies d'ongles aigus et tranchants; leur gueule est armée de dents longues, fortes et pointues.

12. Le type le mieux réussi pour la chasse est le genre **Chat** (p. 22). Le *Tigre*, le plus redoutable des animaux féroces, le *Lion*, la *Panthère*, le *Jaguar*, tous trois moins dangereux pour l'homme que le tigre, sont de très gros chats.

13. Après les chats, viennent les **Chiens** (p. 24), auxquels se rattachent : le *Loup*, redoutable en Asie et en Russie ; le *Renard* et le *Chacal*, grands chasseurs de volailles.

14. Les **Hyènes** (p. 24) sont plus friandes de cadavres que de chair vivante.

15. L'Ours brun (p. 24) des Alpes et des Pyrénées préfère les fruits et le miel à la chair de l'homme et des troupeaux. Au contraire, l'*Ours blanc* des mers glaciales et l'*Ours gris* de l'Amérique du Nord considèrent l'homme comme le plus précieux des gibiers.

16. Édentés (p. 26). — Les **Édentés**, qui ont peu ou point de dents, sont inconnus à l'Europe. Le plus intéressant est le *Grand fourmilier* dont la langue, semblable à un long ver, englue les fourmis.

17. Herbivores (p. 26). — Les **Herbivores** sont des mangeurs d'herbe.

18. Au premier rang sont les **Rongeurs** (p. 26), Lapin, Écureuil, Loir, Rat, Souris, Marmotte, Castor.

19. Les **Chevaux** (p. 28), auxquels se rattache l'Ane, ont les dents du fond plates; à chaque pied ils n'ont qu'un doigt terminé par un ongle qui en enveloppe complètement l'extrémité. Cet ongle forme le *sabot*.

20. Les **Ruminants** (p. 29) sont ainsi appelés parce qu'ils *ruminent*, c'est-à-dire mâchent sans paraître avoir rien à manger.

21. Les dents molaires des ruminants sont aplaties comme celles des chevaux; leur estomac est composé de plusieurs poches ; ils ont à chaque pied *deux* doigts terminés par des sabots.

22. Les ruminants comprennent : le *Chameau à une bosse* ou *Dromadaire* d'Afrique et le *Chameau à deux bosses* d'Asie, qui rendent les mêmes services que nos chevaux; le *Lama* de l'Amérique du Sud, domestiqué par les Indiens, — la *Girafe* d'Afrique, haute de six mètres ; — les *Cerfs, Chevreuils, Daims, Élans;* les *Rennes*, animaux de trait des terres polaires, tous animaux à cornes pleines et annuelles*; — les *Bœufs*, — les *Bisons*, qu'on rencontre en grandes troupes dans les prairies du nord de l'Amérique ; — les *Moutons* et les *Chèvres ;* — les *Antilopes ;* — le *Chamois* des Alpes et des Pyrénées, tous animaux à cornes creuses et persistantes.

23. **Éléphants** (p. 32). — Les **Éléphants** sont les plus gros animaux terrestres. Ils rendent de grands services en portant des fardeaux. Il y en a une espèce sauvage en Afrique et une domestiquée en Asie.

24. **Pachydermes** (p. 33). — Les **Pachydermes**, animaux à peau épaisse, comprennent : le *Sanglier*, origine du cochon domestique ; les *Rhinocéros* et les *Hippopotames* d'Afrique.

25. **Marsupiaux** (p. 34). — Les **Marsupiaux**, tous d'Australie, ont une poche (marsupium) sous le ventre, où ils mettent leurs petits à l'abri. Les plus connus sont le *Kangourou* et l'*Ornithorynque*. — La *Sarigue*, seule de ce groupe, habite l'Amérique.

26. **Phoques** (p. 35). — Les **Phoques** passent leur vie presque tout entière à l'eau. Ils vivent par troupeaux sur les rivages des régions froides, où on les massacre pour utiliser leur graisse et leur peau. — Aux phoques se rattache le *Morse*, armé de deux défenses.

27. **Cétacés** (p. 35). — Les **Cétacés** comprennent les *Marsouins* ou *Dauphins*, les *Cachalots* et les *Baleines*.

28. Les *Baleines* ne sont pas des poissons. Elles n'ont pas d'écailles (les poissons en ont) ; elles ont le sang chaud (les poissons ont le sang froid) ; elles donnent à téter à leurs petits et se noieraient si elles restaient sous l'eau plus d'une demi-heure : elles sont *mammifères* et animaux *aériens*.

29. Les baleines ont à la mâchoire supérieure des rangées de plusieurs centaines de *fanons**, dont on fait la *baleine*. Leur gosier est très étroit. — Les autres cétacés ont des dents.

[On trouvera, p. 75, des *Sujets de rédaction* d'un genre simple.]

VERTÉBRÉS. — 2° Oiseaux.

25. Les **Oiseaux**, vous ai-je dit, se reconnaissent à ce qu'ils possèdent un bec, des plumes, deux ailes et deux pattes.

Le *bec* est tout simplement, comme vous le voyez sur cette tête de poule que j'ai mise pourrir dans l'eau, une sorte d'étui corné qui recouvre les deux mâchoires.

Les *plumes*, quand elles sont bien développées, ont un tuyau par lequel elles s'implantent et une tige pleine, d'où partent, à droite et à gauche, une rangée de *barbes*; celles-ci portent des saillies ou *barbettes* qui souvent, comme dans cette plume d'oie, ont d'autres saillies plus petites ou *barbules*. Tout cela se tient et s'engrène solidement. Mais la plume n'est pas toujours aussi complète.

Les *ailes* sont ordinairement assez fortes pour permettre le vol. Cependant, certains oiseaux, comme les autruches, les ont trop courtes et ne peuvent quitter terre. Il en est d'autres qui s'en servent comme de nageoires pour ramer sous l'eau.

Tous les oiseaux pondent des *œufs*, et la plupart construisent des *nids*. **1.** Les œufs sont formés principalement d'une *coque pierreuse*, d'un *blanc* et d'un *jaune*. Voici deux œufs de poule : l'un est cru, je le casse, et le contenu se répand sur une assiette. Voyez-vous, sur le jaune, cette petite tache blanche? **2.** C'est le **germe**, qui aurait formé plus tard le petit poulet, si on l'avait mis couver. L'autre œuf est cuit *dur*. J'ôte la coque et le coupe en deux ; vous voyez la disposition du jaune et du blanc.

3. Quand on tient pendant plusieurs semaines un œuf au chaud, un petit oiseau se forme dans le germe, grandit, absorbe le blanc et le jaune, et finit par remplir l'œuf dont

Fig. 94. — Pigeon au sortir de l'œuf. Il est aveugle et immobile.

Fig. 95. — Poulet au sortir de l'œuf. Il sait marcher.

il perce la coque. **4.** Il sort de là tantôt aveugle et presque immobile, comme le petit pigeon (fig. 94) ; tantôt vif, cherchant sa nourriture, sachant marcher, comme le poulet (fig. 95), et même nager, comme le canard.

5. Ordinairement, c'est la mère qui fournit la chaleur nécessaire à l'éclosion des œufs, qui *couve* et qui construit

---

1. Quelles sont les parties qui composent un œuf d'oiseau? — **2.** Quelle est la petite tache blanche qu'on voit sur le jaune? — **3.** Qu'arrive-t-il quand on tient pendant plusieurs semaines un œuf au chaud? — **4.** Dans quel état le petit oiseau sort-il de l'œuf? — **5.** Qui, d'ordinaire, fournit la chaleur nécessaire à l'éclosion des œufs?

des nids où les œufs et les petits seront à l'abri et au chaud. Rien de plus varié que la forme de ces nids. **1.** Mais vous savez qu'on peut faire éclore des œufs par une chaleur artificielle*, dans des boîtes particulières appelées *couveuses* (fig. 96).

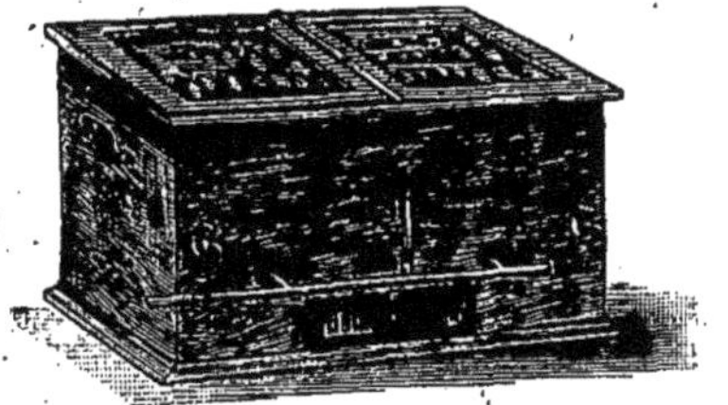

Fig. 96. — Couveuse artificielle. — On remplace la chaleur de la mère par la chaleur d'un foyer.

2. Je vous dirai encore une chose, à propos des oiseaux. Il y en a qui *voyagent* très régulièrement chaque année. Ainsi, les *hirondelles* arrivent chez nous en été, pour y pondre; puis, à l'hiver, quand les insectes deviennent rares, elles repartent en Afrique. Ainsi font les *cailles*, les *rossignols*, et bien d'autres espèces. Il en est au contraire qui ne viennent guère nous voir qu'en hiver, quand les grands froids les chassent du Nord : les canards, les oies, les cygnes sont dans ce cas.

Passons maintenant en revue les principaux groupes des oiseaux.

26. Oiseaux de proie. — Il y a des oiseaux qui se nourrissent exclusivement de la *chair* d'autres oiseaux, de mammifères* et de reptiles*. **3.** On les appelle, pour cette raison, *Oiseaux de proie*. **4.** Ils sont admirablement outillés pour accomplir leur œuvre de destruction, avec leur *bec* crochu et aigu (fig. 97), leurs ongles longs et acérés*, nommés *serres* (fig. 98), leurs *ailes* longues et pointues. Ils volent avec une telle rapidité et une telle force, qu'un faucon, perdu dans la forêt de Fontainebleau*, fut, le lendemain, retrouvé à Malte*.

Fig. 97. Bec d'oiseau de proie, crochu et aigu.

Fig. 98. Serre d'oiseau de proie, aux ongles longs et acérés.

---

1. Existe-t-il un autre moyen? — **2.** Parlez de certains oiseaux voyageurs? — **3.** Quel nom donne-t-on aux oiseaux qui se nourrissent exclusivement de chair? — **4.** Quels outils naturels ont-ils pour accomplir leur œuvre de destruction?

1. Il y a des oiseaux de proie* qui chassent le jour, et qu'on appelle pour cette raison *diurnes*, d'autres qui chassent la nuit, et qu'on appelle *nocturnes*.

2. Parmi les *diurnes*, on distingue : les *Vautours* (fig. 99), qui se nourrissent d'animaux morts. Il y en a de très gros

Fig. 99. — Vautour. Long. 1m,15 [1].

Fig. 100. — Condor (Amérique du Sud). — Long. 1m,30.

Fig. 101. — Gypaète des Alpes. Long. 1m,20.

dans nos montagnes d'Europe. Dans les pays chauds, ils rendent de vrais services en faisant disparaître les cadavres qui empesteraient l'air. Le *Condor* de l'Amérique du Sud (fig. 100) est le plus grand des oiseaux volants, son envergure (distance d'un bout à l'autre des ailes) atteint quelquefois quatre mètres. Le *Gypaète* des Alpes (fig. 101) est presque aussi grand; les *Aigles* (fig. 102), plus forts de bec et de pattes

Fig. 102. — Aigle. Long. 1m.

Fig. 103. — Faucon. Long. 0m,50.

Fig. 104. — Buse. Long. 0m,65.

que les vautours et plus hardis, se nourrissent de proie vivante; les *Faucons* (fig. 103), sont encore plus forts à proportion de leur taille, et plus courageux. Jadis, on les

---

1. Quel nom donne-t-on aux oiseaux de proie qui chassent le jour? — A ceux qui chassent la nuit? — **2.** Citez quelques oiseaux de proie diurnes.

1. La longueur des oiseaux est prise du bec à la queue ; la hauteur, du sol au dessus de la tête.

dressait pour la chasse, et l'on s'en sert encore en Algérie et en Orient; les *Buses* (fig. 104), *Busards* (fig. 105), *Éperviers* (fig. 106), *Milans* (fig. 107), etc., dont nous possédons plusieurs espèces, sont plus faibles.

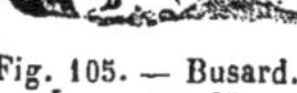

Fig. 105. — Busard. Long. 0^{m},65.

Fig. 106. — Épervier. Long. 0^{m},33.

Fig. 107. — Milan. Long. 0^{m},65.

1. Les oiseaux de proie *nocturnes** ont le plumage très doux, ce qui fait qu'ils volent sans bruit; les trous de leurs oreilles sont très grands, leurs yeux gros et ronds, dirigés en avant. On appelle *Hiboux* (fig. 108) ceux qui ont des aigrettes* A, B, sur la tête, *Chouette* (fig. 109), ceux qui n'en ont pas. Il y en a beaucoup d'espèces en France, depuis le *Grand-duc* (fig. 110), presque gros comme un dindon, jusqu'au *Scops* (fig. 111), gros comme un merle. 2. Ils détruisent surtout les rats, les souris et autres petits mammifères nuisibles; on doit donc les respecter, et non les clouer sottement sur les portes des granges*.

Fig. 108. — Hibou. Long. 0^{m},40.

Fig. 109. — Chouette. Long 0^{m},30.

Fig. 110. — Grand-duc. Long. 0^{m},66.

Fig. 111. — Scops. Gros comme un merle. Long. 0^{m},18.

27. Perroquets. — Les *Perroquets* (fig. 112), que carac-

1. Citez quelques oiseaux de proie nocturnes. — 2. Pourquoi ne doit-on pas les détruire?

térise leur gros bec, leur langue charnue*, capable d'articuler des mots, leurs doigts dirigés, deux en avant, deux en arrière, leur remarquable intelligence, ont été nommés avec assez de justesse les *singes* des oiseaux. Comme les singes, ils n'habitent que les pays chauds, et remplissent de leurs bandes criardes les forêts intertropicales* des deux mondes.

Fig. 112. — Perroquet. (Ara). — L. 0m,68.

Fig. 113. — Tourterelle. Long. 0m,30.

28. Pigeons. — Les *Pigeons* sont peu nombreux et peu variés en espèces. Nous avons en France le *Ramier*, la *Tourterelle* (fig. 113), le *Biset*, qui a été domestiqué.

29. Gallinacés. — Le nom de *Gallinacés* (du latin *gallina*, poule), a été donné aux oiseaux de ce groupe à cause de leur ressem-

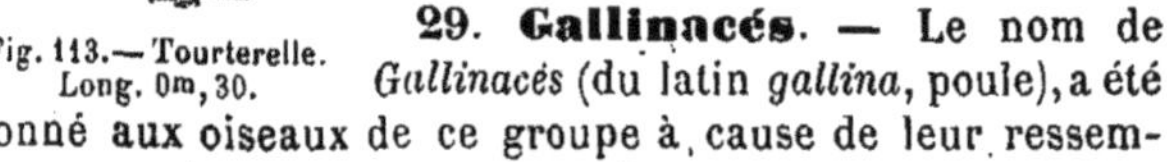

Fig. 114. — Faisan. Long. 0m,88.

Fig. 115. — Paon. Long. 2m,50.

Fig. 116. — Pintade. Long. 0m,60.

Fig. 117. — Dindon. Long. 1m.

Fig. 118. — Caille. Long. 0m,21.

Fig. 119. — Coq de bruyère. Long. 0m,80.

blance plus ou moins grande avec la *Poule*, qui en est le type. Ce sont des oiseaux mangeurs de graines. Nos poules paraissent venir de l'Inde*. C'est de l'Inde aussi que viennent les *Faisans* (fig. 114) et le *Paon* (fig. 115); d'Afrique vient la *Pintade* (fig. 116), et d'Amérique le *Dindon* (fig. 117). Nous avons en France la *Perdrix* grise, la rouge, la *Caille* (fig. 118), et dans le Nord ou les hautes montagnes, les *Coqs de bruyère* (fig. 119), la *Perdrix* blanche, etc.

30. **Échassiers.** — Les *Échassiers* sont ainsi nommés

Fig. 120 — Cigogne. Long. 1m,15.
Fig. 121. — Héron. Long. 1m,15.
Fig. 122. — Grue. Long. 1m,48.
Fig. 123. — Vanneau. Long. 0m, 36.
Fig. 124. — Courlis. Long. 0m, 75.
Fig. 125. — Bécasse. Long. 0m,33.
Fig. 126. — Poule d'eau. Long. 0m,33.
Fig. 127. — Outarde. Long. 1m, 15.

à cause de leurs longues pattes nues, qui ont l'air d'échasses*. Ce sont, pour la plupart, des oiseaux de marais*, qui marchent dans l'eau et la vase*; ils ont un long cou et un long bec qui leur permettent de saisir les petits animaux sans se baisser. Les plus connus sont, dans nos pays, les *Cigognes* (fig. 120), les *Hérons* (fig. 121), les *Grues* (fig. 122), les *Vanneaux* (fig. 123), les *Courlis* (fig. 124), les *Bécasses* (fig. 125), les *Poules d'eau* (fig. 126), les *Outardes* (fig. 127), etc.

31. Autruches. — Les *Autruches* sont de grands oiseaux qui ont les ailes trop courtes pour pouvoir voler, et qui courent avec une grande vitesse.

L'*Autruche* à deux doigts (fig. 128) atteint 2ᵐ,50 de hauteur; elle habite l'Afrique. Le *Nandou* d'Amérique (fig. 129)

Fig. 128. — Autruche (Afrique). Haut. 2ᵐ,50.

Fig. 129. — Nandou (Amérique). Haut. 1ᵐ,60.

Fig. 130. — Casoar à casque Haut. 1 m, 60.

est moins grand et il a trois doigts. Les *Casoars* à casque (figure 130) sont plus gros et plus trapus* que le nandou.

Si gros que soient ces oiseaux, ils semblent petits à côté de ceux, assez semblables aux casoars, que les sauvages ont détruits à Madagascar* et à la Nouvelle-Zélande* (fig. 131). On n'en a plus que des os et des œufs. Mais quels œufs! Un seul vaut six œufs d'autruche, c'est-à-dire cent cinquante œufs de poule.

Fig. 131. —. Squelette de grand oiseau de la Nouvelle-Zélande. — Disparu — Hauteur, 3ᵐ, 50.

32. Palmipèdes. — Les *Palmipèdes* ont, comme leur nom l'indique, les pieds *palmés* (fig. 132), c'est-à-dire que leurs doigts sont réunis par une membrane *. Cela leur permet de nager avec facilité. Regardez cette patte de canard; quand l'oiseau la lance en avant, tout se replie et la patte traverse l'eau aisément, sans obstacle; quand il la pousse en arrière, elle s'étale, résiste, et fait que c'est l'oiseau qui est poussé en avant.

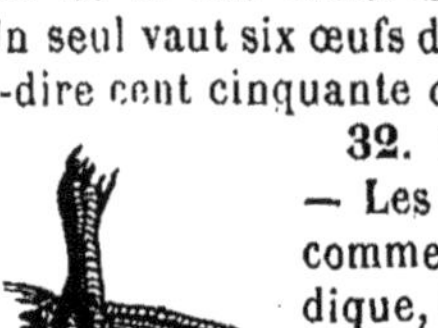

Fig. 132. — Patte de palmipède.

Les *Canards* (fig. 133), les *Oies* (fig. 134), les *Cygnes* (fig. 135) sont des palmipèdes qui nagent parfaitement, volent très bien et marchent mal. Ils ont le bec large et

Fig. 133. — Canard.

Fig. 134. — Oie.

Fig. 135. — Cygne.

garni de lamelles ou de dents. Les *Goélands* (fig. 136), qui ne vivent guère que sur les bords de la mer, l'énorme *Albatros* des mers du sud (fig. 137), ont le bec pointu, et volent aussi très bien. Le *Pélican* (fig. 138), le *Cormoran* (fig. 139) ont aux pieds une membrane*, qui non seulement enveloppe les trois doigts antérieurs, comme chez le canard, mais encore le pouce.

Fig. 136. — Goéland. Long. $0^m,75$.

Fig. 137. — Albatros. Long. $1^m,25$.

Fig. 138. — Pélican. Long. $1^m,80$.

Sur les rivages des mers du nord, vivent par myriades les *Pingouins* (fig. 140), et sur ceux des mers du sud, les *Manchots* (fig. 141), qui sont en bandes non moins nombreuses. Ni les uns ni les autres ne peuvent voler. Ce n'est

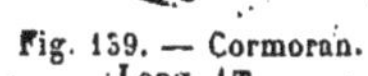

Fig. 139. — Cormoran. Long. 1^m.

Fig. 140. — Pingouin. Haut. $0^m,60$.

Fig. 141. — Manchot. Haut. $0^m,60$.

pas parce que leurs ailes sont trop faibles, comme chez les autruches; non, elles sont très fortes; mais elles ne portent pas de vraies plumes, et l'oiseau s'en sert pour nager entre deux eaux.

33. **Passereaux.** — On désigne sous le nom commun de *Passereaux* une quantité d'espèces d'oiseaux qui ne sont ni oiseaux de proie, ni palmipèdes, etc.

Les uns ont deux doigts en avant, deux en arrière, et grimpent admirablement le long du tronc des arbres. Tels sont les *Pics* de nos bois (fig. 142), qu'on accuse à tort de faire du mal aux arbres, car ils ne font de trou que là où les insectes ont déjà creusé.

Il en est qui ont un bec crochu, presque semblable à celui des oiseaux de proie, telles sont les *Pies-grièches*. D'autres ont un bec fin et quelquefois très long, qui leur sert à attraper des insectes: tels les *Merles*, les *Fauvettes*, les *Rossignols*, les *Oiseaux-mouches* d'Amérique, si brillants

Fig. 142. — Pic noir et blanc. Long. 0m,17 à 0m,25.

Fig. 143. — Corbeau. Long. 0m,35 à 0m,65.

et si petits, que le plus petit n'est pas plus gros qu'une abeille, les *Huppes*, etc. D'autres ont un bec largement fendu, et propre à attraper les moucherons, comme les *Hirondelles*. D'autres ont un bec gros, court, robuste, avec lequel ils mangent des graines : *Alouettes*, *Moineaux*, *Pinsons*, *Mésanges*, *Bouvreuils*, etc. D'autres enfin ont un gros bec, sorte de pioche avec laquelle ils fouillent la terre ou dépècent* les cadavres : *Pies*, *Geais*, *Corbeaux* (fig. 143). Nous avons en France environ deux cents espèces d'oiseaux appartenant à ce groupe si intéressant et si varié des passereaux. Nos chasseurs eux-mêmes ne se doutent pas de cette variété.

RÉSUMÉ. — OISEAUX.

1. **Généralités** (p. 39). — Les **Oiseaux** ont un *bec* corné, des plumes, deux pattes, deux ailes, et ils pondent des *œufs*.

2. Les œufs sont formés principalement d'une coque pierreuse, d'un blanc et d'un jaune. — Sur le jaune est une petite tache blanche, appelée *germe*, qui forme le petit poulet, quand on met l'œuf couver.

3. Ordinairement, c'est la poule qui fournit la chaleur nécessaire à l'*éclosion* d'un œuf, mais on peut faire éclore des œufs par une chaleur artificielle *, dans des boîtes appelées *couveuses*.

4. **Oiseaux de proie** (p. 41). — Les **Oiseaux de proie** ont un bec crochu et aigu, des doigts à ongles longs et acérés nommés *serres*, des ailes longues et pointues. Ils volent avec force et rapidité.

5. Les uns chassent le jour, on les appelle *diurnes;* d'autres chassent la nuit, on les appelle *nocturnes*.

6. Parmi les diurnes on distingue les *Vautours*, qui se nourrissent d'animaux morts ; les *Aigles*, qui se nourrissent de proie vivante ; les *Faucons*, qu'on dressait jadis pour la chasse.

7. Parmi les oiseaux de proie nocturnes, on distingue les *Hiboux*, qui ont des aigrettes sur la tête, et les *Chouettes*, qui n'en ont pas.

8. Les hiboux et les chouettes détruisent les rats et les souris : on doit donc les respecter et non les clouer sur les portes des granges.

9. **Perroquets** (p. 43). — Les **Perroquets** n'habitent que les pays chauds.

10. **Pigeons** (p. 44). — Les **Pigeons** comprennent en France le *Ramier*, la *Tourterelle* et le *Biset*.

11. **Gallinacés** (p. 44). — Les **Gallinacés** (*gallina*, poule) comprennent les oiseaux qui ressemblent plus ou moins à une poule : *Faisans*, *Paons*, *Pintades*, *Dindons*, *Perdrix*.

12. **Échassiers** (p. 45). — Les **Échassiers** sont perchés sur de longues pattes. Les plus connus sont, dans nos pays, les *Cigognes*, les *Hérons*, les *Grues*, les *Bécasses*, etc.

13. **Autruches** (p. 46). — Les **Autruches** sont de grands oiseaux. L'espèce africaine atteint $2^{m},50$ de hauteur. Elles ont les ailes trop courtes pour voler, mais elles courent avec une grande vitesse.

14. **Palmipèdes** (p. 46). — Les **Palmipèdes** ont, comme leur nom l'indique, les pieds *palmés*, c'est-à-dire que leurs doigts sont réunis par une membrane. Cela permet aux oiseaux de ce groupe de nager avec facilité. Les *Canards*, les *Oies*, les *Cygnes* sont des palmipèdes.

15. **Passereaux** (p. 48). — Les **Passereaux** comprennent une grande quantité d'espèces très variées : *Merles*, *Fauvettes*, *Rossignols*, *Hirondelles*, *Alouettes*, *Pinsons*, *Corbeaux*, etc.

[On trouvera, p. 75, des *Sujets de rédaction* d'un genre simple.]

VERTÉBRÉS. — 3° Reptiles.

34. Les **Reptiles** diffèrent beaucoup de forme les uns des autres. On distingue : les *Tortues*, qui ont un bec corné* comme celui des oiseaux, quatre pattes et une carapace* où elles sont enfermées ; les *Lézards*, qui ont des dents, le corps libre et des pattes ; les *Serpents*, qui n'ont pas de membres. — Tous les reptiles pondent des œufs fort semblables à ceux des oiseaux ; seulement la coquille est cornée* et non pierreuse.

35. Tortues. — Il y a des tortues qui vivent sur terre, d'autres dans les marais et les eaux douces*, d'autres dans la mer. Les *Tortues de mer* (fig. 144), dont on prend parfois sur nos côtes* de grands échantillons, ayant deux mètres de longueur, ont la carapace aplatie, ce qui leur permet de fendre

Fig. 144. — Tortue de mer. Long. 1 à 2 mètres. Tortue des marais. L. 0m,20 à 0m,80. Tortue de terre. L. 0m,15 à 0m,40.

aisément l'eau, les pattes longues, aplaties aussi et formant des nageoires. Sur les côtes d'Amérique, elles vont pondre en quantité innombrable sur certains points où on leur fait une guerre acharnée, pour leurs œufs, leur chair et leur écaille.

Les *Tortues terrestres* ont les pattes courtes et la carapace bombée, offrant une telle résistance qu'un homme peut monter, sans l'écraser, sur le dos d'une tortue de 10 centimètres de longueur. Il y en a en Afrique qui ont plus d'un mètre de long.

Les *Tortues d'eau douce* sont, comme forme, intermédiaires entre les terrestres et les marines.

Nous avons dans le midi de la France deux petites espèces de tortue : une terrestre, une de marais.

36. Lézards. — 1. Les plus grands animaux du groupe

1. Citez un grand lézard redoutable à l'homme.

des lézards sont les *Crocodiles* (fig. 145), qui sont assez forts pour être extrêmement redoutables à l'homme. Les grands

Fig. 145. — Crocodile. Il y en a qui atteignent 8 mètres de long.

fleuves d'Afrique, d'Asie et d'Amérique en nourrissent qui arrivent à la taille énorme de huit mètres.

Les autres lézards sont parfaitement inoffensifs*. Il y en a quantité d'espèces, dont la plus curieuse, peut-être, est le *Caméléon* (fig. 146). C'est un animal assez commun en Algérie*, et qui est célèbre par les changements de couleur qu'il présente, suivant qu'il est calme ou en colère, à l'ombre ou au soleil : vert, jaune, noir, etc.

Fig. 146. — Caméléon. Change de couleur. — Long. 0m,30.

Fig. 147. — Lézard. — Leur queue repousse après avoir été cassée. Long. 0m,20 à 0m,50.

On trouve en France une vingtaine d'espèces de lézards (fig. 147). Le plus grand et le plus beau, le *Lézard ocellé*, arrive à un demi-mètre de longueur. Ces lézards ont la queue extrêmement facile à détacher du corps, et il a dû vous arriver souvent à tous de voir un bout de queue de lézard vous rester dans la main en frétillant, quand vous saisissiez un de ces petits animaux. 1. *Mais ce qui est bien plus curieux, c'est que cette queue repousse assez rapidement à sa grandeur naturelle.*

Il y a aussi dans notre pays une sorte de petit serpent qui se casse en deux quand on le saisit, et qu'on appelle pour cette raison *serpent de verre*. Les naturalistes* le nomment

1. Quelle particularité curieuse présente la queue des lézards?

Orvet. On en a grand peur dans beaucoup de campagnes, et l'on a bien tort, car ce serpent est tout à fait inoffensif*.

37. Serpents. — 1. Il y a, en revanche, des serpents dont la morsure, accompagnée de l'émission* d'un poison liquide appelé **venin**, donne lieu à des accidents plus ou moins graves, souvent mortels* : on les appelle *Serpents venimeux*.

Les autres ne mordent pas, mais s'enroulent autour de leur proie; ceux-là ne peuvent nous faire courir de danger que quand ils sont de très grande taille. C'est le cas du *Boa* de l'Amérique du Sud (fig. 148), des *Pythons* d'Afrique et de quelques autres espèces, où l'on trouve des individus ayant 12 mètres de longueur! 2. De pareilles bêtes sont capables d'étouffer un bœuf en l'étreignant* dans leurs replis : un homme est un petit gibier pour elles.

Fig. 148. — Boa de l'Amérique du Sud. Atteint quelquefois 12 mètres.

Fig. 149. — Tête de couleuvre.

Fig. 150. — Tête de vipère.

3. Nos *Couleuvres* (fig. 149) sont beaucoup plus petites et, par suite, tout à fait inoffensives : les plus grandes n'atteignent que bien rarement 2 mètres. Nous en avons en France six ou sept espèces.

4. En fait de serpents venimeux nous ne possédons heureusement que la *Vipère* (fig. 150), et c'est un des moins dangereux. 5. Le venin est un liquide qui s'emmagasine dans une petite poche A (fig. 151) placée à la racine d'une longue dent B très pointue. 6. Cette dent est percée d'un canal. 7. Quand l'animal mord, la dent pèse sur la poche A; une goutte de venin suit le canal et pénètre dans la partie

1. Quel nom donne-t-on aux serpents dont la morsure peut être mortelle? — 2. Le serpent boa tue-t-il à la manière des serpents venimeux ? — 3. Pourquoi nos couleuvres, qui ne sont pas venimeuses, sont-elles inoffensives? — 4. Citez un serpent venimeux de nos contrées. — 5. Où s'emmagasine le venin ? — 6. Quelle particularité la dent pointue de la vipère présente-t-elle? — 7. Comment s'opère la sortie du venin?

mordue. Quand on arrache cette dent (il y en a une de chaque côté), comme font les charlatans, on peut se faire mordre impunément* par la vipère.

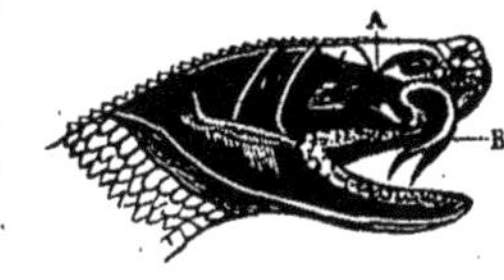

Fig. 151. — Tête de vipère.
A, poche où s'emmagasine le venin.
B, dent très pointue et percée d'un canal par lequel s'écoule le venin.

1. Le venin de vipère donne la fièvre, une grande enflure, parfois la gangrène*, et même la mort.

2. Mais ce venin n'est rien à côté de celui de la *Vipère à cornes* des déserts algériens, du *Fer de lance* de la Martinique*, du *Serpent à sonnettes* d'Amérique, du *Serpent à lunettes* de l'Inde*; la morsure de toutes ces espèces est pour l'homme presque toujours rapidement mortelle.

3. Le Serpent à lunettes, le *Cobra capello*, comme on l'appelle là-bas, a tué dans l'Inde anglaise en 1875, 26 000 personnes! Ce pays en fourmille! Et le serpent à lunettes n'avertit pas le passant quand il se fâche, comme fait le serpent à sonnettes qui agite les espèces de grelots placés au bout de sa queue.

RÉSUMÉ. — Reptiles.

1. Les **Reptiles** diffèrent beaucoup de forme les uns des autres. On distingue les *Tortues*, les *Lézards* et les *Serpents*.

2. **Tortues** (p. 50). — Les **Tortues** ont un bec corné, comme celui des oiseaux, quatre pattes et une carapace où elles sont enfermées comme dans un tonneau.

3. Il y en a qui vivent sur terre, d'autres dans les marais et dans les eaux douces, d'autres dans la mer. Celles-ci atteignent souvent 2 mètres de longueur.

4. **Lézards** (p. 50). — Les plus grands **Lézards** sont les *Crocodiles*, dont la taille atteint quelquefois 8 mètres. Ce sont des animaux redoutables à l'homme.

5. Les autres lézards sont inoffensifs.

6. Le *Caméléon* d'Algérie devient vert, jaune, noir, suivant qu'il est calme ou en colère, à l'ombre ou au soleil.

7. Les **Lézards** ordinaires ont la queue extrêmement facile à détacher du corps ; mais cette queue repousse assez rapidement à sa grandeur naturelle.

---

1. Quel est l'effet produit par le venin de la vipère? — 2, 3. Existe-t-il des vipères plus dangereuses?

8. **Serpents** (p. 52). — Il y a des **Serpents** venimeux et d'autres qui ne le sont pas.

9. Parmi les serpents non venimeux se trouvent le *Boa* de l'Amérique du Sud et les *Pythons* d'Afrique. Ces espèces ont jusqu'à 12 mètres de longueur; elles tuent les gros animaux en s'enroulant autour d'eux et en les étouffant.

10. Nos *Couleuvres* sont inoffensives.

11. Il n'en est pas de même de la *Vipère*, dont le venin donne la fièvre, une grande enflure, parfois la gangrène et même la mort.

Ce venin est renfermé dans une poche placée à la racine d'une longue dent percée d'un canal. Quand l'animal mord, la dent pèse sur la poche; une goutte de venin suit le canal et pénètre dans la partie mordue.

[On trouvera, p. 75, des *Sujets de rédaction* d'un genre simple.]

VERTÉBRÉS. — 4° Amphibiens.

38. **Métamorphoses des amphibiens.** — 1. Nous savons que les animaux de ce groupe sont *aquatiques** dans leur jeune âge, *aériens** quand ils sont grands. 2. Ils présentent des changements de formes extrêmement curieux; ces changements sont appelés *métamorphoses*.

Les métamorphoses sont surtout très considérables chez les *Crapauds* (fig. 152), les *Grenouilles*, les *Rainettes*.

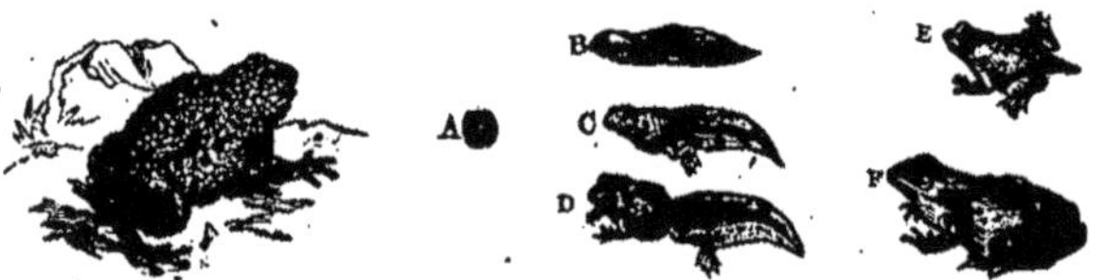

Fig. 152. — Crapaud.

Fig. 153. — Transformations de l'œuf de grenouille. A, œuf de grenouille. — B, C, D, têtards. — E, têtard devenant grenouille. — F, grenouille.

3. Vous avez tous vu des œufs de grenouille (fig. 153, A); ils n'ont pas de coque, comme vous le savez, et sont nus et mous comme la peau des amphibiens eux-mêmes. 4. Au bout d'un certain temps, il en sort un petit animal tout noir B, qui, au bout de quelques jours devient très vif. 5. Bientôt il grossit et montre une longue queue, un corps uni à la tête

1. Rappelez l'explication du mot *amphibie*. — 2. Quels phénomènes présentent les amphibies? — 3. Quel est le premier état de la grenouille? — 4. Que sort-il de cet œuf? — 5. Quel aspect prend bientôt ce petit animal?

en une grosse boule, d'où son nom de *Têtard*, C, D, E. 1. Il n'a pas de pattes; mais celles-ci apparaissent toutes petites d'abord et les postérieures les premières. 2. Pendant ce temps la queue diminue, si bien qu'il arrive un moment où l'animal a quatre pattes, et n'a plus de queue. De têtard, il est devenu grenouille ou crapaud, E, F. 3. D'animal *aquatique* il est devenu *aérien*, d'*herbivore** il est devenu *carnivore**. N'est-ce pas vraiment extraordinaire?

Vous savez tous que nous avons en France plusieurs espèces de grenouilles et de crapauds, et une jolie *Rainette* verte qui vit d'ordinaire sur les arbres.

D'autres amphibiens ont des métamorphoses moins complètes. Ainsi les *Tritons* (fig. 154), si abondants dans les marais* et les fossés, et qu'on appelle dans presque toute la

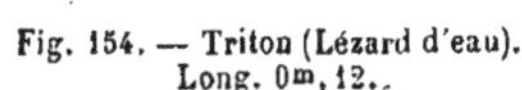

Fig. 154. — Triton (Lézard d'eau). Long. 0m,12.

Fig. 155. — Salamandre. — (Animal inoffensif). — Long. 0m,12.

France des *Lézards d'eau*, conservent leur queue toute leur vie. Il en est de même de la *Salamandre* verte et jaune (fig. 155), qu'on trouve sous les pierres, et dont on a une si grande peur dans beaucoup de pays, bien qu'elle soit aussi inoffensive que la grenouille et le crapaud.

39. Utilité des crapauds. Leur venin. — 4. Les crapauds, en effet, ne font de mal qu'aux insectes, aux vers et aux limaces qu'ils avalent en quantité. Dans nos pays on tue cruellement les pauvres crapauds; je vous étonnerais en vous disant qu'en Australie* on en a fait venir d'Europe pour les mettre dans les jardins.

Mais si je vous conseille de respecter le crapaud, je ne vous engage pas à y toucher. Regardez celui-ci, que je tire

1. Comment les pattes apparaissent-elles? — 2. Que devient la queue pendant ce temps? — 3. Résumez ces différentes transformations au point de vue de la respiration, de la nourriture. — 4. Quels services nous rendent les grenouilles et les crapauds?

d'un pot avec des pincettes. Il est fort en colère. 1. Voyez-vous sur son dos et surtout sur son cou toutes ces gouttelettes blanches qui sortent par de petits trous de la peau ? 2. *C'est du venin, et un venin très actif.* Cette goutte, semblable à du lait, que je recueille en raclant le dos du crapaud avec mon canif, si je l'introduisais sous la peau d'une poule, la tuerait rapidement. Vous voyez que cela est sérieux.

3. Tous les amphibiens, les grenouilles elles-mêmes, ont ainsi du venin dans la peau. Si vous vous frottez les yeux après avoir manié une grenouille, il vous en cuira un peu.

RÉSUMÉ. — AMPHIBIENS.

1. **Métamorphoses** (p. 54). — Les **Amphibiens**, *aquatiques* quand ils sont jeunes; *aériens* quand ils sont grands, présentent des changements de formes appelés *métamorphoses.*

2. Dans leur jeune âge ils sont *Têtards :* grosse tête, longue queue, pas de pattes ; — plus tard ils deviennent *Grenouilles* ou *Crapauds :* plus de queue et quatre pattes.

3. Les crapauds sécrètent par leur peau un venin qu'ils ne peuvent du reste inoculer*. Par contre, ils rendent des services en avalant des insectes, des vers et des limaces.

[On trouvera, p. 75, des *Sujets de rédaction* d'un genre simple.]

VERTÉBRÉS. — 5° Poissons.

40. 4. *Les Poissons sont, pendant leur vie entière, des animaux absolument* **aquatiques.** Sortis de l'eau, ils périssent, soit très vite comme une *ablette*, soit très lentement comme une *anguille;* mais ils périssent toujours.

41. Poissons voyageurs. — Il y a des poissons dans les *eaux douces* et d'autres dans la *mer.* Si l'on transporte brusquement un poisson de l'eau douce dans l'eau de la mer, ou réciproquement, il meurt rapidement. Mais on peut les habituer au changement en s'y prenant avec lenteur et précaution.

Fig. 156. — Esturgeon. — Atteint 5m

---

1. Comment le crapaud sécrète-t-il son venin ? — 2. Quel effet produirait ce venin introduit sous la peau d'une poule ? — 3. N'y a-t-il que les crapauds qui aient du venin dans la peau ? — 4. Citez un caractère spécial aux poissons.

1. C'est ce qui explique qu'il y ait des *poissons voyageurs*. Les *Saumons* (fig. 164), les *Aloses*, les *Esturgeons* (fig. 156), les grandes *Lamproies* (fig. 168) remontent tous les ans de la mer dans les fleuves, et y passent quelques mois pour pondre; les petits redescendent à la mer au bout d'un temps variable. Inversement, les *Anguilles* vont pondre à la mer, d'où leurs petits remontent en quantité innombrable ; celles qui restent dans les étangs n'y pondent jamais.

42. Structure des poissons. — Rien de plus

Fig. 157. — Forme ordinaire des poissons. Maquereau. Long. 0m,35.

Fig. 158. — Anguille. Va pondre à la mer. Long. de 0m,40 à 1m.

Fig. 159. — Sole. Aplatie sur les côtés. Long. 0m,25.

varié que la forme des poissons. 2. La plus commune est en manière de fuseau* aplati (fig. 157); mais il en est qui ressemblent à des serpents, comme les *Anguilles* (fig. 158);

Fig. 160. — Raie. Aplatie du dos au ventre. Long. de 0m,50 à 1m.

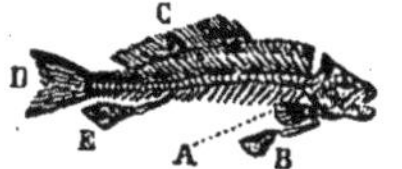

Fig. 161. — Squelette d'un poisson rouge.
A, nageoire paire, représentant les bras.
B, nageoire paire, représentant les jambes.
C, nageoire impaire dorsale.
D, nageoire impaire caudale.
E, nageoire impaire anale.

d'autres sont tout à fait aplatis sur les côtés, comme les *Soles* (fig. 159), les *Plies*, etc.; d'autres sont aplatis du dos au ventre, comme les *Raies* (fig. 160).

Presque tous ont des *nageoires* (fig. 161): ce sont des membranes soutenues par des rayons osseux, plus ou moins durs. 3. *Les nageoires servent aux poissons à* **se diriger** *dans*

1. Citez quelques poissons qui passent de la mer dans nos fleuves. — 2. Parlez des formes variées des poissons. — 3. Quel est le rôle des nageoires et de la queue dans la natation des poissons?

l'eau ; c'est avec la queue qu'ils **se poussent** *en l'agitant de droite à gauche*, comme vous voyez faire à mon poisson rouge. **1.** Regardez ses nageoires ; il y en a deux paires qui représentent l'une A, les bras ; l'autre B, les jambes ; puis en voici trois impaires sur la ligne médiane* : l'une C, sur le dos (dorsale) ; l'autre D, à la queue (caudale) ; l'autre E, derrière l'ouverture de l'intestin (anale).

2. Tous les poissons ont des *ouïes*, ou mieux, des *branchies* A (fig. 162), *qui leur servent à respirer*. Vous les voyez toutes rouges de sang, cachées, de chaque côté de la tête, par cet espèce de volet qui s'écarte et se rapproche régulièrement.

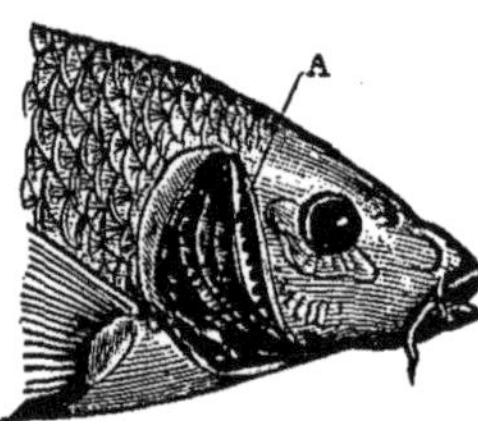

Fig. 162. — A, branchies mises à découvert. Elles servent aux poissons à respirer.

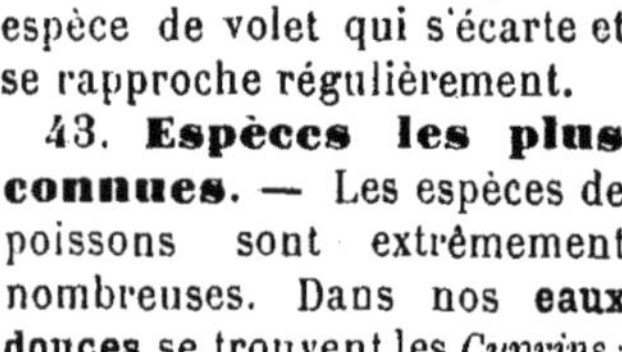

43. **Espèces les plus connues.** — Les espèces de poissons sont extrêmement nombreuses. Dans nos **eaux douces** se trouvent les *Cyprins* : Carpe, Tanche, Barbeau, Goujon, Brème, Ablette, etc., puis les *Brochets* (fig. 163), les *Saumons* (fig. 164), les *Truites*, les *Perches*, les *Épinoches*, les *Anguilles* (fig. 158), etc.

Les **poissons de mer** sont infiniment plus variés de formes et plus nombreux en espèces.

Fig. 163. — Brochet. — Poisson d'eau douce. Long. 0m,60 à 1m,25.

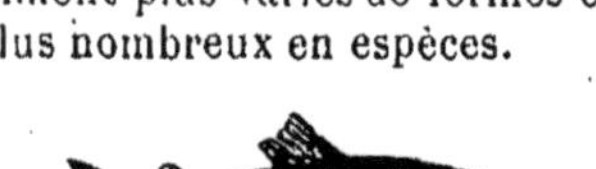
Fig. 164. — Saumon. — Poisson voyageur. Long. 0m, 80 à 2m.

3. Le *Hareng* passe la plus grande partie de sa vie dans les régions les plus profondes des mers du nord. **4.** Quand arrive le moment de la ponte, il s'approche des côtes d'Angleterre et de France en bandes ou *bancs*, composés de millions d'individus que pourchassent les grands poissons, les marsouins et les oiseaux aquatiques. Mais c'est l'homme qui

1. Énumérez les nageoires d'un poisson rouge ? — **2.** Quelle est la fonction des branchies ? — **3.** Où le hareng passe-t-il la plus grande partie de sa vie ? — **4.** Où et sous quel aspect nos pêcheurs le rencontrent-ils ?

en fait la plus grande destruction ; on en charge des flottes entières. Heureusement que chaque femelle pond au moins 50 000 œufs, sans quoi la race en serait bientôt détruite.

1. La *Sardine*, qui habite l'Océan et la Méditerranée, est une petite espèce de hareng qui vit en *bancs*, c'est-à-dire en troupes comme celui-ci.

2. La *Morue* (fig. 165), poisson de mer, donne aussi lieu, surtout aux environs de Terre-Neuve*, à des pêches qui occupent tous les ans des centaines de navires.

Les *Poissons plats* les plus connus sur nos côtes sont : la *Plie*, le *Turbot*, la *Sole* (fig. 159), le *Flétan*. Une espèce de plie remonte les eaux douces ; on en prend dans la Loire jusqu'à Nevers.

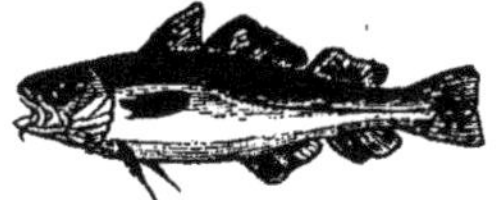

Fig. 165. — Morue (Poisson de mer). — Long. 0m,90.

Les *Maquereaux* (fig. 157) arrivent en bandes sur nos côtes en été ; les *Thons*, habitants de la Méditerranée, sont des poissons atteignant cinq à six mètres, dont la pêche nécessite un attirail très compliqué.

Fig. 166. — Requin. — Atteint 10m de longueur. — Poisson féroce. — Gueule sous la tête.

3. Une des espèces de *Requins* (fig. 166) a accaparé toute la célébrité de la famille par sa grande taille et sa férocité. Ce poisson marin atteint dix mètres de longueur ; il avale tout ce qu'il rencontre, détruit énormément de poissons et coupe la cuisse d'un homme comme vous coupez un petit radis.

4. Il a, pour cette belle besogne, une grande gueule, située, non au bout du museau comme chez les autres poissons, mais *sous la tête*, et garnie de plusieurs rangées de formidables dents triangulaires*. Les branchies présentent cinq

Fig. 167. — Raie. Bouche en dessous du corps. Long. 0m,60 à 1m.

1. Parlez de la sardine. — 2. Où trouve-t-on surtout la morue ? — 3. Quel est le poisson le plus féroce ? — 4. Où est placée la gueule du requin ?

fentes au lieu de la fente unique des poissons ordinaires.

Supposez que vous aplatissiez un requin de haut en bas, en lui pesant sur le dos, vous en feriez un animal tout à fait comparable à une *Raie* (fig. 167).

Les *Lamproies* (fig. 168) ressemblent à des anguilles; mais elles n'ont pas de nageoires latérales*. Elles ont de chaque côté du cou sept fentes pour les branchies, et leur bouche est une sorte de suçoir garni de dents, avec lequel elles s'attachent à tous les corps, aux pierres, etc.

Fig. 168. — Lamproie. Long. 0m,60 à 1m,50.

Nous en avons plusieurs espèces dans nos rivières : une grande, qui remonte de la mer, et de petites, qui ressemblent à de gros vers, et qu'on appelle dans beaucoup de pays des *Chatouilles*.

Il y aurait bien d'autres poissons curieux dont je pourrais vous parler, mais il faut en finir sur ce point, si nous voulons qu'il nous reste du temps pour autre chose!

RÉSUMÉ. — Poissons.

1. Les **Poissons** (p. 56) sont absolument *aquatiques*. Sortis de l'eau ils périssent.

Il y a des poissons d'*eau de mer* et des poissons d'*eau douce*. Certaines espèces *voyagent* de la mer dans les fleuves.

2. Rien de plus varié que la forme des poissons. Les uns, les plus nombreux, ont la forme d'un fuseau aplati ; d'autres, comme les *Anguilles*, ressemblent à des serpents; d'autres sont aplatis sur les côtés comme les *Soles*, ou du dos au ventre comme les *Raies*.

3. Tous les poissons ont des *branchies* qui leur servent à respirer. Presque tous ont des nageoires.

4. Le plus redoutable des poissons est le *Requin*, qui atteint 10 mètres de longueur. Il a, non au bout du museau, mais *sous* la tête, une grande gueule garnie de plusieurs rangées de formidables dents triangulaires, avec lesquelles il peut couper facilement la cuisse d'un homme.

[On trouvera, p. 73, des *Sujets de rédaction* d'un genre simple.]

II. — ANNELÉS.

1. Vous vous rappelez la signification du mot *annelé*. Les animaux de ce grand groupe semblent formés d'**anneaux** placés à la suite les uns des autres, mais d'anneaux assez peu semblables le plus souvent.

Reprenons l'un après l'autre les groupes secondaires dans lesquels on divise les annelés : *Insectes*, *Araignées*, *Mille-pattes*, *Crustacés* et *Vers*.

44. **Insectes.** — 2. Il y a d'abord les **Insectes**, *qui ont tous* **six pattes**, comme ce papillon que je vous présente. 3. Leur corps est, vous le voyez, composé de trois parties (fig. 169) : une *tête* A, un *corselet* B et un *abdomen* C. 4. La tête porte deux cornes ou *antennes* D, et deux gros yeux

Fig. 169. — Corps d'un insecte (papillon). — A, tête. — B, corselet. — C, abdomen. D, antennes.

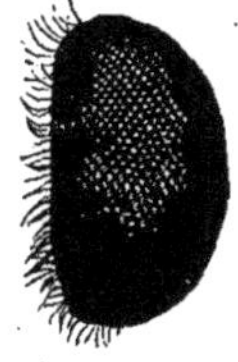

Fig. 170. — Œil à facettes (très grossi) des insectes.

Fig. 171. — Les six pattes et les deux ailes sont fixées sur le corselet. — A, tête. — B, corselet. — C, abdomen. — D, ailes.

qui, si vous les regardez avec ma loupe*, vous paraissent *taillés à facettes* comme une pierre précieuse (fig. 170). 5. Les six pattes sont fixées sur le corselet B ; c'est le corselet également qui porte les quatre ailes de notre papillon et les deux ailes de cette mouche (fig. 171). L'abdomen n'a pas, comme on dit, d'*appendice*.

Les insectes ont souvent des métamorphoses aussi compliquées que celles de la grenouille. Vous connaissez tous

1. Rappelez la définition du mot *annelé*, donné à un groupe très important d'animaux. — 2. Citez un caractère commun aux individus du groupe *insectes*. — 3. Quelles sont les parties dont se compose le corps des insectes ? — 4. Quel nom donne-t-on aux deux cornes des insectes ? — Quelle particularité les yeux présentent-ils ? — 5. Sur quelle partie du corps sont fixées les six pattes et les ailes ?

celles du papillon (fig. 172). 1. En sortant de l'œuf, c'est une *chenille* A, qui grossit et change quatre fois de peau, qui a quatre *mues*, comme on dit. 2. A la cinquième, sa

Fig. 172. — Métamorphoses du papillon.
A, Chenille. B, Chrysalide. C, Papillon.

peau s'épaissit, devient coriace*, la chenille semble s'endormir, après s'être, chez beaucoup d'espèces, filé un *cocon de soie*, dans lequel elle s'enferme. 3. Dans cet état elle reçoit le nom de *chrysalide* B. 4. Enfin, à la sixième mue, de la chrysalide sort, un beau jour, un papillon ailé C, prêt à pondre. 5. C'est là ce qu'on appelle des *métamorphoses complètes*.

6. Les *Sauterelles* ont bien des métamorphoses, *puisque le petit insecte n'a pas d'ailes à sa naissance*. Mais à chaque mue les ailes poussent insensiblement, si bien qu'à la sixième mue, l'insecte est parfait, sans avoir passé par le temps d'arrêt de la chrysalide, et sans avoir présenté le changement extraordinaire du papillon. 7. C'est là ce qu'on appelle à tort des *métamorphoses incomplètes*.

Fig. 173. — Scarabée.

Fig. 174. — Puce (grossie).

Fig. 175. — Abeille.

8. Les *Mouches*, les *Scarabées* (fig. 173), les *Puces* (fig. 174), les *Abeilles* (fig. 175), ont des métamorphoses complètes.

---

1. Quelle est la forme du papillon au sortir de l'œuf? — 2. Que devient la chenille à la cinquième mue? — 3. Quel nom reçoit-elle dans cet état? — 4. Que devient la chrysalide après la sixième mue? — 5. Quel nom donne-t-on à ces différents changements? — 6. Quelles sont les métamorphoses de la sauterelle? — 7. Quel nom donne-t-on à tort à ces métamorphoses? — 8. Citez d'autres insectes qui ont des métamorphoses complètes.

1. Les *Demoiselles*, les *Cousins* (fig. 176), les *Punaises* (fig. 177), ont des métamorphoses incomplètes.

2. La bouche des insectes porte des mâchoires qui ne sont

Fig. 176. — Cousin (grossi).

Fig. 177. — Punaise des lits (grossie).

Fig. 178. — Tête (grossie) de la jardinière, vue en dessus.

pas comme les nôtres ni comme celles de tous les vertébrés, mobiles de haut en bas; elles se meuvent **de droite à gauche**. Tous les articulés* sont dans ce cas. 3. Voyez cette jardinière, et ses fortes *mâchoires transversales* (fig. 178), avec lesquelles elle peut saisir et déchirer les autres insectes. Chez ce hanneton (fig. 179), qui ne mange que des feuilles, les mâ-

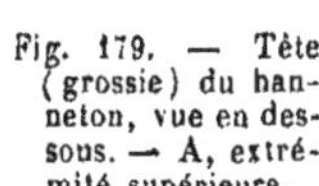

Fig. 179. — Tête (grossie) du hanneton, vue en dessous. — A, extrémité supérieure.

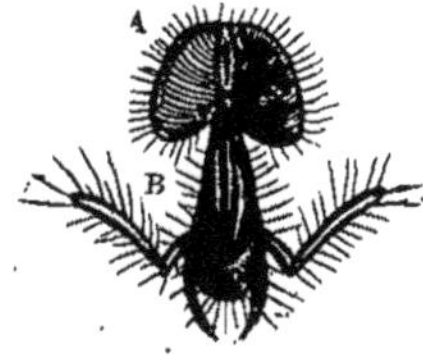

Fig. 180. — Trompe (grossie) de la mouche. — A, suçoir; B, gaine du suçoir.

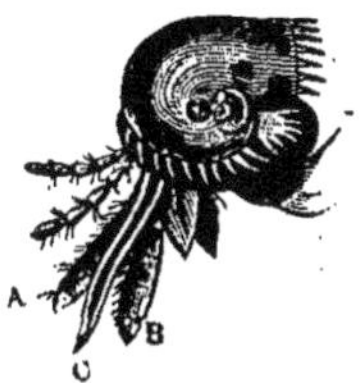

Fig. 181. — Tête (grossie) de la puce. — A, B, gaine du suçoir; C, soie du suçoir.

choires sont beaucoup plus faibles. 4. Chez la mouche, c'est une *trompe* B, courte et forte (fig. 180), bonne pour sucer; chez la puce et la punaise, c'est un *bec pointu* C (fig. 181) avec lequel ces insectes percent la peau, et pompent le sang; chez le papillon, c'est une longue *trompe enroulée* (fig. 182) que l'animal déroule pour aspirer le liquide sucré des fleurs.

---

1. Citez des insectes qui ont des métamorphoses incomplètes. — 2. Comment se meuvent les mâchoires des articulés? — 3. Citez deux exemples à l'appui. — 4. Quelle forme a la mâchoire chez la mouche? — Chez la puce et chez la punaise? — Chez le papillon?

1. *Le groupe des insectes est le plus nombreux en espèces de tout le règne animal; il y en a plus de* **200 000**.

Les insectes comprennent des espèces très utiles : *Ver à soie*, *Abeille*, *Cochenille*, etc., et quantité d'animaux nuisibles : *Chenilles*, *Hannetons*, etc.

Fig. 182. — Tête (grossie) du papillon.

Fig. 183. — Phylloxera sans ailes (très grossi).

Fig. 184. — Phylloxera à ailes (très grossi).

Le plus redoutable de tous est un puceron qui nous est arrivé d'Amérique il y a une vingtaine d'années, le terrible *Phylloxera* **2**. C'est un tout petit insecte, à peine visible à l'œil nu (fig. 183). **3**. *Il vit sur les petites racines de la vigne, les suce, les épuise*, et finit, en trois ou quatre ans, par faire périr la précieuse plante. **4**. Il se reproduit avec une rapidité extraordinaire, et se trouve bientôt en bandes de plusieurs millions d'individus, sans ailes, cheminant sous terre. **5**. Par-dessus le marché, il y en a qui ont des ailes (fig. 184) et qui s'en vont, emportés par le vent, pondre au loin. **6**. Il n'est pas étonnant que le phylloxera ait ainsi envahi tous les vignobles* du Midi, de la Charente, de la vallée du Rhône, et qu'il soit entré dans le Bordelais et la Bourgogne. Il a déjà envahi plus d'un million d'hectares* de vigne, dont il a détruit la moitié, malgré la guerre qu'on lui fait, et dans laquelle, à force de courage et de patience, on finira par être vainqueur. Ah ! devant ces calamités, il ne faut pas se croiser les bras ou se perdre en lamentations : il faut se mettre à l'ouvrage, et employer tous les moyens que la science met à notre disposition.

45. **Araignées**. — Après les insectes, viennent les

---

1. Combien y a-t-il d'espèces d'insectes? — 2. Qu'est-ce que le phylloxera ? — 3. Sur quoi vit-il? — Quel effet produit-il? — 4. Pourquoi étant si petit, le phylloxera est-il si dangereux? — 5. Par quelle circonstance le cas du phylloxera est-il aggravé. — 6. Parlez des ravages déjà accomplis par le phylloxera.

Araignées (fig. 185). **1**. Elles ont **huit pattes**, nous le savons. La tête et le corselet sont confondus en une seule masse portant les pattes. Elles n'ont jamais d'ailes.

2. Les araignées proprement dites ont à la bouche de gros *crochets venimeux* A (fig. 186), avec lesquels elles piquent, engourdissent, tuent les insectes dont elles font leur proie. Certaines espèces de l'Amérique sont grosses comme le pouce, et peuvent saisir et sucer les petits oiseaux.

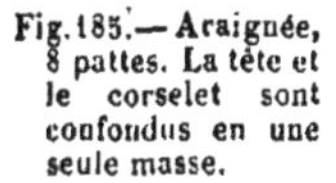

Fig. 185. — Araignée, 8 pattes. La tête et le corselet sont confondus en une seule masse.

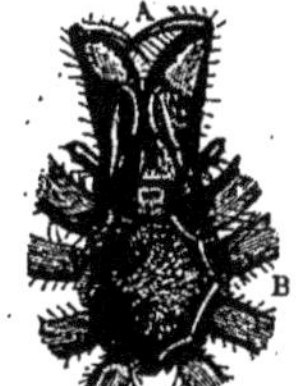

Fig. 186. — A, crochets venimeux (grossis) de l'araignée. B, corselet (vu en dessous) d'où partent les 8 pattes.

3. La plupart des araignées ont à l'extrémité de l'abdomen des *filières* d'où sort un fil très fin, mais assez solide, avec lequel beaucoup d'espèces tissent une toile artistement compliquée. **4**. Cette toile arrête les insectes, sur lesquels l'araignée se précipite aussitôt, qu'elle engourdit par sa piqûre, et garrotte en les entourant de fils.

Dans le midi de la France et dans tous les pays chauds, on trouve sous les pierres des animaux de forme allongée, qui sont voisins des araignées. Leurs antennes portent de fortes pinces; ils ne filent pas de soie, et leur appareil venimeux se trouve non à la bouche, mais au bout de la queue. **5**. Ce sont les *Scorpions* (fig. 187), dont la piqûre peut donner la fièvre à l'homme, et tuer les petits animaux.

Fig. 187. — Scorpion. L'appareil venimeux se trouve au bout de la queue. — L. 0m,08.

6. La répugnante maladie connue sous le nom de *gale* est produite *par de tout petits animaux* (fig. 188), *espèces d'araignées à peine visibles à l'œil nu, qui creusent des galeries sous la peau*, et déterminent

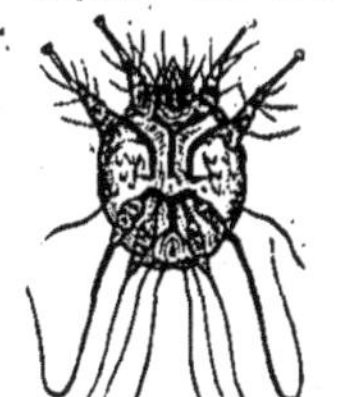

Fig. 188. — Acarus de la gale (très grossi). Invisible à l'œil nu. (Vu en dessous.)

1. Combien les araignées ont-elles de pattes? — **2**. Quelle est la nature des crochets que l'araignée porte à la bouche? — **3**. Où sont placées les filières de l'araignée? — Qu'en sort-il? — **4**. Dans quel but les araignées tendent-elles leur toile? — **5**. Citez une espèce d'araignée du midi de la France. — **6**. Par quel animal est produite la maladie connue sous le nom de gale?

ainsi d'atroces démangeaisons. 1. Jadis on croyait que c'était une maladie du sang et l'on abîmait les malades de saignées et de purgations sans les guérir. 2. Depuis qu'on sait qu'il s'agit simplement de petits animaux, on frotte la peau avec une pommade sulfureuse * et tout disparaît. Voyez à quoi sert la science et combien il est avantageux de connaître son ennemi.

46. **Mille-pattes.** — Les **Mille-pattes**, ainsi nommés par exagération, ont au moins 20 paires de pattes (fig. 189). Ici la *tête* est distincte. Il n'y a pas à proprement parler de *corselet* ni d'*abdomen*, mais bien une série d'anneaux semblables les uns aux autres, et qui, selon les espèces, portent chacun une ou deux paires de pattes.

Fig. 189. — Mille-pattes.

47. **Crustacés.** — Tous les articulés dont je viens de vous parler sont *aériens* et vivent sur terre. Au contraire, les *Écrevisses* (fig. 190), les *Crabes* (fig. 191), et les animaux

Fig. 190. — Ecrevisse (crustacé).

Fig. 191. — Crabe (crustacé).

qui en sont voisins, sont presque tous aquatiques. De ce que leur peau est encroûtée (latin, *crusta*, croûte), on donne à ces animaux le nom de **crustacés**.

48. **Vers.** — 3. Chez les **vers**, la tête et le corselet ne sont plus distincts; ces animaux n'ont pas de pattes véritables.

Le *Lombric* ou *Ver de terre* est de tous le plus connu. En voici un que je viens de casser en deux. 4. Eh bien, mettez ces deux morceaux dans un grand pot de terre que vous conserverez un peu humide (fig. 192), *en moins d'une année, vous trouverez deux vers complets :* le bout de derrière aura poussé une tête, celui de devant, une queue.

5. Les *Sangsues* ont une espèce de *suçoir* (fig. 193) avec

1. Que pensait-on jadis de la gale? — Comment la traitait-on? — 2. Que fait-on aujourd'hui? — 3 Qu'est-ce qui distingue les vers des insectes? — 4. Que devient un ver de terre cassé en deux et placé dans un pot de terre humide? — 5. Comment les sangsues se fixent-elles à la peau?

lequel elles se fixent énergiquement. L'espèce dont on se sert en médecine a en outre des dents capables d'entamer la peau.

Il y a, surtout dans la mer, quantité de *vers* portant des

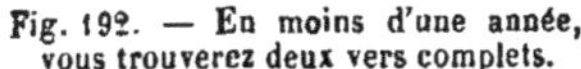

Fig. 192. — En moins d'une année, vous trouverez deux vers complets.

Fig. 193.— A, suçoir d'une sangsue. (Vu en dessous.)

pieds, des filaments de formes variées; quelques-uns se fabriquent des coquilles pierreuses.

1. Les *Vers intestinaux*, qui vivent dans le corps d'animaux plus grands, sont absolument blancs. On en trouve fréquemment dans l'intestin de l'homme.

Le plus connu est l'*Ascaride lombric*, ainsi nommé à cause de sa ressemblance avec le ver de terre ou *lombric*, sauf la couleur. 2. Le *ver* appelé fort improprement *solitaire*, que les savants nomment *Tænia*, n'est pas rare non plus. 3. Il ressemble à un long ruban divisé en anneaux (fig. 194), et atteint quelquefois vingt mètres de longueur. 4. Au bout pointu, se voit à la loupe une toute petite tête A, armée de ventouses * et de crochets. L'homme et les animaux carnassiers * ont très souvent des tænias.

Fig. 194. — Tænia (très réduit), improprement appelé *ver solitaire*. A, tête. — Le tænia atteint quelquefois 20 mètres de longueur.

Rien de plus curieux que l'histoire de ces animaux. 5. Chacun de leurs anneaux, rempli d'œufs, finit par être rejeté au dehors. 6. Il se dessèche, les œufs en sortent et se répandent de tous côtés. Passe un herbivore, mouton ou lapin. Sur l'herbe qu'il broute se trouve un de ces œufs; le mouton l'avale.

---

1. De quelle couleur sont les vers intestinaux? — 2. Quel est le nom scientifique du ver improprement appelé *solitaire*? — 3. Quel aspect a le *tænia* ? — Quelle longueur atteint-il? — 4. Que voit-on, à la loupe, au bout pointu du ver? — 5. Que devient chacun des anneaux du tænia? — 6. Que devient chaque anneau une fois dehors?

1. L'œuf, arrivé dans l'estomac, éclôt aussitôt. Il en sort un petit être qui *traverse l'intestin* et qui va se fixer quelque part *dans le corps;* il lui pousse alors une sorte de boule qui laisse difficilement voir sa tête, toute pareille à celle du tænia. 2. Ce sont ces boules qui, développées sous la peau, donnent aux porcs ce qu'on appelle la *ladrerie.* 3. La bête restera là indéfiniment; mais si un chien — ou un homme — viennent à manger du lard cru ou mal cuit (même salé et fumé) provenant de ce porc, la boule se digère dans son estomac, et il ne reste que la tête à laquelle s'ajoutent bientôt des anneaux : le chien ou le pauvre homme ont le tænia!

Voilà, je l'espère, un voyage compliqué! 4. *Vous voyez qu'il ne faut manger que du lard sain et bien cuit.*

D'une manière générale, il faut faire *bien cuire* la viande.

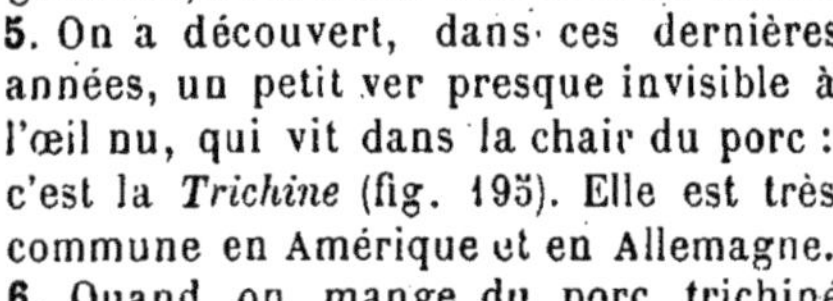

Fig. 195. — A, trichine du porc (très grossie). B, loges des trichines, dans l'épaisseur de la chair.

5. On a découvert, dans ces dernières années, un petit ver presque invisible à l'œil nu, qui vit dans la chair du porc : c'est la *Trichine* (fig. 195). Elle est très commune en Amérique et en Allemagne. 6. Quand on mange du porc trichiné *insuffisamment cuit,* les petites bêtes qui s'y trouvent en quantité pondent dans notre intestin ; leurs petits en sortent et vont se promener dans tout notre corps, occasionnant des douleurs terribles et souvent des fièvres mortelles.

RÉSUMÉ. — ANNELÉS.

1. Les animaux du grand groupe des **annelés** semblent formés d'**anneaux** placés à la suite les uns des autres.

On divise les annelés en *Insectes, Araignées, Mille-pattes, Crustacés* et *Vers.*

2. **Insectes** (p. 61). — Les **Insectes** ont tous *six* pattes.

3. Ils ont souvent des métamorphoses encore plus compliquées que celles de la grenouille.

1. Que devient un de ces œufs dans le corps d'un mouton ? — 2. Quelle maladie ces boules donnent-elles aux porcs? — 3. Que peut-il arriver à l'homme qui mange ce lard mal cuit? — 4. Quelle conclusion tirez-vous de là? — 5. Qu'a-t-on encore découvert dans la chair du porc? — 6. Qu'arrive-t-il quand on mange du porc trichiné insuffisamment cuit?

4. Ainsi le *Papillon* en sortant de l'œuf est une *chenille*. Après avoir changé plusieurs fois de peau, cette chenille semble s'endormir, s'enveloppe quelquefois dans un cocon et devient *chrysalide*. De la chrysalide sort un papillon ailé. Ce sont là les métamorphoses dites *complètes*.

5. Les *Mouches*, les *Scarabées*, les *Puces*, les *Abeilles*, ont des métamorphoses complètes. Les *Sauterelles*, les *Demoiselles*, les *Cousins*, les *Punaises* ont des métamorphoses *incomplètes*.

6. Le groupe des insectes est le plus considérable de tout le règne animal : on y compte plus de **200 000** espèces.

7. Le **Phylloxera** est un insecte à peine visible à l'œil nu. Il vit sur les petites racines de la *vigne*, les suce et les épuise. Il a déjà détruit plus de 500 000 hectares de vigne, malgré la guerre qu'on lui fait.

8. **Araignées** (p. 64). — Les **Araignées** ont huit pattes ; on voit à leur bouche des crochets venimeux avec lesquels elles piquent, engourdissent et tuent les insectes dont elles font leur proie. Elles ont à l'extrémité de l'abdomen des filières d'où sort un fil très fin avec lequel elles tissent leur toile.,

9. Dans le midi de la France et dans tous les pays chauds, on trouve des animaux voisins des araignées, appelés *scorpions*. La piqûre qu'ils font avec un appareil placé au bout de la queue peut donner la fièvre à l'homme.

10. La *gale* est produite par une espèce d'araignée, à peine visible à l'œil nu, qui creuse des galeries sous la peau et produit d'atroces démangeaisons.

11. **Mille-pattes** (p. 66). — Les **Mille-pattes** (etc.). s'ils n'en ont pas mille, en ont un grand nombre. Leur corps est composé d'anneaux.

12. **Crustacés** (p. 66). — Les **Crustacés** (écrevisses, crabes, cloportes etc.), sont presque tous aquatiques. Leur peau est encroûtée, de là leur nom.

13. **Vers** (p. 66). — Si l'on casse un **Ver** en deux et qu'on mette les deux morceaux dans la terre humide, on trouve en moins d'une année deux vers complets : à l'un des bouts aura poussé une tête, à l'autre une queue.

14. Le *Tænia* ou *ver solitaire* ressemble à un long ruban divisé en anneaux. L'homme et les animaux ont souvent des tænias.

15. La *Trichine*, petit ver invisible à l'œil nu, vit dans la chair du porc. Pour la détruire, il faut faire *bien cuire* la viande.

[On trouvera, p. 75, des *Sujets de rédaction* d'un genre simple.]

III. — LES MOLLUSQUES.

49. 1. Les **Mollusques** sont, avons-nous dit, des animaux mous, non annelés, et dont un grand nombre s'enveloppent d'une coquille pierreuse.

50. Escargots. — La coquille des *Escargots* (fig. 196) est formée d'un tube enroulé en spirale, et de plus en plus large à mesure qu'il se rapproche de la bouche ; le corps de l'escargot va jusqu'au fond.

Regardez celui-ci qui est fort tranquille ; il s'allonge, sort

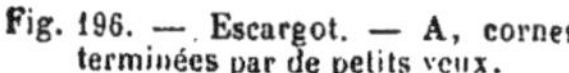

Fig. 196. — Escargot. — A, cornes terminées par de petits yeux.

Fig. 197. — Limace.

sa tête, son cou, puis ses quatre cornes dont deux, A, portent de petits yeux, enfin un gros pied charnu avec lequel il rampe. Tout cela rentre aussitôt qu'on touche l'animal.

Les *Limaces* (fig. 197) ont, comme les escargots, une tête, quatre cornes, un pied ; mais elles n'ont pas de coquille. Cependant, chez quelques espèces, on trouve sous la peau du dos une trace de coquille cachée.

51. Huîtres. — Les *Huîtres* (fig. 198), les *Moules*, etc., ont une coquille à deux compartiments, à deux *valves*, d'où leur nom de *Bivalves*. Ces animaux n'ont pas de tête, et vivent tous dans l'eau.

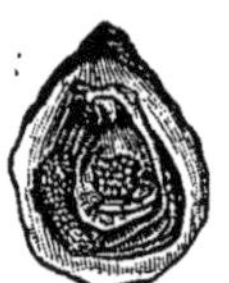

Fig. 198. — Huître.

Les huîtres sont marines* ; on les trouve sur nos côtes en nombreuses colonies ou *bancs ;* elles sont fixées sur le rocher, *et ne peuvent changer de place.* Les moules au contraire sont *libres :* il y en a dans la mer et dans les eaux douces ... ce ne sont pas les mêmes espèces.

2. O... ieure des coquilles des mol... re la *nacre*, avec laquelle ... ches de couteaux, etc.

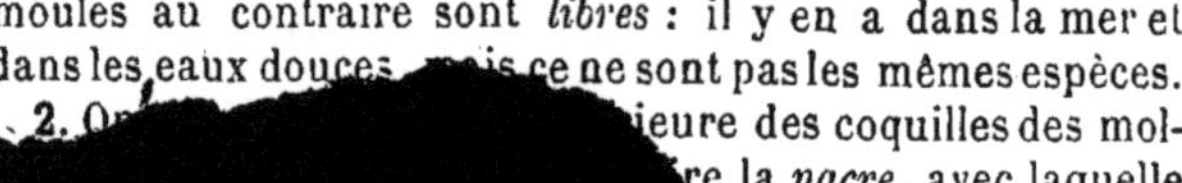

... s. — 2. D'où tire-t-on la

1. Enfin, chez certaines huîtres de la mer des Indes, des morceaux de nacre se forment isolés, en petites boules d'un bel éclat; c'est ce qu'on appelle des *perles*, qui sont très recherchées, et atteignent un grand prix.

52. Poulpes. — **2.** Il existe dans nos mers des mollusques sans coquille extérieure, qu'on désigne sous les noms de *Poulpes* (fig. 199), de *Seiches*, de *Calmars*, etc.

Fig. 199. — Poulpe.

Ce sont d'étranges et affreuses bêtes ayant une grosse tête, deux yeux énormes, un fort bec corné, et autour de la bouche huit ou dix longs bras, garnis de ventouses comme la bouche de la sangsue, qui se fixent énergiquement à tous les objets. Quand on les irrite, elles lancent un liquide noir qui trouble l'eau tout autour d'elles et leur permet de s'enfuir : ce noir est utilisé pour le dessin ; on en fait la *sépia*.

Ces animaux peuvent atteindre une taille énorme, qui les rend redoutables à l'homme. On en a vu qui mesuraient dix mètres, avec des bras de même longueur ! Des hommes ont été attaqués sur de petits bateaux.

IV. — LES ZOOPHYTES.

53. Les animaux que l'on comprend sous la dénomination de **Zoophytes** (animaux-plantes) ou sous celle de

Fig. 200. — Etoile de mer.

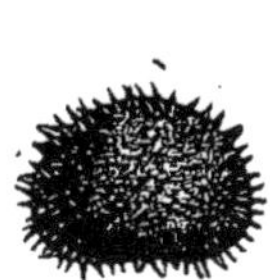

Fig. 201. — Oursin.

Fig. 202. — Anémone de mer.

Rayonnés sont de formes extrêmement variées. Presque tous habitent les eaux de la mer. **3.** Les plus connus et

---

1. Comment se forment les perles? — 2. Que désigne-t-on sous le nom de poulpes? — 3. Citez les animaux les plus connus parmi les zoophytes.

les plus communs d'entre eux sont les *Étoiles de mer* (fig. 200), les *Oursins* (fig. 201), les *Anémones de mer* (fig. 202), les *Méduses* (fig. 203), etc.

Les *Polypes* sont de très petits êtres ayant huit bras (fig. 204), qui se réunissent en colonies et forment comme

Fig. 203.— Méduse.

Fig. 204. — Agglomération de polypes.

une masse cornée ou pierreuse. Dans ce dernier cas ils bâtissent souvent des îles entières (fig. 205); un grand nombre de celles de la Micronésie* n'ont pas d'autre origine.

Fig. 205. — Ile de corail (polypiers).

Fig. 206. — Eponge. L'éponge du commerce n'est que le squelette de l'animal de ce nom.

Les *Éponges* prennent place ici. Voilà une éponge telle qu'on nous la vend pour les soins de la propreté. **1**. Cela n'a guère l'air d'un animal. C'en est un cependant. **2**. Mais quand il était vivant, toute cette masse cornée et élastique était enveloppée d'une matière vivante (fig. 206). **3**. *Ce que vous voyez là n'est en quelque sorte que le squelette de l'éponge.*

1. Qu'est-ce qu'une éponge ? — 2. Quand l'éponge était vivante qu'avait-elle en plus de ce que nous voyons ordinairement dans une éponge? — 3. Qu'est-ce que l'éponge du commerce?

54. Infusoires. — Je veux maintenant vous dire un mot des *animaux infusoires*, et d'autres êtres extraordinairement petits, mais cependant bien importants. Regardez avec soin du côté de la lumière ce verre d'eau où j'ai mis hier baigner des brins de vieux foin. Voyez-vous remuer de tout petits points (fig. 207)? Avec ma loupe * vous les distinguerez mieux. Mais pour les bien voir il faudrait avoir un microscope *. **1.** *Ce sont de petits animaux qui vivent là par milliers*; il y en a de formes extrêmement différentes. Il y en a de si petits que la loupe elle-même ne permet pas de soupçonner leur présence; on en pourrait compter des milliers dans une goutte d'eau!

Fig. 207. — Infusoires (invisibles à l'œil nu) contenus dans une goutte d'eau de marais.

Fig. 208. — Bactéridies du charbon. (Invisibles à l'œil nu.)

2. Mais d'où viennent-ils, me direz-vous? Ils viennent du foin. **3.** Et comment étaient-ils là? *Ils étaient desséchés ou à l'état d'œufs.* **4.** Il y en a dans la mousse des toits qui passent l'été desséchés par le soleil; quand on les regarde au microscope, ils ont l'air de petits grains de sable. **5.** Mais ajoute-t-on une goutte d'eau, ils se déroulent et se mettent à courir et à chercher leur nourriture. **6.** L'eau évaporée, ils s'enroulent et redeviennent inertes, attendant un retour de la pluie. Ne sont-ce pas là de curieuses bêtes? Les moins intéressants des animaux, vous le voyez, ce ne sont pas les plus petits.

Il y en a d'autres, plus petits encore, qui ne sont pas seulement intéressants, mais dangereux. **7.** Une terrible maladie dont vous avez bien sûr entendu parler, et qui tue les moutons par milliers chaque année, et aussi les bœufs et les

---

1. Que voit-on dans une goutte d'une eau où l'on a mis infuser des brins de vieux foin? — **2.** D'où viennent ces infusoires? — **3.** Dans quel état étaient-ils là? — **4.** Où en trouve-t-on encore? — **5.** Sous quelle influence se déroulent-ils? — **6.** Que deviennent-ils si l'eau s'évapore? — **7.** Par quoi est produite la maladie appelée charbon?

hommes, le **charbon**, est produite par la pullulation dans les corps de petits végétaux qui ressemblent à un tout petit fil de cristal (fig. 208), et qu'on ne voit qu'aux plus forts grossissements du microscope. **1.** Une piqûre faite par une épingle trempée dans le sang d'un animal malade, suffit pour tuer sûrement un homme.

2. Ce sont de petits êtres à peu près semblables qui se développent dans les matières animales mortes et qui occasionnent la *putréfaction* *. **3.** Ces *microbes*, comme on les appelle, et bien d'autres, se rencontrent desséchés et engourdis dans les poussières de l'air; il y en a partout, et quand ils tombent sur la matière animale morte, ils s'y développent comme des grains de blé poussant sur la terre arable *.

RÉSUMÉ. — MOLLUSQUES ET ZOOPHYTES.

1. Mollusques (p. 70). — Les **Mollusques** comprennent les escargots, les limaces, les huîtres, les moules, les poulpes.

2. La *nacre* est faite avec l'intérieur de la coquille de divers mollusques.

3. Chez certaines huîtres, des morceaux de nacre se forment isolés, en petites boules d'un bel éclat : ce sont des *perles*.

4. Zoophytes (p. 71). — Presque tous les **Zoophytes** (animaux-plantes) habitent les eaux de la mer. Les plus connus sont les *étoiles de mer* et les *polypes*. Ceux-ci forment quelquefois des îles entières.

5. Les **Éponges** dont nous nous servons sont le squelette d'une matière vivante qui l'enveloppait.

6. Avec un microscope on peut distinguer dans une goutte d'eau, dans laquelle on a mis baigner quelques brins de vieux foin, des milliers de petits animaux de formes extrêmement différentes. Ce sont des *infusoires*.

7. Ils étaient à l'état sec sur le foin; l'eau les fait se dérouler et s'agiter.

8. Le *charbon*, qui tue tant d'animaux, est produit par la pullulation dans le corps de petits végétaux qui ressemblent à un tout petit fil de cristal.

9. Ce sont de petits êtres à peu près semblables qui se développent dans les matières animales mortes et qui occasionnent la *putréfaction*.

---

1. Quel effet produit sur l'homme une piqûre charbonneuse? — **2.** Par quoi est produite la putréfaction animale? — **3.** Où sont ces bestioles et bien d'autres? — Dans quelles circonstances se développent-elles?

SUJETS DE RÉDACTION.

1er devoir (p. 5 à 12). — Différences entre les animaux, les végétaux et les minéraux. — Vertébrés et invertébrés. — Les quatre grandes divisions du règne animal.

2e devoir (p. 13 à 16). — Ce qui caractérise les vertébrés. — Animaux à sang chaud et animaux à sang froid. — Caractères des mammifères, des reptiles, des amphibiens. des poissons.

3e devoir (p. 14). — Animaux aériens et animaux aquatiques. — Amphibiens.

4e devoir (p. 19). — Comme quoi une chauve-souris n'est pas un oiseau.

5e devoir (p. 22). — Les pattes des chats. — Leurs dents. — Animaux du genre chat.

6e devoir (p. 29). — Qu'est-ce que *ruminer?* — Principaux ruminants. — Services que rendent plusieurs d'entre eux.

7e devoir (p. 36). — Comme quoi une baleine n'est pas un poisson.

8e devoir (p. 39). — Caractères généraux des oiseaux. — Ce qu'il y a dans un œuf. — Comment les œufs éclosent. — Incubation artificielle.

9e devoir (p. 50). — Ce qui caractérise les reptiles. — Les trois groupes des reptiles. — Un grand lézard féroce. — Ce que deviennent les lézards qui ont la queue cassée.

10e devoir (p. 52). — Les serpents venimeux. — Parler d'un serpent venimeux de nos pays. — Où est renfermé le venin. — Citez des serpents dont le venin tue presque instantanément. — Serpents non venimeux. — Comment et à quelle condition ils peuvent nuire. — Nos couleuvres sont-elles dans ce cas?

11e devoir (p. 54). — Métamorphoses de la grenouille. — Où respire le têtard, où respire la grenouille. — Le venin des crapauds et des grenouilles. — Services que rend le crapaud.

12e devoir (p. 57). — Formes variées des poissons, avec exemples. — A quoi servent les branchies.

13e devoir (p. 61). — D'où vient le mot *annelé*. — Grandes divisions. — Mâchoires variées des insectes. — Le nombre de leurs pattes.

14e devoir (p. 64). — Le phylloxera.

15e devoir (p. 65). — Combien les araignées ont-elles de pattes? — Comment les araignées tuent les mouches. — L'araignée de la maladie appelée *gale*.

16e devoir (p. 67). — Ce que devient un ver coupé en deux. — Comment se développent les tænias. — Trichine du porc.

17e devoir (p. 73). — Ce qu'on trouve dans une goutte d'eau des marais. — Ce que c'est que le *charbon* et par quoi il est produit. — La putréfaction.

II. — LES VÉGÉTAUX

I. — Structure de nos arbres.

55. **Diversité de la forme et de la taille des Végétaux.** — Vous savez tous, mes enfants, combien les **végétaux**, autrement dit, les **plantes**, sont variés de forme et de taille. Un chêne, un lilas, un pied de chiendent, voilà bien des dimensions différentes. Aussi dit-on qu'il y a des *arbres* (fig. 1), des *arbustes* (fig. 2) et des *herbes*

Fig. 1. — Arbre.

Fig. 2. — Arbuste.

Fig. 3. — Herbe.

(fig. 3) ou plantes *herbacées;* celles-ci n'ont pas de *bois.*

Fig. 4. Champignons.

Tous ces végétaux sont verts. Il faut savoir cependant qu'*il y a des végétaux qui ne sont pas verts* : tels sont les *champignons* (fig. 4), qui sont rouges, bruns, blancs; telles sont encore ces taches jaunâtres, rougeâtres, grisâtres, que l'on voit sur les troncs d'arbres, sur les murs, et qui sont formées par de petits végétaux appelés *lichens.*

56. Les diverses parties d'un Végétal. — Mais laissons momentanément de côté ces végétaux exceptionnels, et considérons avec quelque attention un arbre ordinaire.

Voici, dans le coin du jardin, un jeune *sauvageon** de poirier qui a poussé tout seul et qui ne sert à rien. Je vais l'arracher et nous allons l'examiner. **1.** Tous vous en connaissez bien les diverses parties : 1° la **racine** A (fig. 5), qui est cachée sous terre, et qui se ramifie pour former ce qu'on appelle le *chevelu b, b, b, b*; 2° la **tige** ou *tronc* C, qui s'élève à peu près verticalement*; 3° les **branches**, qui comprennent

Fig. 5. — Sauvageon de poirier. — A, racine. — *b, b, b, b*, chevelu. — C, tige. — D, branche primaire. — E, branche de second ordre. — F, branche de troisième ordre.

Fig. 6. — Toute feuille porte un *bourgeon* A, *à son aisselle*. Ce bourgeon deviendra *branche*. — Certaines branches B, se terminent par un *bouton*, qui donnera naissance aux fleurs, et celles-ci aux fruits.

nent les *branches primaires* ou *rameaux primaires* D ; ceux-ci partent de la tige ; les branches *secondaires* ou de *second ordre* E, nées sur les rameaux primaires ; les branches de *troisième ordre* F, nées sur les branches *secondaires*, et ainsi de suite ; 4° les **feuilles**.

---

1. Quelles sont les différentes parties d'un arbre?

Regardons les choses d'un peu plus près. 1. Au-dessus de chaque feuille, dans l'angle A (fig. 6) qu'elle fait avec la tige ou avec une branche, vous voyez un **bourgeon**. 2. *Ce bourgeon poussera et donnera une nouvelle branche.* 3. *Toutes les branches naissent ainsi à ce qu'on appelle l'***aisselle** *d'une feuille, et toute feuille porte un bourgeon à son aisselle.*

4. Vous voyez quelques branches B, beaucoup plus courtes, qui, *au lieu de s'allonger indéfiniment*, se terminent par des **boutons**. 5. De ces boutons, quelques-uns sont déjà épanouis en **fleurs**, et celles-ci passeront pour laisser place à des **fruits**, à des poires.

57. La Tige. — Prenons la **tige** d'abord (fig. 7), et coupons-la en travers. Vous voyez qu'elle est composée de trois parties. 6. Au centre se trouve la **moelle** A, qui est blanche et molle; puis vient le **bois** B, qui est dur; enfin, autour, vous reconnaissez l'**écorce** C, qui est verte et qui se laisse enlever en bandes.

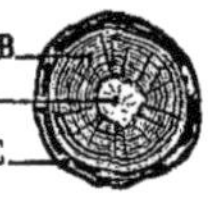

Fig. 7.
A, moelle.
B, bois.
C, écorce.

Mais notre poirier est tout jeune; il a poussé l'année dernière sur les racines du vieux poirier mort dans le grand hiver de 1879-1880; sa tige est bien petite. J'ai justement là une *bille** du tronc du vieux poirier (fig. 8), que j'ai gardée par curiosité. Comparons-la avec la jeune tige.

Fig. 8. — Coupe transversale d'un vieux poirier. — A, moelle. Elle ne grossit pas avec l'âge. — B, bois, cercles emboîtés les uns dans les autres. Chaque cercle marque une année. — C, écorce.

Ce qui saute aux yeux, c'est qu'elle est bien plus grosse : elle a 50 centimètres de diamètre *! 7. Mais voyez, *la moelle* A *n'occupe pas plus de place que dans la tige d'un an.* Cela vous étonne? Il en est ainsi pourtant; *la moelle ne grossit pas avec l'âge*, chez aucun arbre.

---

1. Que voit-on à l'*aisselle* de chaque feuille? — 2. Que deviendra ce bourgeon? — 3. Où naissent toutes les branches? — 4. Toutes les branches sont-elles de même nature? — 5. Que deviendront ces boutons? — 6. Si l'on coupe une tige en travers, quelles sont les trois parties qu'on y voit? — 7. A quelle observation la moelle d'un vieil arbre donne-t-elle lieu?

Quant à l'écorce C, elle n'est plus verte et unie, elle est grisâtre, rugueuse*, et elle a notablement épaissi. **1.** Mais la grosse différence porte sur le *bois* B, car il fait à lui seul presque toute l'épaisseur du tronc.

Regardez avec attention la tranche de ce morceau de bois, que j'ai polie soigneusement. **2.** *Voyez-vous ces* **cercles**, *tous emboîtés les uns dans les autres?* Pierre, ayez la complaisance de les compter. — Monsieur, il y en a à peu près 65. — Pourquoi dites-vous à peu près? — **3.** Parce que, Monsieur, *les cercles sont très faciles à compter du côté de la moelle, mais difficiles du côté de l'écorce, tant ils sont serrés.* Comment cela se fait-il?

— Voici, mon enfant. **4.** *Chacun de ces cercles marque* **une année** *de l'âge de l'arbre*, qui a, par conséquent, à peu près 65 ans. Chaque année, l'arbre grossit; bien entendu, le grossissement ne peut avoir lieu que par le dehors, car s'il avait lieu en dedans, du côté de la moelle, il faudrait que tout éclate. Ainsi la nouvelle couche de bois se forme entre l'ancien bois et l'écorce. A chaque couche annuelle correspond un cercle.

Or, quand l'arbre était jeune, chaque année il grossissait beaucoup plus que quand il est devenu vieux; c'est comme vous, qui grandissez bien plus de 4 à 5 ans que vous ne grandirez de 14 à 15. De là suit *que les cercles sont de moins en moins espacés à mesure qu'on s'éloigne du centre de la tige*, c'est-à-dire à mesure qu'ils sont plus récemment formés.

Fait-on encore d'autres distinctions entre les diverses parties du bois? Dites, Paul, vous dont le père est charpentier, vous devez savoir cela. — **5.** Oui, Monsieur, il y a l'**aubier** A (fig. 9), qui est mou, et le **cœur** B, qui est dur et placé sous l'aubier. — Très bien; j'ajouterai *que le cœur est plus dur parce qu'il est plus vieux, et qu'il s'y est déposé avec le temps des matières solides;* aussi donne-t-il plus de chaleur et plus de cendres quand on le brûle.

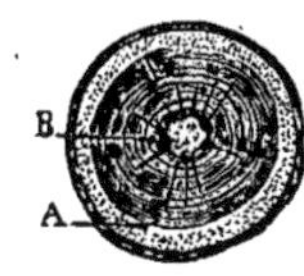

Fig. 9.
A, aubier.
B, cœur.

---

1. Quelle est la partie du tronc d'un arbre qui prend le plus de développement avec l'âge? — **2.** Que voit-on si l'on regarde avec attention la tranche d'un morceau de bois? — **3.** Peut-on compter ces tranches facilement? — **4.** Que marque chacun de ces cercles? — **5.** Quelles autres distinctions fait-on entre les diverses parties du bois?

58. La Racine. — Voilà pour la *structure** de la tige. Celle de la **racine** est analogue, seulement la moelle manque souvent. Il y a si peu de différences entre la tige et la racine, que chez beaucoup d'arbres, comme le tilleul, l'acacia, le marronnier, quand on met une racine à nu, elle prend, après être restée longtemps à l'air, toutes les apparences d'une tige, et il peut en sortir des branches.

59. Les Branches. — La manière dont les tiges donnent naissance aux **branches** est très variée. Voyez ce *sapin* (fig. 10), qui envoie de place en place des rameaux presque horizontaux*; voyez au contraire ce *prunier* (fig. 11), qui se ramifie*

Fig. 10. — Rameaux horizontaux du sapin.

Fig. 11. — Le prunier se ramifie dans toutes les directions.

dans toutes les directions, de manière qu'on ne sait plus où est la tige principale. **1.** Mais quel que soit l'aspect de l'arbre, *toujours la tige sera plus grosse dans le bas que dans le haut.* On la voit diminuer graduellement* et se terminer presque en pointe. C'est, du moins, ce qui arrive chez les arbres de nos pays.

60. Les Feuilles. — Voyons les **feuilles** maintenant. **2.** Celles de notre poirier ont une queue A, (fig. 12), ou, comme disent les savants, un **pétiole**. **3.** Le pétiole porte une partie verte B, aplatie, élargie, qui est la feuille proprement dite,

1. Quelle remarque générale peut-on faire sur la tige des arbres de nos pays ? — **2.** Quel nom les savants donnent-ils à la queue d'une feuille? — **3.** Quel nom donne-t-on à la partie verte?

le limbe. Le limbe est même la partie importante, car beaucoup de plantes ont des feuilles sans queue.

Fig. 13. — Feuille de géranium : limbe divisé.

Fig. 12. — Feuilles de poirier. A, pétiole. B, limbe simple.

Fig. 14. — Feuille de bouton-d'or : limbe complètement divisé.

Fig. 15. — Feuille d'acacia : limbe à divisions compliquées. — *a*, *b*, *c*, lobes de la feuille. — B, bourgeon. — P, pétiole de la feuille.

1. Le limbe est *simple* dans la feuille de poirier ; mais voici une feuille de géranium (fig. 13) où il est *divisé.* La division est tout à fait *complète* dans cette feuille de bouton-d'or (fig. 14), et la voilà *extrêmement compliquée* dans cette feuille d'acacia

---

1. Le limbe a-t-il toujours la même forme ?

(fig. 15). J'entends bien Henri qui prétend que chacun de ces petits lobes verts *a*, *b*, *c*, est à lui tout seul une feuille. Moi, je prétends le contraire. Et pourquoi cela? Qui me répondra? Personne? **1.** Et pourtant je vous ai déjà dit que *toute feuille porte un bourgeon à son aisselle*; or, il n'y a un bourgeon qu'en B, à l'aisselle de la feuille d'acacia tout entière. **2.** D'ailleurs, si ces gros pétioles P étaient de petites branches, ils ne tomberaient pas à l'automne, et vous savez qu'ils tombent comme le font toutes les feuilles.

61. Les Fleurs. — Arrivons aux **fleurs.** La première chose qui nous frappe dans notre fleur de poirier (fig. 16), ce sont ces cinq petites feuilles blanches étalées A, B, C, D, E. **3.** On les appelle des **pétales.** **4.** Retournons la fleur (fig. 17); voici, dessous, cinq feuilles beaucoup plus petites F, G, H, I, J, et qui sont restées vertes : on les nomme

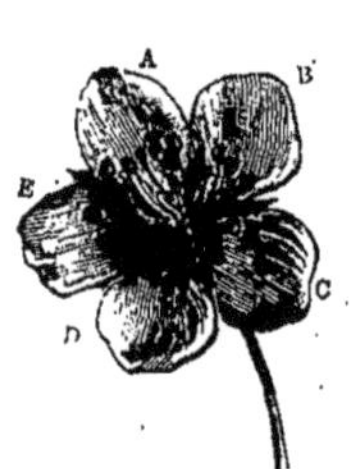

Fig. 16. — A, B, C, D, E, pétales. — L'ensemble des pétales forme la *corolle*.

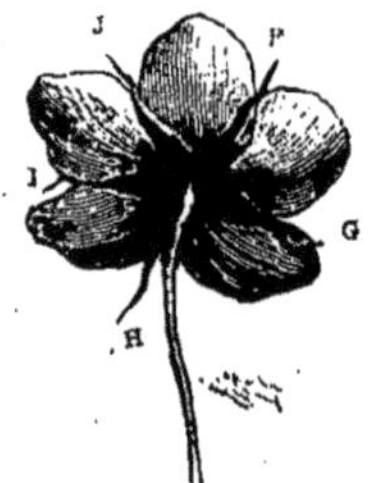

Fig. 17. — F, G, H, I, J, sépales. — L'ensemble des sépales forme le *calice*.

Fig. 18. — A, *étamines*. — B, boules jaunâtres portant le *pollen*.

sépales. **5.** Au centre de la fleur (fig. 18), vous voyez un grand nombre de très petits bâtonnets A, terminés par des boules jaunâtres B : ce sont les *étamines*; et la couleur jaune est due à de petites poussières très fines que les botanistes appellent le **pollen.** Vous connaissez bien cette poussière jaune; l'année dernière j'ai été obligé de punir Jacques

1. Qu'est-ce qui prouve que les lobes de la feuille d'acacia ne sont pas des feuilles? — **2.** Donnez une autre preuve. — **3.** Quel nom donne-t-on aux cinq petites feuilles blanches qui forment la fleur du poirier? — **4.** Quel nom donne-t-on aux cinq petites feuilles vertes qu'on trouve sous la fleur? — **5.** Quel nom donne-t-on aux petits bâtonnets qui se trouvent au centre de la fleur? — Par quoi sont terminées les étamines? — A quoi est due la couleur jaune?

parce qu'il s'était barbouillé le nez avec du pollen de lis, et qu'il faisait rire tout le monde.

Enlevons maintenant sépales, pétales et étamines. **1.** (Ah! j'oubliais de vous dire qu'on appelle **corolle** (fig. 16), l'ensemble des pétales, et **calice** (fig. 17), celui des sépales.) **2.** Il nous reste une petite boule A (fig. 19), surmontée de cinq tiges B. **3.** Cette boule, on la nomme **ovaire**, les tiges sont les **styles**, et l'ensemble, ovaire et style, forme le **pistil**.

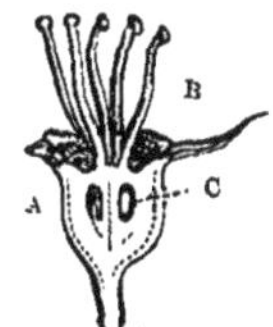

Fig. 19. — A, ovaire qui deviendra *fruit*. — B, styles. — A et B réunis, pistil. — C, ovules, qui deviendront *pépins* ou *graines*.

62. Les Fruits. — Il est bien petit cet ovaire; mais patience, il va grossir, quand calice, corolle, étamines, styles, seront tombés. **4.** Il se remplira de sucs, d'abord acides, puis sucrés, et deviendra la *poire*, le **fruit**. Vous le reconnaîtrez aisément après sa transformation en

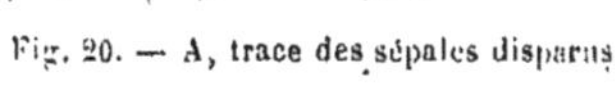
Fig. 20. — A, trace des sépales disparus.

Fig. 21. — A, pépins ou graines.

poire, car au sommet A du fruit (fig. 20), se retrouve la trace des parties disparues; cela fait un petit trou.

5. Dans ce fruit, vous le savez, il y a des *pépins* A (fig. 21), ou **graines**, suspendus librement dans des sortes de loges. Or, si nous coupons en travers l'ovaire de notre fleur de poirier (fig. 19), nous y voyons de petits points blancs C. **6.** Ces points blancs, que nous pouvons isoler à l'aide d'une

1. Quel nom donne-t-on à l'ensemble des *pétales*? — A l'ensemble des *sépales*? — **2.** Que reste-t-il quand on a enlevé les sépales, les pétales et les étamines? — **3.** Quel nom donne-t-on à la boule? — Aux tiges? — A l'ensemble? — **4.** Que deviendra la petite boule? — **5.** Que trouve-t-on dans un fruit? — **6.** A quelle partie de l'ovaire correspondent les graines?

aiguille, sont appelés **ovules** ou *petits œufs ;* ce sont eux qui deviendront des *graines* (fig. 21).

1. *Ainsi*, **calice, corolle, étamines** *destinés à disparaître*, — **ovaire** *devenant un* **fruit**, — **ovules** *devenant des* **graines** : *telle est la composition de la* **fleur** *du poirier.*

63. **Fleurs incomplètes.** — Une telle fleur est dite *complète*. Car il y en a d'*incomplètes*. D'abord, il en est à qui manque le calice ou la corolle, ou les deux. Mais cela n'a pas grande importance.

Je vois bien que ce que je dis vous étonne, et que, pour vous, la partie importante d'une fleur ce sont ces beaux pétales si souvent ornés des plus vives couleurs. Mais vous

Fig. 22. — Fleurs du noisetier : elles n'ont ni calice ni corolle.

Fig. 23. — Fleurs de maïs : A, fleurs à étamines ; B, fleurs à pistils.

vous trompez. 2. *La partie importante, ce sont les* **étamines** *et les* **ovaires** ; je devrais même dire : ce sont les **grains de pollen** et les **ovules**.

La preuve en est que beaucoup de fleurs n'ont ni calice, ni corolle. Telle, pour prendre un exemple, la fleur du noisetier (fig. 22) ; et vous savez bien que cela ne l'empêche pas de porter des fruits, ce qui est le principal. Vous pouvez aussi enlever les pétales et les sépales d'une fleur complète sans l'empêcher de porter fruit, si les étamines et le pistil

---

1. Que devient chacune des parties de la fleur d'un poirier ? — 2. Quelle est la partie importante des fleurs ?

sont restés intacts. **1.** *Mais si vous enlevez les étamines, l'ovaire ne se développera pas*, ou, comme on dit, le fruit ne se *nouera* pas.

2. Or, il y a des fleurs qui n'ont pas à la fois des *étamines* et des *pistils* : les unes portent les étamines, les autres portent les pistils. **3.** *Ces fleurs, si on les éloigne trop l'une de l'autre, restent stériles*, c'est-à-dire ne donnent point de fruit. **4.** Tantôt les deux espèces de fleurs sont portées *sur le même pied*, comme il arrive pour le melon, le bouleau, le noyer, le maïs (fig. 23). **5.** Tantôt les deux espèces de fleurs sont portées *sur des pieds différents*; tels sont le houblon, le chanvre, les saules, etc.; si les deux pieds ne sont pas assez voisins, on n'aura jamais de fruits, ni par suite de graines. **6.** Voyez là-bas, au bord de l'eau, ce beau saule pleureur (fig. 24); c'est un arbre qui nous vient d'Asie; comme on n'a apporté qu'un individu à fleurs pistillées, on n'en a jamais vu de graines en ce pays-ci, et tous les arbres qui ornent nos jardins proviennent de *boutures**, et portent des ovaires.

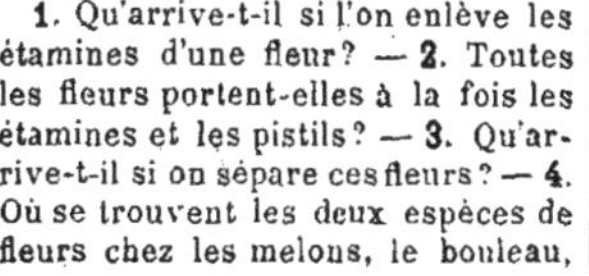

Fig. 24. — Tous les saules pleureurs de France sont des individus à fleurs pistillées (les individus à étamines sont restés en Asie).

64. Les Graines. — Revenons à notre fleur de poirier, ou plutôt à son fruit. **7.** Il contient des *pépins* ou *graines*, qui, mises en terre, *donneront naissance à un poirier semblable au premier.* Examinons une de ces graines d'un peu près. **8.** Nous y voyons d'abord une *enveloppe* ou *peau*, puis la graine proprement dite. Comme la graine d'un poirier est trop petite pour que nous en voyions bien les détails, prenons-en une plus grosse, celle d'une amande par exemple.

---

1. Qu'arrive-t-il si l'on enlève les étamines d'une fleur? — **2.** Toutes les fleurs portent-elles à la fois les étamines et les pistils? — **3.** Qu'arrive-t-il si on sépare ces fleurs? — **4.** Où se trouvent les deux espèces de fleurs chez les melons, le bouleau, le noyer, le maïs? — **5.** Chez le houblon, le chanvre, les saules? — **6.** Que remarque-t-on pour le saule pleureur? — **7.** Que deviennent les pépins et les graines mises en terre? — **8.** Que remarque-t-on d'abord dans le pépin d'une poire?

1. La peau enlevée, nous trouvons deux gros corps charnus* et bons à manger C, C' (fig. 25), qui forment presque toute l'amande. 2. Les botanistes* les ont appelés des *cotylédons* : c'est un de ces vilains mots grecs que j'aime si peu à vous dire; mais cette fois-ci j'y suis bien forcé.

Écartons les cotylédons avec soin; apercevez-vous ce petit corps G, situé au bout pointu de la graine? 3. Regardez de près; *c'est en vérité une petite plante en miniature.* 4. On y voit en effet, et sans grande difficulté, une petite racine R (*radicule*) (fig. 26), une petite tige T (*tigelle*), un

Fig. 25. — L'amande se compose de deux gros corps charnus C, C', appelés *cotylédons*. — En G, est une petite plante en miniature.

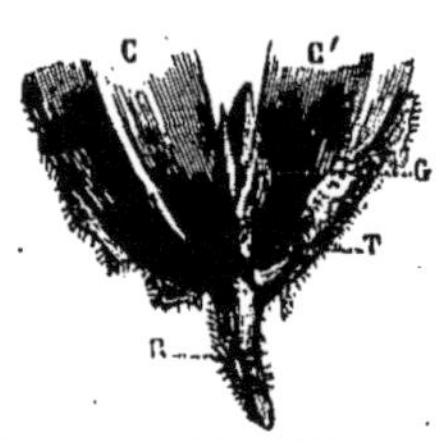

Fig. 26. — C, C', cotylédons. — R, radicule. — T, tigelle. — G, gemmule.

petit bourgeon G au sommet (*gemmule*). Et les deux cotylédons C, C', que sont-ils? 5. Ce sont tout simplement les deux premières feuilles. 6. Mettez le tout en terre : la radicule R va devenir racine, la tigelle T deviendra tige, et la gemmule G poussera pour former la plante. Quant aux cotylédons, c'est plus compliqué, et nous verrons ce qu'ils deviennent quand nous parlerons de la *Germination**.

II. — Structure d'un Palmier.

65. Voilà, en gros, l'histoire de notre poirier et de ses poires. Maintenant, je voudrais bien examiner avec vous un autre arbre tout à fait différent de celui-là,

1. Que trouve-t-on quand on a enlevé la peau d'une amande? — 2. Quel nom les botanistes donnent-ils à ces deux corps charnus? — 3. Qu'est-ce que le petit corps que l'on trouve au bout pointu de la graine? — 4. Qu'y voit-on? — 5. Que sont les deux cotylédons? — 6. Qu'arrive-t-il si l'on met le tout en terre?

un *palmier*. Malheureusement il n'y en a pas dans ce pays-ci, excepté dans les serres* chaudes. Pour en trouver, il faudrait nous transporter dans les pays chauds, ou pour le moins à Nice*, à Cannes*, etc.

Vous dites : Mais pourquoi parler du palmier? Il y a dans ce pays bien d'autres arbres. Et le chêne? et l'orme? et le peuplier? et le sapin? etc. Cela est vrai, mes enfants; mais en vous parlant du poirier, *j'ai parlé en même temps de tous ces arbres, de tous les arbres et arbustes de nos pays*. 1. Oui, tous ont un **tronc** *plus gros en bas qu'en haut*, un tronc *conique**, comme on dit en géométrie; tous ont une **écorce**, un **bois** plus dur au centre, avec des *cercles* emboîtés, une **moelle**; chez tous, la tige porte des **rameaux** qui sont nés de **bourgeons** placés à l'aisselle des **feuilles**; chez tous, enfin, la **graine** possède **deux cotylédons**.

Mais un palmier, c'est tout autre chose, et voilà pourquoi il faut que je vous en parle. Heureusement, j'ai là de bonnes figures qui vont vous permettre de suivre mes descriptions.

66. Aspect général. — D'abord, regardez ce palmier dans son entier (fig. 27) : quelles différences avec un arbre de nos forêts! 2. *Point de branches*, et *au sommet* A seulement une grosse touffe de *feuilles* longues de 2 à 3 mètres, raides et dures. 3. Puis, un tronc B **partout de même grosseur**, en haut comme en bas, *cylindrique** et non *conique**. Du sommet aussi, vous voyez pendre de grosses grappes de fleurs.

Fig. 27. — Palmier. — Tronc partout de la même grosseur (cylindrique).

Ce palmier, comme vous en jugez par comparaison avec l'Arabe dessiné à son pied, a environ 15 mètres de haut. 4. C'est un bel arbre; mais en

1. Rappelez les caractères généraux des arbres de nos pays. — 2. Quelles différences présente le palmier pour les branches? — 3. Pour le tronc? — 4. Quelle autre grande différence y a-t-il entre un palmier et nos arbres?

voici à côté un tout jeune, C, qui n'a guère que 3 mètres; or, *il est de la même grosseur que son frère aîné*, et je vous le dis, *il grandira, mais il ne grossira plus*. Voilà encore une bien grande différence avec nos pommiers, nos chênes, nos sapins.

Regardez ce tronc de palmier (fig. 28), vous voyez des cicatrices régulières. **1**. *C'est la place d'anciennes feuilles qui sont tombées*; les plus élevées seules persistent; ce sont elles qui forment la belle touffe de grandes feuilles que portent les palmiers à leur extrémité. **2**. Il n'y a dans ces arbres qu'**un seul bourgeon**; *il est au sommet et c'est par lui que la plante pousse*. Pas de bourgeons latéraux*, partant pas de branches.

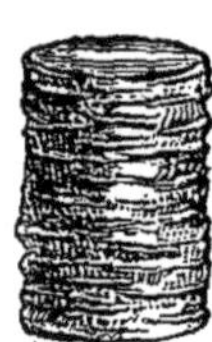

Fig. 28. — Tronc de palmier. — Les cicatrices indiquent la place d'anciennes feuilles qui sont tombées.

Fig. 29. — Coupe transversale d'un tronc de palmier. — Pas de moelle, pas de cercles emboîtés, pas d'écorce.

Fig. 30. — Coupe longitudinale d'un tronc de palmier, montrant les filaments noirs et durs qui donnent de la solidité à la tige.

67. Tige. — Maintenant coupons en travers ce morceau de tronc (fig. 29). Quelle chose curieuse : plus de moelle, plus de bois à cercles emboîtés, plus d'écorce! **3**. Au lieu de cette disposition si régulière à laquelle nous sommes habitués, nous trouvons *une masse molle, parsemée de points noirs et durs, tout à fait irrégulièrement distribués*.

Que sont ces points noirs? Pour nous instruire à ce sujet, coupons le tronc de palmier non plus en travers, mais en long, par le milieu (fig. 30). Nous voyons cheminer dans la masse molle et spongieuse*, plus ou moins analogue à la moelle de nos arbres, des filaments noirs et durs, dont les points noirs de tout à l'heure étaient la coupe transver-

---

1. D'où viennent les cicatrices qu'on remarque sur la tige d'un palmier? — **2**. Combien y a-t-il de bourgeons dans les palmiers? — Où ce bourgeon unique est-il situé? — **3**. Que trouve-t-on dans le palmier à la place de la moelle et des cercles de bois emboîtés?

sale*. Ces filaments ont un trajet tout à fait irrégulier, et semblent se promener au hasard dans la masse spongieuse à laquelle ils donnent la force et la solidité. **1.** Cependant, en y regardant de près, vous voyez qu'ils viennent tous des feuilles, descendent dans l'intérieur du tronc et reviennent se perdre auprès de sa surface. **2.** *Ces fils ne sont autre chose que du bois disposé d'une manière bien bizarre*, comme vous voyez, si toutefois il y a dans la nature quelque chose de bizarre. Leur nombre est assez grand pour donner au tronc une résistance qui lui permet de servir de bois de charpente.

III. — Dicotylédonés et monocotylédonés.

68. Voilà donc entre un palmier et un peuplier, par exemple, de bien grandes différences dans l'aspect et dans la structure. **3.** Or, tandis que dans le peuplier et les arbres construits comme lui, la graine contenait, ainsi que je vous l'ai dit, **deux cotylédons**, il se trouve, sans qu'on sache pourquoi, que dans le palmier et dans toutes les plantes construites comme lui, la graine n'a qu'**un cotylédon.**

4. On a trouvé là une occasion toute naturelle de diviser les végétaux en **monocotylédonés** (du mot grec *monos*, qui veut dire *un seul*), et en **dicotylédonés** (du grec *dis*, qui veut dire *deux*).

Dans l'un et l'autre groupe il y a des arbres et des arbustes, c'est-à-dire des plantes qui ont des parties dures ou *ligneuses* (du mot latin *lignum*, bois), et des herbes, c'est-à-dire des plantes toujours molles et tendres. Généralement les plantes ligneuses sont celles qui vivent plusieurs années.

IV. — Durée de la vie des Plantes.

69. Plantes annuelles, bisannuelles, vivaces. — Ceci m'amène à vous dire que la durée de la vie des

---

1. Quelle marche suivent les filaments qu'on voit cheminer dans la masse intérieure d'un palmier? — **2.** Que sont ces filaments? — **3.** Quelle différence fondamentale la graine du palmier présente-t-elle comparée à la graine de nos arbres? — **4.** Quelle grande division végétale a-t-on tirée de là?

plantes est très variable. 1. Il en est qui, en une seule année, germent au printemps, poussent tiges et feuilles, donnent fleurs, fruits et graines, puis périssent à la fin de la belle saison. Ce sont des plantes *annuelles*.

2. D'autres *végètent* pendant la première année, c'est-à-dire ne donnent que des feuilles; elles passent l'hiver. 3. A la seconde année seulement, elles fleurissent et fructifient*; enfin elles meurent. Ce sont des plantes *bisannuelles*.

4. Pour les plantes annuelles et bisannuelles, il n'y a qu'une seule *floraison**, qu'une seule *fructification**.

5. On appelle *vivaces* les plantes qui fleurissent et fructifient à plusieurs reprises, pendant plusieurs années.

Les unes sont *vivaces par la racine seulement* : tel le dahlia. 6. Tous les ans, la racine charnue* ou *tubercule*, pousse de belles tiges molles qui portent les fleurs et meurent à l'automne ; c'est encore le cas de l'asperge, du houblon, etc. Ces plantes sont vivaces de racine, annuelles de tige.

7. Les *vraies plantes vivaces* sont les *arbustes* et les *arbres*. Elles grandissent chaque année ; mais aucune de leurs parties aériennes* ne meurt, et chaque année elles se couvrent, sur leurs jeunes branches, de fleurs et de fruits nouveaux.

V. — Classification végétale.

70. Je veux vous parler maintenant de la *classification des végétaux*. Elle est peut-être encore plus difficile à établir que pour les animaux, parce que les végétaux se ressemblent plus que les animaux. Tout le monde sait distinguer les insectes des oiseaux, et, parmi les insectes, les mouches des papillons : ce n'est pas aussi commode pour les végétaux.

Voyons, Paul, si je vous chargeais de classer les végétaux, comment feriez-vous ? — Monsieur, je les diviserais d'abord en arbres, en arbustes et en herbes. — C'est, en

---

1. Comment les plantes annuelles se comportent-elles? — 2. Que font les plantes bisannuelles pendant la première année? — 3. Pendant la seconde année? — 4. Que se passe-t-il pour les plantes annuelles et bisannuelles en ce qui concerne la floraison? — La fructification? — 5. Qu'appelle-t-on plantes vivaces? — 6. Il y a des plantes qui sont vivaces par la racine seulement. Comment les choses se passent-elles pour ces plantes? — 7. Que se passe-t-il pour les vraies plantes vivaces?

effet, une idée qui est venue d'abord à beaucoup de gens : mais voyez quelles difficultés. Où commenceront et où finiront les arbres et les arbustes, les arbustes et les herbes ? Un noisetier est-il un arbre ou un arbuste? Un ajonc est-il un arbuste ou une herbe? Ce n'est pas clair. Et vous, Pierre?

Monsieur, il me semble qu'on pourrait classer les plantes en annuelles *, bisannuelles *, vivaces * de racine et vivaces de tige, comme vous nous l'avez dit tout à l'heure. — Ceci vaut mieux en effet. Mais voyons : est-ce que l'herbe des prés ne ressemble pas beaucoup au blé ? Et cependant le blé est annuel et l'herbe est vivace : le blé et l'herbe seraient donc dans deux catégories différentes? Bien mieux, l'avoine que nous cultivons est annuelle, et les avoines sauvages qui poussent le long de nos chemins sont vivaces. Voici deux renoncules jaunes, des *boutons-d'or*, comme on dit, que j'ai cueillies à côté l'une de l'autre, dans le bas du jardin ; celle-ci est annuelle, celle-là vivace et presque impossible à détruire. Vous voyez que votre système ne vaut rien non plus.

71. Importance des caractères tirés de la fleur. — 1. A force de chercher, les botanistes* ont fini par trouver que les meilleures divisions étaient celles qu'on établit en examinant les *fleurs*, les *fruits*, les *graines*, en un mot, tout ce qui sert à **conserver l'espèce** de la plante.

Vous ne devez pas en être bien étonnés, puisque vous savez déjà combien diffèrent* la forme et la structure de la tige des arbres, suivant que leur graine possède deux cotylédons ou un seul.

On a donc établi ce qu'on appelle les **familles végétales**, en rapprochant les unes des autres, sous un nom commun, des plantes souvent très différentes d'aspect, mais *dont les fleurs se ressemblent beaucoup*.

Tenez, je vais prendre un exemple dans une des familles les plus importantes, et dont beaucoup de représentants vous sont bien connus.

72. Les Légumineuses. — Vous connaissez tous, en effet, la vesce, la luzerne, le genêt, l'ajonc, la lentille, le trèfle, le pois, le haricot, l'arrête-bœuf, le faux ébénier,

---

1. Sur quels caractères les botanistes ont-ils établi la classification végétale?

l'acacia. Parmi ces plantes, il y en a qui sont de simples herbes, d'autres des arbrisseaux, d'autres des arbres; il y en a d'annuelles, de bisannuelles, de vivaces; il y en a qui rampent à terre, d'autres qui grimpent, d'autres qui se tiennent fermes et droites; il y en a dont les feuilles sont molles, d'autres dont les feuilles piquent. Eh bien, regardez de près les *fleurs* de toutes ces plantes (et aussi les fruits, et les graines), vous constaterez qu'elles sont faites de même, ou peu s'en faut, si bien que faire l'histoire d'une de ces fleurs, c'est faire l'histoire de toutes; elles ne diffèrent guère que par les dimensions et les couleurs.

Je prends comme exemple une fleur sur le genêt (fig. 31),

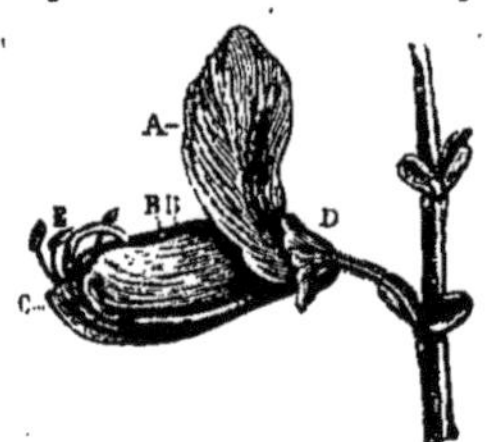

Fig. 31. — Fleur de genêt vue de côté. — A, B, C, pétales. — D, calice. — E, étamines.

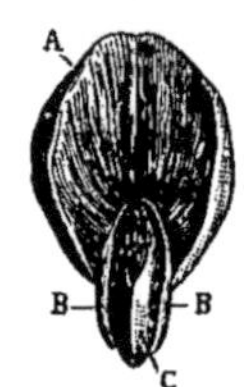

Fig. 32. — La même, vue de face. — A, B, C, pétales formant la corolle.

qui pousse au talus de la route et où s'épanouissent en ce moment des centaines de corolles jaunes.

1. Vous avez d'abord une certaine peine à retrouver les *sépales* D, qui sont soudés ensemble et ne se reconnaissent que par cinq pointes. Au dedans arrive la *corolle*, avec cinq *pétales*; mais, combien ils diffèrent les uns des autres! 2. En voici d'abord un, A, plus grand que les autres, et qui se relève en l'air; puis, deux petits, B, B, sur les côtés; enfin les deux derniers, C, réunis, comme collés l'un à l'autre, de manière à ressembler à la carène* d'un bateau. Les *étamines* E sont aussi fort curieusement disposées, comme vous voyez. 3. Il y en a dix (fig. 33), dont neuf sont

Fig. 33. — Fleur de genêt. — E, les 9 étamines soudées. — F, dixième étamine, libre. — G, pistil.

1. Quel aspect présentent les sépales dans la fleur de genêt? — 2. Comment sont disposés les pétales? — 3. Combien la fleur de genêt a-t-elle d'étamines et comment sont-elles disposées?

unies par leur base et une seule F (fig. 34) est libre. **1**. Elles forment ainsi un long tube fendu, dans lequel se voit l'*ovaire* O (fig. 35). Mais il nous sera bien plus facile d'examiner cet ovaire quand il sera devenu fruit.

Fig. 34. — Coupe de la fleur du genêt. — F, étamine libre. — G, pistil. — O, ovaire.

Fig. 35. — O, ovaire de la fleur de genêt.

Et comme il est très semblable à celui du haricot, il me suffit de rappeler celui-ci à votre mémoire. Qui de vous ne connaît le fruit, la *gousse* du haricot, semblable à une feuille repliée dont on aurait collé les deux bords (fig. 36)? Et qui n'a vu à l'intérieur les graines bonnes à manger A, appelées vulgairement *haricots?* **2**. C'est là que vous verrez aisément et la petite plante et les deux gros cotylédons qui l'entourent et qui, nous l'apprendrons plus tard, serviront à la nourrir pendant qu'elle germera.

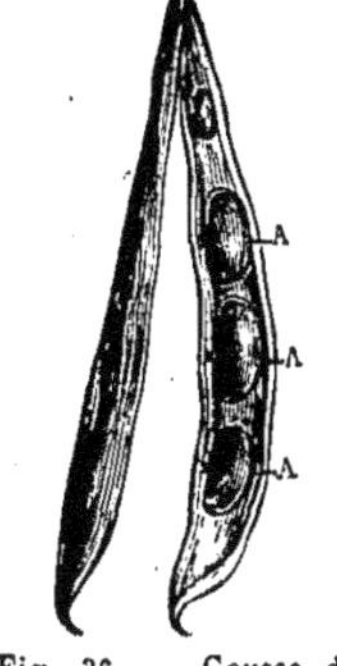

Fig. 36. — Gousse de haricot ouverte. — A, graine (haricot) contenant la petite plante et les deux cotylédons.

Eh bien, après le genêt et le haricot, prenez l'acacia, examinez sa fleur, sa gousse et sa graine, vous y trouverez les mêmes parties semblablement disposées.

La fleur de luzerne, elle, sera beaucoup plus petite; mais avec de la patience et de bons yeux, vous verrez que c'est encore la même chose.

On a donc eu raison de réunir toutes ces plantes dans un même groupe, sous un même nom. **3**. C'est, je vous l'ai déjà

---

1. Où se trouve l'ovaire? — **2**. Cet ovaire devenu fruit a la forme d'une gousse, semblable à la gousse de haricot. Que voit-on dans cette gousse? — **3**. Quel nom donne-t-on au groupe formé par les plantes qui présentent les mêmes caractères que le genêt? — Citez quelques-unes de ces plantes.

dit, la **famille des Légumineuses**, ainsi nommée parce qu'il s'y trouve beaucoup de plantes bonnes à manger appelées *légumes*.

73. Les Rosacées. — Reprenons encore une fois notre fleur de *poirier*, et regardons-la de plus près que tout à l'heure; ou mieux, examinons cette fleur de rosier sauvage (fig. 37), qui appartient à la même famille et qui est plus grande. Vous lui voyez cinq sépales A, soudés aussi à la base et portant d'abord cinq pétales B, puis un grand nombre d'étamines C; enfin l'ovaire D, qui est caché dans l'intérieur du calice et accolé à lui. Eh bien, ainsi sont faites, à peu près, les fleurs des ronces, du fraisier, du néflier, de l'amandier, du prunier, de la reine-des-prés, etc. Il n'y a de différences importantes que pour l'ovaire, et par suite pour le fruit; aussi, voyez-vous parmi ces plantes des *fruits charnus et à pépins* (pommes, poires), ou *à noyau* (pêche, prune, cerise), ou *peu charnus* et *à noyau* (amande), etc. Mais enfin, on a pu réunir toutes ces plantes dans une famille dite des **Rosacées**, c'est-à-dire dont les fleurs ressemblent à celle de la rose.

Fig. 37. — Fleur du rosier sauvage. — A, calice. — B, corolle. — C, étamines. — D, ovaire.

Vous voyez l'importance de la structure des *fleurs*. Examinons-en donc quelques-unes, parmi celles qui éclosent en ce mois d'avril, en même temps que la fleur de poirier.

Fig. 38. — Primevère jaune (Primulacée). — A, calice. — B, corolle.

74. Les Primulacées. — Voici, par exemple, le *Coucou* ou *primevère jaune* (fig. 38), dont nos prés sont remplis. Vous lui voyez encore cinq sépales soudés A ; puis cinq pétales B, soudés aussi, formant un long tube à leur base. Ouvrons ce tube (fig. 39) : nous y trouvons, attachées sur ses parois, cinq étamines C (1). Enfin,

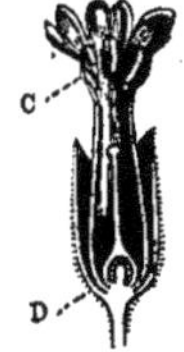

Fig. 39.
C, étamines. D, ovaire.

Fig. 40.
D, ovaire.

Fig. 41.
Fruit du mouron.

au fond du tube, un ovaire D bien isolé, portant un long style. Cet ovaire deviendra un fruit qui s'ouvre en travers, comme une boîte à bonbons (fig. 41).

A côté de la primevère se placent le mouron bleu et le rouge, la nummulaire, etc. Le tout constitue la famille des **Primulacées**.

75. Les Renonculacées. — Voici maintenant un *bouton-d'or* (fig. 42). Cinq sépales A, libres, cette fois ; cinq pétales B, libres aussi ; un très grand nombre d'étamines (fig. 43) ; puis, au centre, un très grand nombre de petits ovaires (fig. 44) qui deviendront autant de petits fruits secs, contenant chacun une graine. Ce bouton-d'or est le type de la grande famille des **Renonculacées**, à laquelle appartiennent les clématites, les anémones, les pivoines, l'ellébore, etc.

Fig. 42. — Bouton-d'or (Renonculacée). A, 5 sépales libres. B, 5 pétales libres.

Fig. 43. — Bouton-d'or ouvert.

Fig 44. Ovaires du bouton-d'or.

76. Les Asparaginées. — Voici une autre fleur bien différente, le *muguet* (fig. 45). Il n'y a là qu'une seule enveloppe florale A, ayant l'aspect d'une petite boule creuse. Cette boule présente six dents, qui sont l'extrémité de pétales, unis

(1) La section de la fleur en deux parties n'a permis d'en montrer que trois sur la figure.

sur presque toute leur étendue. Au fond (fig. 46), se trouvent six étamines et un ovaire, qui deviendra un petit fruit charnu, ou, comme on dit en botanique, une *baie*. Le muguet ressemble au sceau de Salomon, à l'asperge, etc. : il fait partie de la famille des **Asparaginées**.

Fig. 45. — Muguet (Asparaginée).

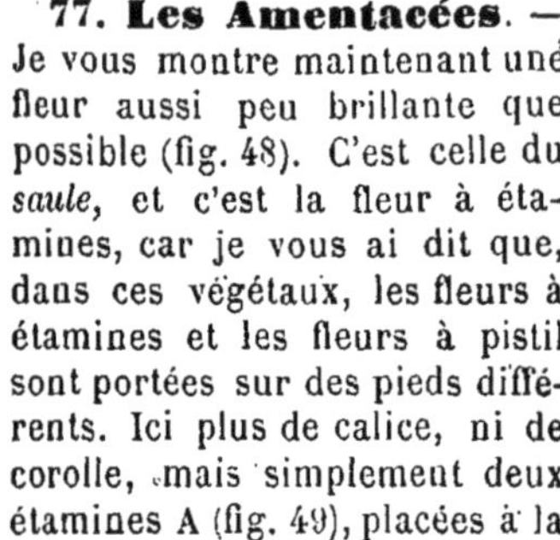

Fig. 46. Coupe montrant les étamines et l'ovaire du muguet.

Fig. 47. Ovaire du muguet.

77. Les Amentacées. — Je vous montre maintenant une fleur aussi peu brillante que possible (fig. 48). C'est celle du *saule*, et c'est la fleur à étamines, car je vous ai dit que, dans ces végétaux, les fleurs à étamines et les fleurs à pistil sont portées sur des pieds différents. Ici plus de calice, ni de corolle, mais simplement deux étamines A (fig. 49), placées à la base d'une petite écaille B. Le saule fait partie de la grande famille des **Amentacées**.

Fig. 48. — Fleur à étamines du saule. — (Amentacée).

Fig. 49. — A, étamines du saule. — B, petite écaille.

Fig. 50. — Fleur à pistil du saule.

Fig. 51. — Ovaire du saule.

78. Les Composées. — Je termine par cette petite *marguerite* (fig. 52), dont les blanches têtes tapissent là-bas le revers du fossé, et qui le soir relève et ferme pour dormir sa collerette étalée pendant le jour. Paul, je vais vous charger de l'examiner, et je vous annonce qu'elle va vous donner du fil à retordre. Combien de sépales A, d'abord ? Monsieur, il y en a plus de vingt. — Bon, passons. Et de pétales? — Ah ! Monsieur, si toutes ces petites lames blanches B (fig 53),

Fig. 52. — Fleur de marguerite, vue en dessous.

Fig. 53. — Fleur de marguerite, vue en dessus (Composée).

A, couronne de petites feuilles. — B, demi-fleurons.

sont des pétales, il y en a beaucoup ! — Passons encore. Et d'étamines et de pistils? — Mais, Monsieur, je n'y comprends rien; ces petits points jaunes C (fig. 54) que j'avais pris pour des étamines n'en sont pas; avec la loupe que vous m'avez prêtée, je vois cinq dents à chacun, et il semble que ce soient autant de petites fleurs. — Ah ! très bien, Paul; c'est qu'il en est ainsi. Chacune de ces petites fleurs a cinq pétales soudés en un tube (fig. 55); au dedans sont cinq étamines avec un pistil contenant un ovule.

Fig. 54. — Coupe de la fleur de marguerite. — C, fleurons.

On voit tout cela avec une bonne loupe. On appelle ces petites fleurs des *fleurons*.

Les petites lames blanches B (fig. 56), que vous preniez pour des pétales, sont aussi des fleurs; chaque lame est composée de cinq pétales blancs qui se sont soudés en une lamelle B à la partie supérieure, et qui se prolongent en forme de tube D à la partie inférieure.

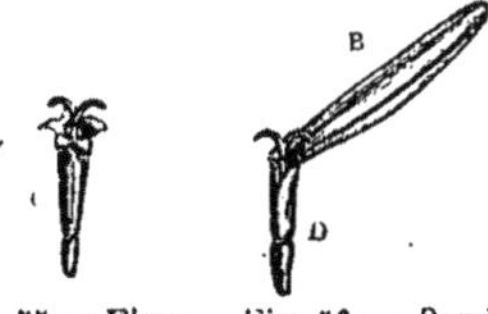

Fig. 55. — Fleuron de la marguerite.

Fig. 56. — Demi-fleuron de la marguerite.

Il n'y a dedans ni étamines ni vrais ovaires; c'est ce qu'on appelle des *demi-fleurons*. Enfin, vos prétendus sépales A sont une couronne de petites feuilles qui entourent la masse des fleurs comme le font les feuilles avec lesquelles on enveloppe souvent un bouquet.

La famille à laquelle appartient la marguerite mérite donc bien le nom de **Composées.** C'est une famille extrêmement nombreuse et variée.

79. Les principales familles. — Il n'y a pas en ce moment beaucoup de fleurs, nous sommes au début du printemps. Au fur et à mesure qu'il en apparaîtra, nous aurons occasion d'examiner les principales, et d'en apprendre à la fois la structure, la famille et le nom.

Mais je veux dès aujourd'hui vous indiquer dans une revue rapide comment se classent les plantes les plus importantes, celles que vous connaissez le mieux, ou dont vous avez le plus entendu parler.

Commençons par les **Dicotylédones.**

Voici d'abord les *Renonculacées*, que nous connaissons déjà;

Puis les *Papavéracées* (fig. 57), qui contiennent le pavot (en latin *papaver*), le coquelicot, l'œillette, etc.;

Fig. 57. — Papavéracées (Coquelicot).

Fig. 58. — Crucifères (Colza).

Fig. 59. — Cariophyllées (Lin).

Les *Crucifères* (fig. 58) (mot qui veut dire *porte-croix*), ainsi nommées à cause des quatre pétales disposés en croix. C'est une très nombreuse famille, qui contient la giroflée, le cresson, la julienne, la moutarde, le chou, le colza, la rave, le raifort, etc.;

Les *Cariophyllées* (fig. 59), où se trouvent l'œillet, la saponaire, la silène, le lin, le mouron blanc, et maintes autres jolies fleurs;

Les *Malvacées* (fig. 60), comprenant la mauve, la guimauve, etc.;

Les *Légumineuses* (fig. 61), avec qui nous avons déjà fait connaissance;

Fig. 60. — Malvacées (Mauve). Fig. 61. — Légumineuses (Pois cultivé). Fig. 62. — Cucurbitacées (Melon).

Les *Rosacées*, qui sont dans le même cas;

Les *Cucurbitacées* (fig. 62), contenant le melon, le concombre, le cornichon, la coloquinte, la bryone;

Les *Ombellifères* (fig. 63), dont les fleurs sont portées sur de petites tiges qui les réunissent en tête ou *ombelle*. Tels sont le persil, l'angélique, le panais, la carotte, le cerfeuil, la ciguë, etc.:

Fig. 63. — Ombellifères (Cerfeuil).

Fig. 64. — Rubiacées (Garance).

Les *Rubiacées* (fig. 64), où se trouvent la garance, dont la racine teint en rouge (en latin *ruber*, d'où le nom de la famille), le café, le quinquina, l'ipécacuanha;

Les *Composées* (fig. 65, 66 et 67), qui présentent trois types. Les unes, semblables à la petite marguerite, ont une couronne de demi-fleurons avec des fleurons au centre: tels le souci, le grand soleil, le topinambour, le seneçon,

Fig. 65. — Composées. (1er type : Marguerite.) Fig. 66. — Composées. (2e type : Artichaut.) Fig. 67. — Composées. (3e type : Chicorée.)

la camomille. D'autres n'ont que des fleurons : tels sont tous les chardons, telle la bardane, dont, à l'automne, vous vous

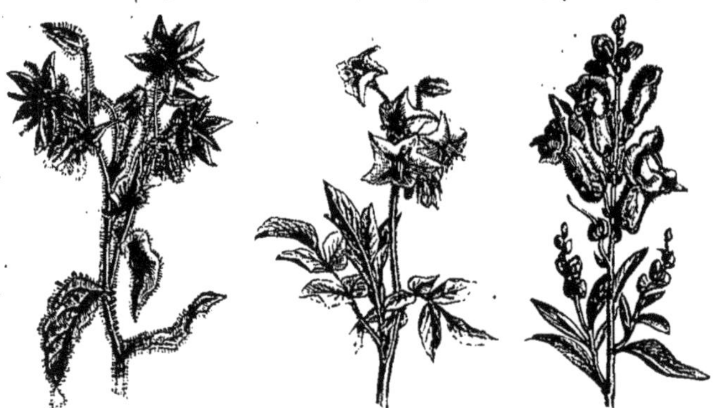

Fig. 68. — Borraginées (Bourrache). Fig. 69. — Solanées (Pomme de terre). Fig. 70. — Scrofulariées (Muflier).

jetez dans les cheveux les têtes épineuses, l'artichaut, l'absinthe. D'autres enfin n'ont que des demi-fleurons, comme la chicorée, la laitue, le salsifis, le pissenlit;

Les *Borraginées* (fig. 68), comprenant la bourrache, la vipérine, l'héliotrope, les myosotis;

Les *Solanées* (fig. 69), où se trouvent la pomme de terre, la douce-amère, la belladone, la jusquiame, le tabac, le datura;

Les *Scrofulariées* (fig. 70), dont les plus connues sont la digitale, les véroniques, les gueules-de-loup, la scrofulaire, le paulonia;

Les *Labiées* (fig. 71), à la tige carrée, comprenant la menthe, la sauge, le thym, l'origan, la mélisse, le romarin, la lavande;

Les *Euphorbiacées* (fig. 72), l'euphorbe, la mercuriale, le croton, le buis, le manioc, le mancenillier;

Les *Urticées*, avec le chanvre, le houblon, le figuier, l'ortie, le mûrier, l'orme;

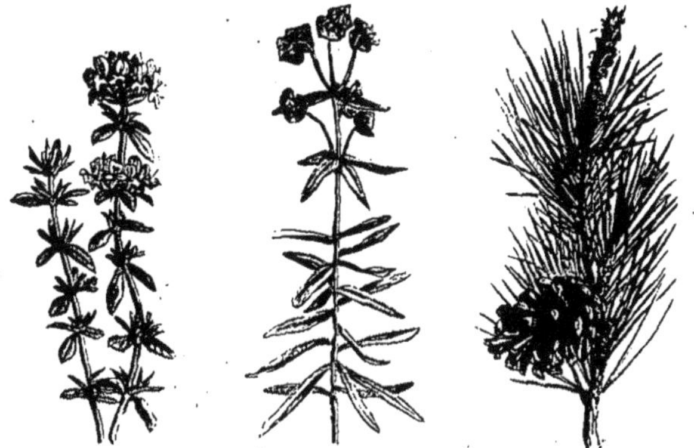

Fig. 71. — Labiées (Thym). Fig. 72. — Euphorbiacées (Euphorbe). Fig. 73. — Conifères (Pin).

Les *Amentacées* : chêne, châtaignier, peuplier, saule, noyer, noisetier, hêtre;

Les *Conifères* (fig. 73) (porte-cônes,à cause de leurs fruits), dont la plupart des espèces ne perdent pas leurs feuilles d'un coup à la fin de l'automne, et qui méritent ainsi leur nom d'*arbres toujours verts*. Les principaux sont les pins, les sapins, les mélèzes, le genévrier, l'if, le cyprès.

Arrivons aux **Monocotylédones**.

Les *Liliacées* (fig 74), plantes à oignons, où se trouvent la tulipe, l'ail, la jacinthe, l'oignon, l'échalote, l'aloès;

Les *Iridées* (fig. 75), iris, glaïeul, safran ;

Les *Narcissées* (fig. 76), narcisse, jonquille, perce-neige;

Fig. 74. — Liliacées (Tulipe). Fig. 75. — Iridées (Iris). Fig. 76. — Narcissées (Narcisse).

Les *Orchidées* (fig. 77), curieuse famille dont les fleurs ont les formes les plus bizarres et ressemblent souvent à des insectes; on y trouve les orchis, la vanille;

Fig. 77. — Orchidées (Vanille). Fig. 78. — Asparaginées (Asperge). Fig. 79. — Graminées (Blé).

Les *Asparaginées* (fig. 78), que nous connaissons déjà;

Les *Palmiers*, habitants des pays chauds : le palmier nain, rarement haut de plus d'un mètre, se trouve dans le

Midi de la France et en Algérie *, où il fait la désolation de nos colons, à cause de sa nature envahissante ; le dattier, le cocotier, le sagoutier ;

Les *Graminées* (fig. 79), comprenant les *céréales*, c'est-à-dire le blé, l'orge, l'avoine, le seigle, le riz, le millet, le maïs ; puis la canne à sucre, le bambou, le chiendent, l'ivraie, l'alfa, et la plupart des herbes qui donnent un bon fourrage.

Voilà les principales familles. Nous apprendrons plus tard les détails de leur structure, les formes de leurs fleurs, ce qu'on appelle leurs *caractères*. Contentons-nous, pour cette année, de cette énumération déjà bien sèche, et qu'il vous faudra copier sur vos cahiers.

VI. — Plantes sans fleurs.

80. Il y a toute une grande catégorie du règne végétal que nous n'avons pas examinée encore.

En effet, toutes les plantes que nous avons passées en revue *ont des fleurs*, parfois réduites aux étamines ou aux pistils, mais possédant au moins ces parties.

Fig. 80. — Feuille de Fougère. — Chaque lobe porte à la face inférieure de petits points jaunes (sporanges), qui contiennent les graines.

Il en est d'autres, *qui ne présentent pas de fleurs*. Pour être moins agréables à regarder, à récolter, à cultiver, elles n'en sont pas moins intéressantes.

81. Fougères. — Ce sont d'abord les **Fougères** qui, dans nos pays, ne sont que des herbes, mais qui, dans les pays chauds, possèdent des tiges de plusieurs mètres de hauteur. Sans doute vous vous demandez comment, n'ayant pas de fleurs, les fougères peuvent avoir des graines et se ressemer. J'en aurais long à vous dire là-dessus, car rien n'est plus curieux ni plus

Fig. 81. — Sporanges grossis.

compliqué. Je me contente de vous montrer cette feuille de la fougère commune de nos bois (fig. 80), que j'ai conservée dans mon *herbier*. **1**. Voyez à la face inférieure, sous chaque division, ou, comme on dit, sous chaque *lobe* de la feuille, ces petits points jaunes disposés en rang (fig. 81); **2**. En les regardant avec ma loupe*, vous verrez qu'ils contiennent eux-mêmes de petits grains (*sporanges*), lesquels contiennent les graines (*spores*) de la fougère; jugez combien celles-ci sont petites.

82. Mousses, Lichens, Champignons, Algues. — Après les fougères, parlons des **Mousses** (fig. 82). **3**. Vous les connaissez bien, et peut-être avez-vous remarqué parmi leur feuillage de petites boules B (fig. 83) portées sur un

Fig. 82. — Mousse.

Fig. 83. — Boite à graines de la mousse.

Fig. 84. — Lichen.

long filet ; ces boules sont des boites qui contiennent les graines.

A côté des mousses, les **Lichens** (fig. 84), dont je vous ai dit un mot en commençant (p. 76).

Puis, les **Champignons** (fig. 85), qui sont, vous le savez, si variés de forme, de taille, de couleur. Vous savez également qu'il en est de bons à manger et aussi de terriblement dangereux, qui souvent ressemblent fort aux premiers. **4**. Ne vous fiez jamais à des champignons récoltés ailleurs que sur couche*.

Les *Truffes* sont des espèces de champignons qui vivent sous terre.

---

1. Que voit-on à la face inférieure des lobes de la feuille de la fougère? — **2**. Que contiennent ces points jaunes? — **3**. Dans les mousses où sont contenues les graines? — **4**. Quels sont exclusivement les champignons qu'on peut manger sans danger?

1. Il y a des champignons qui sont si petits qu'on ne peut les bien voir qu'à l'aide du microscope*. Telles sont les *moisissures*. **2.** Tel est aussi le terrible *oïdium*, qui a fait tant de mal aux vignes et qui était, avant le *phylloxera*, leur plus terrible ennemi.

Fig. 85. — Champignons.

Fig. 86. — Algue (Coralline).

3. Les **Algues** (fig. 86) sont des végétaux vivant dans l'eau. Il y en a de très curieuses et de très jolies, surtout dans les eaux de la mer.

Voilà tout ce que je puis dire cette année et en ce moment sur l'histoire des Végétaux. Nous aurons à revenir fréquemment sur ce sujet dans nos promenades, où je compte bien vous montrer un grand nombre des plantes que je vous ai citées, et sans doute bien d'autres encore.

RÉSUMÉ. — Les Végétaux.

1. Diverses parties d'un végétal (p. 77). — Un arbre ordinaire se compose d'une **racine**, d'une **tige**, de **branches**, de **feuilles**, de **fleurs**.

2. A l'aisselle de chaque feuille, dans l'angle qu'elle fait avec la branche, se trouve un **bourgeon**.

3. Ce bourgeon, en poussant, donnera une nouvelle **branche**.

4. Toutes les branches naissent ainsi à l'**aisselle** d'une **feuille**, et toute feuille porte un *bourgeon* à son aisselle.

5. Quelques branches, au lieu de s'allonger indéfiniment, restent

---

1. De quoi sont composées les moisissures? — 2. Citez un autre champignon, le plus terrible ennemi de la vigne avant le phylloxera. — 3. Qu'est-ce que les algues?

courtes et se terminent par des **boutons**. Ces boutons s'épanouissent en **fleurs**, qui donnent naissance aux **fruits**.

6. La tige (p. 78). — La tige des arbres de nos pays est composée de trois parties : au centre, la **moelle**, qui est blanche et molle; autour de la moelle le **bois**, qui est dur; enfin, autour du bois, l'**écorce**, qui est verte en dehors.

7. La moelle n'occupe pas plus de place dans un vieil arbre que dans un jeune arbre; en d'autres termes, la moelle ne grossit pas avec l'âge.

8. La tige ou tronc d'un vieil arbre coupé en travers présente un grand nombre de *cercles* emboîtés les uns dans les autres.

9. Chacun de ces cercles marque une **année** de l'âge de l'arbre.

10. Comme l'arbre grossissait beaucoup plus quand il était jeune, les cercles qui sont près du centre de la tige sont très distincts les uns des autres; ils se confondent de plus en plus à mesure qu'on arrive à l'écorce.

11. Au point de vue de la résistance, on distingue dans le bois le *cœur*, au centre, qui est plus dur parce qu'il est plus vieux et qu'il s'y est déposé, avec le temps, des matières solides, et l'*aubier*, placé entre le cœur et l'écorce, et qui est plus tendre.

12. La tige de nos arbres diminue graduellement de grosseur et se termine en pointe : elle est *conique*.

13. Les branches (p. 80). — La manière dont les tiges donnent naissance aux branches est très variée. Tantôt elles envoient des rameaux horizontaux, comme dans le sapin ; tantôt elles se ramifient dans toutes les directions, comme dans le prunier.

14. Les feuilles (p. 80). — Les feuilles se composent d'une queue ou *pétiole*[1], qui manque souvent, et d'une partie verte ou *limbe*.

15. Ce limbe est tantôt *simple*, comme dans la feuille du pommier ; tantôt *divisé*, comme dans la feuille du bouton-d'or.

Il est extrêmement compliqué dans la feuille d'acacia.

16. Les fleurs (p. 82). — La fleur est formée d'abord par des **sépales**[2], généralement semblables à de petites feuilles vertes, et dont l'ensemble s'appelle le *calice*.

17. Au dedans, des feuilles plus grandes, et ordinairement colorées, forment la *corolle;* on les appelle **pétales**[3].

18. Au centre de la fleur, on voit de petits bâtonnets terminés par des boules jaunâtres : ces bâtonnets sont les *étamines*, et la couleur jaune est due à une poussière très fine appelée *pollen*.

19. On trouve enfin, au centre de la fleur, une ou plusieurs petites boules surmontées chacune d'une tige. Ces boules se nomment les **ovaires**, les tiges sont les **styles**, et l'ensemble des ovaires et des styles s'appelle **pistil**.

20. Les fruits (p. 83). — C'est l'ovaire qui, en grossissant, devient le fruit.

21. Dans l'ovaire se trouvent de petits points blancs appelés

1. Masculin. Prononcez *péciole*. — 2. Masculin. — 3. Masculin.

ovules : ces ovules deviendront les *pépins* ou *graines* que l'on voit dans les fruits.

22. **Les graines** (p. 85). — Si l'on examine une graine, celle de l'amande ou du haricot, par exemple, on trouve deux gros corps appelés *cotylédons.*

23. Entre les deux cotylédons se voit une plante en miniature où l'on reconnaît une petite **racine** (radicule), une petite **tige** (tigelle), un petit **bourgeon** au sommet (gemmule).

24. Quant aux deux cotylédons, ce sont les deux premières *feuilles.*

25. **Fleurs incomplètes** (p. 84). — La partie importante des fleurs, ce sont les **étamines** et les **ovaires**, ou plutôt, les **grains de pollen** et les **ovules.**

26. Quand on enlève les étamines d'une fleur, l'ovaire ne se développe pas, le fruit ne se *noue* pas.

27. Certaines plantes ont deux espèces de fleurs : les unes possèdent les étamines, les autres les pistils (ovaires et styles).

28. Quelquefois les deux espèces de fleurs sont portées sur des pieds différents.

29. **Structure d'un palmier** (p. 86). — Le tronc des palmiers est partout de la même grosseur : il est *cylindrique* et non *conique.*

30. Le tronc des jeunes palmiers est aussi gros que celui des palmiers âgés : il *grandit*, mais il ne grossit pas.

31. Il n'y a dans ces arbres qu'**un seul bourgeon.** Il est *au sommet* de l'arbre, et c'est par lui que la plante pousse. Pas de bourgeons sur les côtés; par conséquent, pas de branches, mais simplement une grosse touffe de longues feuilles, raides et dures, placées au sommet de l'arbre.

32. Dans la tige, plus de moelle, plus de bois à cercles emboîtés, plus d'écorce.

33. A la place, une masse molle dans laquelle cheminent des filaments noirs et durs, qui viennent des anciennes feuilles, pénètrent dans l'intérieur du tronc et reviennent se perdre à la surface.

34. Enfin, la graine du palmier n'a qu'**un cotylédon.** Il en est de même pour toutes les plantes construites comme lui.

35. **Végétaux dicotylédonés et monocotylédonés** (p. 89). — On a trouvé là une occasion toute naturelle de diviser les végétaux en **monocotylédonés,** qui n'ont qu'un cotylédon, et en **dicotylédonés,** qui en ont deux.

36. Dans l'un et l'autre groupe, il y a des arbres, des arbustes et des herbes.

37. **Durée de la vie des plantes** (p. 89). — Certaines plantes germent au printemps, fleurissent à la belle saison, et périssent en hiver : ce sont des plantes *annuelles.*

38. D'autres donnent des feuilles la première année, des fleurs et des fruits la seconde année, puis meurent : ce sont des plantes *bisannuelles.*

39. D'autres enfin fleurissent et fructifient plusieurs **années de suite** : ce sont des plantes *vivaces*. Les vraies plantes vivaces sont généralement des arbustes et des arbres.

40. Enfin il est des plantes qui sont vivaces par la **racine seulement**, et annuelles par la tige : tel est le dahlia.

41. Classification végétale (p. 90). — On a établi des *familles* végétales en réunissant sous un même nom les plantes dont les **fleurs** se ressemblent beaucoup. On a eu ainsi la famille des *légumineuses*, des *rosacées*, des *primulacées*, etc.

42. Plantes sans fleurs (p. 103). — Il existe des plantes sans fleurs : telles sont les *fougères*, dont les graines sont portées par les feuilles, les *mousses*, les *lichens*, les *champignons*, les *algues*.

SUJETS DE RÉDACTION.

1er devoir (p. 78). — La tige. — La moelle ; place qu'elle occupe dans la tige des jeunes arbres, dans la tige des arbres vieux. — Ce que marquent les cercles. — Cœur et aubier.

2e devoir (p. 80). — Les feuilles. — Ce qu'on voit à l'aisselle des feuilles. — Branches à boutons et branches sans boutons. — Feuilles simples, feuilles divisées.

3e devoir (p. 82). — Les fleurs. — Leurs différentes parties. — Ce que devient l'ovaire.

4e devoir (p. 86). — Les palmiers. — Leur tige. — Leurs feuilles. — Leurs graines.

5e devoir (p. 89). — Durée de la vie des plantes.

6e devoir (p. 93). — Ce qu'on voit dans un haricot.

III. — PIERRES ET TERRAINS

I. — LES PIERRES

83. Nous avons appris à nous y reconnaître pour les animaux et les végétaux. Il nous faudrait, pour bien faire, en savoir autant pour le **sol** que nous foulons et pour les **pierres**, ou, plus exactement, pour les *minéraux* qui le composent. Vous allez voir que cela ne manque pas d'intérêt.

84. Divers éléments du sol. — D'abord, vous savez bien tous que le sol contient des éléments très divers. **1.** Vous distinguez déjà la *terre arable**, qu'on laboure, où l'on sème, où l'on plante ; puis les *pierres*, plus ou moins grosses, isolées en fragments mêlés à la terre, ou réunies en grosses masses appelées *rochers*; le *sable*, composé en réalité de pierres extrêmement petites; l'*argile* ou *terre glaise*, qui se manie aisément, se laisse pétrir*, mouler*, retient l'eau dans ses cavités *, qui est par conséquent *imperméable*, et que la cuisson durcit de manière à ce qu'on peut en faire des pots, des écuelles, des marmites. Enfin, vous avez certainement tous vu des pierres fort jolies ayant des formes régulières, et, comme on dit des *angles*, des *arêtes*, des *facettes* : on les appelle des *cristaux* (fig. 1).

Fig. 1. — Un cristal.

Voilà déjà, pour nous qui avons l'habitude des classifications, un commencement de mise en ordre. Mais nous avons déjà appris qu'il ne faut pas se fier à l'apparence des choses, et qu'il faut aller au fond. Voyons donc tout cela d'un peu plus près.

85. Action des acides sur les pierres. — Je prends un petit morceau de **craie**, et je le jette dans ce verre plein de vinaigre fort (fig. 2). **2**. *Vous voyez immé-*

---

1. Citez les divers éléments du sol. — **2**. Que se passe-t-il quand on met un morceau de craie dans du vinaigre fort ?

diatement se produire des bulles d'air (il vaut mieux dire de *gaz*) *qui partent de la pierre, montent à la surface et font bouillonner le liquide.* Remuons un peu avec un petit bâton, et attendons un instant. Voyez, le fragment de craie a disparu, **il s'est dissous**, comme aurait fait un morceau de sucre dans l'eau. Nous expliquerons cela plus tard, en parlant de la Chimie : contentons-nous de le bien voir aujourd'hui.

1. Je jette dans le vinaigre un petit morceau de la **pierre à bâtir** avec laquelle sont construits les murs de l'école; elle est fort dure cette pierre, et cependant elle dégage du gaz, et se dissout, comme la craie si tendre. Une bille de **marbre** fera la même chose.

2. Au contraire, si je mets dans mon verre un morceau d'**argile** ou **terre glaise** (fig. 3), à peine en sort-il quelques bulles de gaz; l'argile s'étale au fond du verre et y reste intacte.

A Fig. 2. B Fig. 3. Action des acides sur les pierres. En A, la craie se dissout dans le vinaigre; en B, une pierre à fusil reste intacte.

3. Voici maintenant une vieille **pierre à fusil** de l'ancien temps, et un **petit caillou** luisant trouvé dans le sable de la cour, sable que la rivière a amené des montagnes, et aussi une bille d'**agate** : *le vinaigre ne fait sur eux aucun effet, pas plus que n'en ferait de l'eau pure.*

Refaisons la même expérience avec un acide terriblement fort, qui brûle et détruit tout, de l'*acide sulfurique*, qu'on vend chez les épiciers sous le nom d'*huile de vitriol.*

4. J'en prends avec précaution une goutte au bout d'une baguette de verre et je la dépose sur de la **craie**. Prouh ! quel dégagement de gaz! ou, comme disent les chimistes, quelle *effervescence !*

5. Autre goutte sur le coin du **marbre** de la cheminée, si bien poli, et qui paraît si dur : même effet. Ceci vous apprendra, par parenthèse, qu'il ne faut jamais placer sur du marbre un morceau de pomme ou d'orange ou d'autre fruit acide; il ferait tache aussitôt.

---

1. Que fera, dans les mêmes circonstances, un petit morceau de pierre à bâtir ? — Une bille de marbre? — **2.** Un morceau d'argile ou terre glaise? — **3.** Une pierre à fusil, un petit caillou, une bille d'agate ? — **4.** Si, au lieu de vinaigre, j'emploie un acide très fort, l'acide sulfurique, qu'obtiendrai-je sur la craie ? — **5.** Sur le marbre?

1. *Mais je puis mettre de l'acide sulfurique sur ce morceau d'***argile,** *sur ma* **pierre à fusil,** *sur mon* **caillou,** *sans produire aucun effet : la goutte reste parfaitement tranquille.*

2. Voilà donc deux espèces de pierres bien distinctes : 1° *Les pierres qui se dissolvent dans les acides en dégageant du gaz ; 2° Celles qui ne sont pas attaquées par les acides.*

86. Les pierres calcaires et les pierres siliceuses. — 3. *Les premières, craie, pierre à bâtir, marbre, sont désignées sous le nom de* **pierres calcaires. 4.** Quand on les chauffe à une très haute température dans des fours bâtis pour cela (fig. 4), elles se transforment en **chaux** (en latin *calx,* d'où leur nom). De plus, qu'elles soient tendres comme la craie, ou dures comme la pierre à bâtir, elles ne sont jamais si dures que l'acier, ni même que le fer. 5. Aussi, on peut, comme je vous le montre, *les rayer avec un couteau ou même avec un clou.*

Fig. 4. — Coupe d'un four à chaux. Quand on chauffe les pierres *calcaires* à une très haute température, elles se transforment en *chaux*.

6. Au contraire, la pierre à fusil et celles qui lui ressemblent, la bille d'agate, etc., *ne contiennent pas de chaux, et ne s'altèrent pas au feu.* 7. De plus, elles sont extrêmement *dures,* tellement que la pointe d'un couteau ne peut mordre dessus. Bien loin de là, ce sont elles qui rayent l'acier, quand elles ont une arête * aiguë. 8. Enfin, si on les choque vivement contre une pièce d'acier, contre le dos d'un couteau, par exemple, elles détachent un fragment d'acier, et le font rougir; c'est ce qu'on appelle une *étincelle.* Dans ma jeunesse, on se servait de cette propriété pour

---

1. Sur l'argile, sur une pierre à fusil, sur un caillou? — 2. Des expériences qui précèdent, quelle classification peut-on établir ? — 3. Sous quel nom désigne-t-on la craie, la pierre à bâtir, le marbre, qui se dissolvent dans les acides? — 4. En quoi se transforment les pierres calcaires quand on les chauffe à une très haute température? — 5. Quelle autre particularité présentent les pierres calcaires? — 6. Que deviennent les pierres du genre des pierres à fusil sous l'action du feu? — 7. Sous l'action d'une pointe de couteau? — 8. Sous l'action du choc d'une pièce d'acier?

battre le briquet (fig. 5), c'est-à-dire enflammer de l'amadou* avec l'étincelle; on enflammait aussi la poudre* par le même

Fig. 5. — Briquet à silex et amadou. — Le choc du silex A, contre l'acier B, détache un fragment d'acier et le fait rougir sous la forme d'une étincelle qui met le feu à l'amadou C.

Fig. 6. — Chien de fusil à pierre. — C'est l'étincelle qui enflammait la poudre.

mécanisme avec les pierres à fusil (fig. 6). **1.** *Toutes ces pierres si dures sont du* **silex**, *ou mieux* des **pierres siliceuses**. Il y en a de beaucoup de sortes, et parmi elles, plusieurs sont fort belles, rares et précieuses ; je vous en reparlerai tout à l'heure.

2. Il y a naturellement des **sables calcaires** et des **sables siliceux**, comme il y a des **pierres calcaires** et des **pierres siliceuses**.

3. Les **grès**, qui ne sont *que des grains de sables collés les uns aux autres, de manière à former une pierre*, sont aussi ou *calcaires* ou *siliceux*. Ces derniers, à cause de leur dureté, qui leur permet d'user même l'acier, servent à faire des *pierres à repasser*.

Fig. 7. — Four à plâtre. — Le *gypse* chauffé fortement donne le plâtre.

4. Les pierres qui sortent des volcans, les **laves**, sont toutes *siliceuses*.

87. Le plâtre, l'ardoise, l'argile. — Je vous montre maintenant une pierre beaucoup moins commune, mais des plus utiles. Voyez comme elle est tendre : je la raye rien qu'avec mon ongle. **5.** Une goutte d'acide placée dessus ne lui fait aucun effet. **6.** Mais si je la chauffais fortement dans un four (fig. 7), elle se

---

1. Que sont toutes ces pierres si dures? — **2.** La division adoptée pour les pierres s'applique-t-elle aux sables? — **3.** Aux grès? — **4.** Quelle est la nature des laves des volcans? — **5.** Quelle est l'action des acides sur la pierre à plâtre? — **6.** Quelle est l'action du feu sur la même pierre ?

réduirait en une espèce de poudre blanche que vous connaissez bien, le **plâtre**.

1. On appelle **gypse** cette pierre à plâtre, dont il existe de grandes carrières aux environs de Paris.

2. Le morceau que je vous ai montré est un fragment cassé d'une statuette que j'ai achetée l'année dernière à la foire. Elle venait d'Italie, où on fabrique beaucoup d'objets taillés dans un gypse très blanc, appelé pour cette raison *albâtre* (fig. 8) (du latin *album*, blanc).

Fig. 8. — Statuette d'albâtre (gypse blanc d'Italie).

Fig. 9. — Ouvrier travaillant l'ardoise.

3. **L'ardoise** (fig. 9) vous est bien plus connue; sa dureté est à peu près celle des calcaires, c'est-à-dire qu'on raye l'ardoise avec le couteau, non avec l'ongle. L'acide ne mord pas dessus.

4. **L'argile** est très tendre et molle, comme vous savez. Cependant elle n'est pas attaquée par les acides.

Fig. 10. — La *marne*, que l'on répand dans les champs, est une pierre calcaire mélangée d'une forte proportion d'argile.

5. **Pierres calcaires, — pierres siliceuses, — gypse, — ardoise, — argile:** *voilà les principales pierres, ou du moins les plus utiles à connaître.*

88. Mélanges pierreux. — Mais il ne faudrait pas croire que ces pierres sont toujours tout à fait pures, isolées les unes des autres. **6.** Le plus souvent, au contraire, les *calcaires* contiennent un peu d'argile, et les

---

1. Quel nom donne-t-on à la pierre à plâtre? — 2. Quel nom donne-t-on à un gypse très blanc qui vient d'Italie? — 3. Parlez de l'ardoise. — 4. Parlez de l'argile. — 5. Citez les principales pierres. — 6. Les calcaires et les argiles sont-ils toujours purs?

argiles contiennent plus ou moins de calcaire. **1.** Il y a une pierre bien connue par son emploi dans la culture, la **marne** (fig. 10), qui est une pierre *calcaire* mélangée d'une forte proportion d'*argile* : c'est ce qui fait, du reste, qu'elle se brise si facilement à la gelée, et se délaye à la pluie de manière à se mêler au sol.

Fig. 11. — Terre végétale ou terre arable. Mélange de *poudres calcaires*, de grains de silex, de poussières argileuses et de débris animaux et végétaux.

2. Ce qu'on appelle la **terre végétale**, ou **terre arable**, n'est autre chose qu'un *mélange* de diverses espèces de pierres réduites en poudre fine, et mêlées à des débris animaux et végétaux. Tenez, voici de la terre du jardin, où il n'y a pas de cailloux. Lavons-la avec soin, en la remuant doucement, sous le robinet du tonneau (fig. 11). L'eau en sort, vous voyez, très sale, emportant toutes sortes de matières noirâtres. Enfin, à force de remuer, il ne reste plus qu'une espèce de sable très fin, et assez propre, dans le fond du vase. Ajoutons maintenant à l'eau qui la baigne quelques gouttes d'huile de vitriol (acide sulfurique). Aussitôt, effervescence*; donc il y a du *calcaire*. Puis, tout se calme, et vous voyez qu'il reste encore beaucoup de matières dans le fond du vase : ce sont des grains de *silex* et des poussières *argileuses*.

Fig. 12. Cristal de gypse.

Fig. 13. — Cristaux calcaires.

89. Pierres cristallisées. — **3.** Les minéraux, je vous l'ai dit en commençant, se présentent souvent sous forme de **cristaux**. **4.** Il y a des cristaux *calcaires* et des cristaux *siliceux*. Le *gypse* est souvent cristallisé en forme de fer de lance (fig. 12). **5.** Les *cristaux calcaires* (fig. 13)

---

1. Qu'est-ce que la *marne*, employée en culture? — **2.** Quelle est la composition de la terre arable ou végétale? — **3.** Sous quelle forme les minéraux se présentent-ils souvent? — **4.** La division adoptée pour les pierres s'applique-t-elle aux cristaux? — **5.** Quelle est la valeur des cristaux calcaires?

n'ont aucune valeur. Un jour, un pauvre homme d'ici est venu me voir tout joyeux. Songez donc : il avait trouvé une mine de diamants ! Ces diamants étaient tout simplement des cristaux de calcaire qui s'étaient formés dans une pierre creuse. Je lui ai montré que le couteau les rayait, et, après un grand chagrin, il me les a donnés.

1. Un calcaire cristallisé intéressant, c'est le *marbre statuaire* (fig. 14), si beau, si blanc, dont la cassure ressemble à celle du sucre, et qui est, comme le sucre, composé de petits cristaux mêlés, enchevêtrés les uns dans les autres.

Fig. 14. — Marbre statuaire. — Statue de Denis Papin*.

Fig. 15. Énorme cristal de roche du Jardin* des Plantes à Paris.

2. Les *cristaux siliceux* sont recherchés à cause de leur grande dureté, qui leur permet de rayer le verre et les empêche de se ternir comme les cristaux calcaires.

3. L'un des plus communs est le **quartz**, ou *cristal de roche* (fig. 15), qu'on trouve souvent en cristaux aussi gros que la tête.

D'autres sont plus rares, plus brillants d'aspect et encore plus durs que le cristal de roche. Ces pierres ne se trouvent jamais qu'en *petits* cristaux ; on les recherche avec soin, et on les taille pour en faire des bijoux.

4. Ce sont les **pierres précieuses** : *rubis* (rouge), *saphirs* (bleu), *émeraudes* (vert), *topazes* (jaune), *améthystes* (violet).

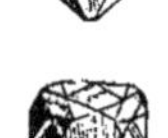

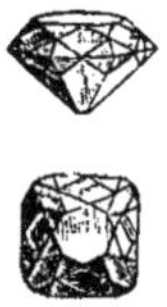

Fig. 16. — Diamants. — Les diamants sont du charbon pur et cristallisé.

Avant de passer à quelque chose de plus utile, il faut que je vous dise un mot du **diamant** (fig. 16).

C'est le plus beau des cristaux, le plus brillant, le plus dur, rayant tous les corps, et par suite le plus recherché ; c'est aussi le plus cher, car un diamant pesant 1 gr. vaut au moins 6000 fr. 5. Et cependant, ce n'est pas une pierre ;

---

1. Citez un calcaire cristallisé intéressant. — 2. Pourquoi les cristaux siliceux sont-ils plus recherchés que les cristaux calcaires ? — 3. Citez un cristal siliceux commun. — 4. Citez des cristaux siliceux que l'on recherche pour en faire des bijoux. — 5. Le diamant est-il un calcaire siliceux ?

il n'a rien de commun avec les autres minéraux. **1.** ***C'est du charbon, du charbon pur et cristallisé!*** Ah! c'est là une chose

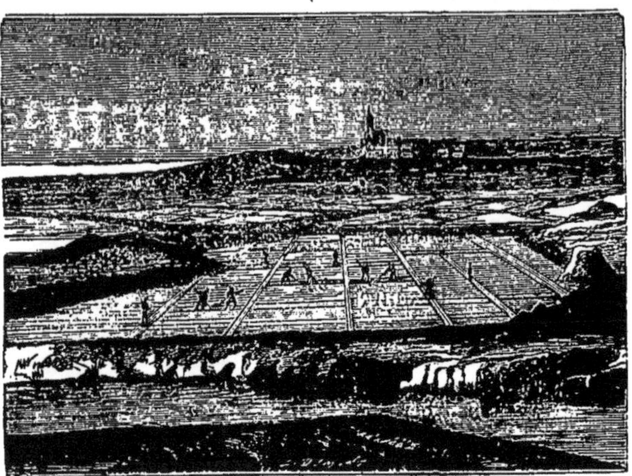

Fig. 17. — Marais salant où l'on dessèche l'eau de mer pour en extraire le sel.

bien étonnante, sur laquelle nous reviendrons en faisant de la Chimie. **2.** Mais rappelez-vous bien ceci : *on peut brûler un diamant absolument comme on brûle un morceau de charbon*, seulement il faut un feu plus fort.

Fig. 18. — Mines de sel gemme.

3. Tous ces cristaux sont très beaux ; mais ils ne servent pas à grand'chose. D'autres, au contraire, présentent une grande utilité. Tel le *sel*, par exemple, notre sel de cuisine.

4. On en extrait beaucoup des eaux de la mer, qu'on fait dessécher dans des **marais salants** (fig. 17). **5.** Mais on en trouve aussi en terre, cristallisé, formant quelquefois des masses énormes (fig. 18);

1. Qu'est-ce que le diamant? — **2.** Comment prouve-t-on que le diamant est un charbon? — **3.** Citez un cristal moins beau que les précédents, mais plus utile. — **4.** D'où extrait-on le sel? — **5.** Ne trouve-t-on du sel que dans les eaux de la mer?

on l'appelle alors **sel gemme** (du latin *gemma*, pierre précieuse).

Nous avons, en France et en Algérie*, des mines de sel gemme. Mais ce n'est rien à côté de la mine de Wieliczka, en Galicie*, qui est à plus de 200 mètres sous terre, et où sont creusés des kilomètres de galeries*.

90. **Roches cristallisées.** — Les cristaux eux-mêmes ne sont pas toujours isolés. Ils se réunissent parfois pour former des pierres, des rochers.

Fig. 19. — Fragment de granit (quartz, feldspath et mica mélangés).

1. Ainsi le **granit** (fig. 19), dont vous avez tous entendu parler, qui forme le sol de plusieurs régions de la France (Auvergne, Bretagne, Pyrénées), est composé de trois espèces de cristaux bien enchevêtrés les uns dans les autres : le **quartz**, que nous connaissons déjà, le **feldspath** et le **mica**.

2. Le **mica**, nous le connaissons aussi : il y a des endroits où la mer le dépose en quantité, si bien qu'on le recueille et qu'on le vend à très bon marché, pour faire la *poudre d'or* qu'on met sur l'écriture fraîche. En voici : ce sont de petites paillettes, très minces et très brillantes. Quelquefois ces paillettes sont assez grandes et assez transparentes pour que, dans certains pays, on puisse en faire des vitres de croisées.

Le **feldspath** (fig. 20) est moins connu. Il présente ce-

Fig. 20. — Fragment de feldspath. — Donne naissance au kaolin, dont on fait la porcelaine.

Fig. 21. — Fragment de porphyre.

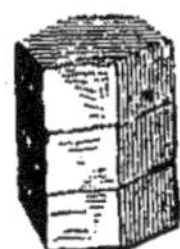

Fig. 22. — Fragment de basalte.

pendant un grand intérêt. Souvent, dans des conditions encore mal déterminées, il se décompose et finit par s'en aller en poussière. 3. Cette poussière, entraînée et lavée par

1. Dans quelles régions de la France trouve-t-on le granit? — Citez les trois espèces de cristaux qui le composent. — 2. Où trouve-t-on le mica? — Qu'en fait-on? — 3. Que devient le feldspath décomposé et réduit en poussière?

les eaux, devient ce qu'on appelle le *kaolin*. **1.** On en fait une pâte qu'on fait cuire et qui donne la *porcelaine*.

Il y a un très grand nombre de roches plus ou moins analogues au *granit*. **2.** Les plus connues sont les **porphyres** (fig. 21), composés de cristaux de feldspath pris dans une pâte fine de feldspath, comme les amandes dans du nougat; les **basaltes** (fig. 22), si communs dans le centre de la France, où une partie d'entre eux est sortie de volcans aujourd'hui éteints.

Nous avons passé en revue les principales pierres, dures, tendres, cristallisées ou non. Mais je ne puis quitter l'histoire des matières qu'on trouve dans la terre sans vous dire un mot des **métaux** et de la **houille** ou *charbon de terre*.

91. Métaux et houille. — **3.** Les **métaux** se trouvent

Fig. 23. — Coupe de terrain montrant un filon métallique exploité à l'aide de puits.

Fig. 24. — Morceau de houille portant l'empreinte d'une feuille de fougère.

en terre à l'état de **minerai**, c'est-à-dire mélangés à d'autres corps. Ils sont quelquefois à la surface **du sol**; plus souvent ils sont à de plus ou moins grandes **profondeurs**, ce qui nécessite qu'on creuse des *mines* * pour les chercher et les extraire. **4.** Ils forment en terre, soit des espèces de masses assez grosses, soit des veines ou **filons** (fig. 23), qu'il faut ne pas quitter, une fois trouvés, mais bien suivre avec soin, comme on ferait d'un tuyau de poêle si l'on cherchait la suie.

Quelquefois les rochers où se trouvait le *minerai* sont attaqués par la pluie, roulés et brisés dans les rivières. Le métal, plus lourd, *se dépose* alors dans les endroits tran-

---

1. Que fait-on du kaolin? — **2.** Citez, parmi les plus connues, deux roches analogues au granit. — **3.** Où trouve-t-on les métaux et dans quel état? — **4.** Que forment-ils en terre?

quilles; c'est ainsi qu'on cherche souvent l'or dans le lit * actuel ou dans l'ancien lit de certaines rivières.

1. La **houille** est le résidu d'*immenses forêts* enfouies il y a un nombre prodigieux de siècles. Elles étaient surtout composées de grandes fougères (fig. 24) et d'arbres assez analogues à nos sapins. Pour aller chercher la houille dans la terre, on creuse des puits et l'on pratique des chemins souterrains (fig. 25).

Fig. 25. — Intérieur d'une mine de houille.

2. La **tourbe**, qui se forme encore de nos jours, est une *houille très jeune*, et non enfouie. On y reconnaît encore les végétaux qui la composent.

II. — LES TERRAINS.

Il ne faudrait pas croire que toutes les espèces de pierres, les *calcaires*, les *argiles*, les *ardoises*, les *pierres siliceuses*, soient mélangées au hasard pour former le sol sur lequel nous marchons. Non, vous le savez déjà.

Fig. 26. — Carrière à ciel ouvert.
En A, terrain calcaire.
En B, terrain argileux.
En C, terrain sablonneux.

92. Les terrains. — Nous avons été visiter hier, dimanche, la carrière qui est là sur la côte en face. Vous vous rappelez bien qu'en bas, en A (fig. 26), il y a des pierres *calcaires*, avec lesquelles on bâtit les maisons du village. Au-dessus, en B, on tire de l'*argile* qui sert à entretenir la tuilerie* du père de Henri.

---

1. Qu'est-ce que la houille? — 2. Qu'est-ce que la tourbe?

Enfin, sur le sommet, en C, il y a une *sablière*, où se trouvent toutes sortes de petits cailloux roulés qui ressemblent tout à fait à ceux qu'on trouve dans la rivière qui coule au bas de la colline.

1. On donne le nom de **terrains** à ces réunions de pierres semblables. La colline d'en face est donc formée de *trois* terrains superposés : terrain *calcaire*, terrain *argileux*, terrain *sablonneux*.

93. **Lits ou couches.** — Nous sommes restés assez longtemps à visiter la carrière d'en bas, celle des pierres calcaires. 2. Je vous ai fait observer *que les morceaux de pierre étaient disposés très régulièrement les uns au-dessus des autres*, presque aussi bien que si la carrière avait été bâtie de main d'homme. De place en place, il y avait des bandes horizontales* qui séparaient des **lits** *de pierres* un peu différents les uns des autres par la dureté ou la couleur. En d'autres termes, comme disait le père Mathieu, propriétaire de la carrière, *elle est formée de plusieurs* **couches,** *bien régulièrement placées les unes au-dessus des autres.*

En montant le chemin qui est taillé à talus dans la côte, nous avons rencontré un endroit où finissaient les couches calcaires, et où commençait l'*argile*. Et là, *nous avons vu que la ligne de séparation était encore bien régulière, bien droite*, placée comme les lignes de séparation des diverses couches de la carrière calcaire.

Qu'est-ce qui a pu amener là toutes ces pierres et les disposer aussi soigneusement?

94. **Êtres marins dans le sol.** — Voici quelque chose qui va vous aider à résoudre cet important problème. 3. Le père Mathieu nous a donné, et Jacques, qui grimpait partout dans la carrière, a trouvé de place en place et en grand nombre, des *coquilles changées en pierres*.

Regardons ces coquilles (fig. 27). Elles ressemblent beaucoup, vous le reconnaissez tous, à des coquilles d'huîtres. Or, les huîtres vivent dans l'eau de mer. 4. Donc *la mer a séjourné là jadis*, nourrissant des espèces d'huîtres qui vivaient comme celles d'aujourd'hui sur les rochers du fond; sur

---

1. Quel nom donne-t-on à des réunions de pierres semblables? — 2. Les morceaux de pierre sont-ils disposés au hasard dans une carrière? — 3. Que trouve-t-on souvent dans les carrières? — 4. Que prouve la présence de ces coquilles changées en pierre?

elles, quand elles étaient mortes, s'entassaient la vase et le sable, qui étaient de nature calcaire. 1. Puis un moment est venu où la mer a disparu, et *vase, sable, coquilles se sont soudés, en séchant, pour faire la pierre calcaire que nous avons sous les yeux.* On ne peut expliquer les choses autrement, et l'on a du reste prouvé qu'elles se passent encore ainsi dans plusieurs endroits, sur les bords de la mer.

Fig. 27. — Huîtres fossiles.

95. Mouvements apparents de la mer. Mouvements du sol. — Mais comment se fait-il que la mer, qui est maintenant à 40 lieues d'ici, soit montée jusque sur notre colline, en un point que M. l'agent voyer* me disait l'autre jour être à 120 mètres au-dessus de son niveau actuel? Et comment, une fois montée, a-t-elle disparu?

Il n'y a pas trente-six manières d'expliquer cela : il n'y en a que deux.

La première serait de supposer que, dans ce temps-là, il y avait dans la mer beaucoup plus d'eau qu'aujourd'hui, en telle sorte que l'eau montait à 120 mètres. Encore ne serait-ce pas assez, car on trouve des coquilles marines à plus de 3000 mètres de hauteur dans les Alpes* et les Pyrénées*.

Mais, s'il en était ainsi, où serait donc passée toute cette immense quantité d'eau? Évaporée en l'air? Il y aurait des nuages partout. Enfoncée dans le sol? Nous allons voir qu'il y fait trop chaud, et que l'eau n'y pourrait demeurer. Ce ne peut donc pas être là l'explication vraie.

2. La deuxième explication suppose que *c'est le* **fond** *de la mer qui* **s'est soulevé** *et qui est* **sorti de l'eau,** *celle-ci se déplaçant sans que sa quantité ait changé.*

Laquelle des deux explications vous plaît le plus, Paul? — Monsieur, je vois bien qu'il faut renoncer à la première. Mais pour la seconde, je n'y comprends rien. La terre est si solide! Papa, qui a été sur mer, dit que l'eau remue tou-

---

1. Que sont devenus vase, sable, coquilles soudés ensemble? — 2. Comment explique-t-on la présence de coquilles marines dans des terrains aujourd'hui fort élevés au-dessus du niveau de la mer?

jours tandis que sur la terre, sur le *plancher des vaches*, comme il dit, rien ne bouge. — Eh bien, mon enfant, le « plancher des vaches» remue, lui aussi. Seulement, cela est vrai, il remue si lentement, que nous ne le sentons pas. 1. Mais *ici il descend, là il monte, ailleurs il alterne l'ascension et la descente.*

Fig. 28. — Temple à Pouzzoles (Italie). B, coquilles marines incrustées, indiquant que le sol, qui s'était affaissé, a été baigné par la mer.

On a des preuves très nettes de cela sur le bord de la mer. A Pouzzoles (fig. 28), en Italie, les Romains avaient bâti un temple sur le bord de la mer. Le sol s'étant affaissé* la mer a envahi le temple, si bien que les coquilles marines ont pu s'incruster* dans les colonnes, à plusieurs mètres au-dessus du pavé. Puis le sol s'est relevé, et aujourd'hui les coquilles sont remontées beaucoup au-dessus du niveau de l'eau. Le même phénomène se passe sur nos côtes de Normandie*. 2. La côte de Norwège* s'enfonce dans la mer, tandis que celle de Suède* se relève, et que la Baltique* diminue de profondeur. D'après des marques faites au commencement du dix-huitième siècle par le grand naturaliste Linné*, cet exhaussement des côtes de Suède est de 1m,30 par siècle. Il n'y a donc rien d'extraordinaire à ce que le fond de l'eau se soit relevé ici de 120 mètres et même plus. 3. Ah! il a fallu longtemps pour cela! Et *les siècles*, qui nous paraissent si

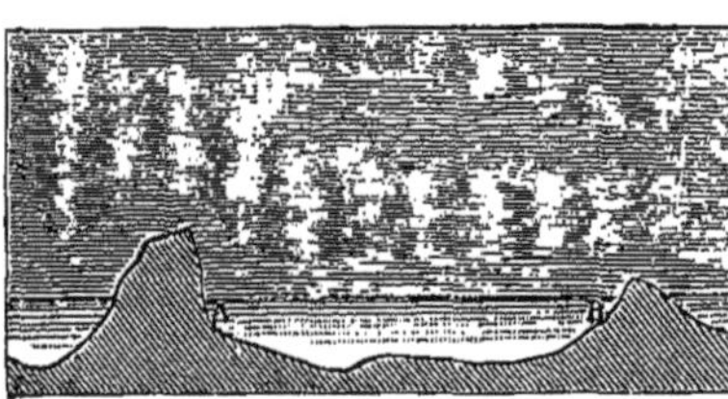

Fig. 29. — ... La mer couvrait le pays, de A en B.

---

1. Le sol sur lequel nous marchons ne reste-t-il donc pas immobile? — 2. Citez un exemple moderne de ces enfoncements et de ces exhaussements. — 3. Les mouvements s'effectuent-ils rapidement ou lentement?

longs, *ne sont que des minutes* auprès de ces périodes prodigieuses de durée.

Enfin, on en est sûr aujourd'hui, c'est comme cela que les choses se sont passées. La mer venait jusqu'ici, couvrait ce pays, de A en B (fig. 29) et y déposait bien régulièrement, bien lentement, ses calcaires et ses coquilles. Puis le fond de l'eau s'est relevé suivant A' B' (fig. 30), et tout cela a séché. Comprenez-vous maintenant, maître Paul?

Fig. 30. — Puis, le fond de l'eau s'est relevé suivant A' B'.

96. Différences entre les terrains superposés. — Oui, Monsieur. Mais comment se fait-il que toutes les pierres calcaires ne soient pas semblables en bas et en haut de la carrière, et qu'il y ait eu *plusieurs couches*, comme vous dites? — **1.** *C'est qu'il est probable*, mon enfant, *que*, ***pendant*** *que le fond s'élevait, les fleuves et les courants **n'apportaient** plus **exactement les mêmes** matières, ne **faisaient plus** les **mêmes** dépôts à la **même** place.* Pour de bien moindres changements de fond on voit actuellement*, sur le même point des rivages de la mer, se déposer alternativement des sables fins ou de gros cailloux roulés.

97. Fossiles. — Il y a plus. **2.** *Pendant la* **durée immense de temps** *qu'a nécessitée cet exhaussement, les **animaux** ont changé de nature.* Dans un même endroit, mais à différentes hauteurs, les espèces, ou plutôt leurs traces, ne sont pas les mêmes. Ainsi, dans notre carrière, on ne trouve pas seulement des huîtres, mais encore beaucoup d'autres espèces de co-

Fig. 31. — Fossiles divers.

---

1. Pourquoi, pour un même terrain de pierres calcaires, y a-t-il plusieurs couches différentes superposées? — **2.** Quel autre phénomène s'est-il produit pendant la durée immense des exhaussements?

quilles de mollusques marins (fig. 31). 1. Or, ces **fossiles**, comme on les appelle, diffèrent assez notablement dans les couches du haut et dans les couches du bas de la carrière.

98. Véritable division des terrains. — 2. Il faut donc diviser les terrains *non seulement suivant la nature des pierres qui les composent, mais surtout suivant la nature des* **fossiles** *qu'on y trouve.* Car, sur les bords de la mer, on voit souvent à quelques kilomètres de distance, se déposer, soit des sables calcaires, soit des argiles; mais il y a toujours là les mêmes habitants, par suite les mêmes coquilles, qui deviendraient les mêmes fossiles. Ainsi, à six lieues d'ici, de l'autre côté de la vallée*, il y a des sables qui contiennent les mêmes fossiles que ceux du haut de notre carrière calcaire. Ils ont donc été déposés **en même temps** que les pierres de la carrière.

99. Causes du mouvement du sol. — Êtes-vous content maintenant, maître Paul? Vous manque-t-il encore quelque chose? — Oui, Monsieur. — Ah! ah! Dites un peu? — Monsieur, qu'est-ce qui peut soulever comme cela la terre? Ça doit être terriblement lourd! — Ah! ça, c'est bien embarrassant. Les plus savants n'y connaissent pas grand'chose, et l'on a fait là-dessus bien des suppositions.

Fig. 32. — Tremblement de terre.

3. *La cause qui fait ainsi lentement et doucement soulever ou affaisser de grands espaces de terre, est probablement la même qui occasionne de temps en temps dans certains pays, des* **tremblements de terre** (fig. 32). Récemment, en 1881, il y en a eu un qui a détruit la ville de Chio* et tué des milliers d'habitants. Le pauvre « plancher des vaches » est alors aussi secoué que l'eau de la mer!

---

1. Quel nom donne-t-on aux restes pétrifiés des animaux de ces différentes époques? — 2. Quels éléments doit-on introduire dans la division des terrains? — 3. Quelle est la cause qui fait ainsi lentement soulever ou affaisser le sol?

1. *C'est surtout dans les pays* **voisins** *des volcans qu'on observe les tremblements de terre*, par exemple, dans l'Amérique centrale et méridionale, en Asie Mineure, dans le sud de l'Europe. Presque toujours, en même temps qu'arrive le tremblement de terre, le volcan entre en éruption (fig. 33).

Vous avez bien vu se soulever le couvercle de la marmite, quand le pot-au-feu bout trop fort. Eh bien, il semble que le tremblement de terre soit comme les ressauts du couvercle, et l'éruption du volcan comme la sortie de la vapeur, entraînant l'écume. Seulement, c'est un peu plus grand !

Fig. 33. — Volcan en éruption.

2. Et puis, il ne s'agit pas d'écume, mais de pierres lancées, de *laves* fondues par la chaleur énorme du volcan et qui coulent sur le sol, détruisant tout sur leur passage.

Il n'y a plus aujourd'hui en France de volcans en activité. 3. Mais l'Auvergne* possède d'anciens volcans qui ont rejeté des laves différentes des laves actuelles, et qu'on nomme des *basaltes* et des *trachytes*. Les *porphyres* sont de même venus des profondeurs de la terre et se sont étalés plus ou moins à la surface.

100. Terrains aqueux et terrains ignés. — 4. En définitive, vous voyez, mes enfants, qu'il y a deux espèces de terrains : 1° *les terrains formés par les eaux*, ou **terrains d'origine aqueuse** (latin *aqua*, eau) ; 2° *les ter-*

---

1. Dans quels pays ont lieu surtout les tremblements de terre? — 2. Quels sont les phénomènes qui accompagnent les tremblements de terre? — 3. Que sait-on des volcans éteints d'Auvergne? — 4. Quelles sont les deux grandes espèces de terrains?

rains formés par des matières en fusion, à très hautes températures, ou **terrains d'origine ignée** (latin *ignis*, feu).

101. Terrains d'eau de mer et terrains d'eau douce. — **1**. Parmi les *terrains d'origine aqueuse*, il y en a qui ont été déposés par les eaux de la mer, d'autres par les eaux douces de grands lacs. On distingue les uns des autres par les *fossiles* qu'ils contiennent. Pour les premiers, ce sont des coquilles ou des poissons ressemblant plus ou moins à ceux qui vivent aujourd'hui dans la mer. Pour les autres, ce sont des coquilles et des poissons d'eau douce, et aussi des débris d'animaux terrestres.

Quand un animal meurt sur la terre, il entre en *putréfaction**, et bientôt il n'en reste que les os. Ceux-ci sont attaqués par les insectes, par l'eau, par l'air, par la gelée, par le soleil, et disparaissent à leur tour, en assez peu d'années. Si, au contraire, le cadavre de l'animal est entraîné par quelque fleuve, de manière à arriver dans les eaux tranquilles d'un lac, il tombe au fond et se recouvre de vase; *ses os se changent en pierre et se conservent comme* **fossiles** quand les eaux du lac disparaissent. Cela peut également arriver dans les eaux de la mer, mais moins facilement que pour les lacs, à cause de l'agitation des eaux, de la longueur du trajet, etc. **2**. Aussi *c'est surtout dans des terrains d'eau douce que l'on trouve les débris de mammifères *, d'oiseaux et de reptiles * terrestres.*

3. Il va sans dire qu'on ne rencontre jamais de fossiles dans les terrains d'origine *ignée*, qui viennent des profondeurs brûlantes de la terre.

102. Ordre de superposition des terrains. — **1**. Les savants qui s'occupent de l'histoire de la Terre, et qu'on appelle **géologues** (du grec *gé*, terre; *logos*, étude), ont distingué, *par l'étude des fossiles*, un grand nombre de terrains, auxquels ils ont donné des noms et qu'ils ont classés par ordre d'ancienneté.

Quand un terrain en recouvre un autre, c'est qu'il est plus *récent* que cet autre; cela se comprend tout seul.

---

1. Quelle distinction fait-on parmi les terrains d'origine aqueuse? — **2**. Dans quelle espèce de terrain trouve-t-on surtout des fossiles? — **3**. Dans quelle espèce de terrain ne rencontre-t-on jamais de fossiles? — **4**. Qu'est-ce qui a servi aux géologues à classifier les terrains?

Or, le *granit* A (fig. 34) ne recouvre aucun terrain; au contraire, on voit que tous les autres sont *au-dessus de lui*, les uns dans un lieu, les autres dans un autre. **1.** Donc *le terrain* **granitique** *est le plus ancien de tous.*

2. Sur lui, en B, reposent des terrains disposés en *couches régulières*, comme des feuillets de livres empilés; ces terrains sont *cristallisés**, et ne contiennent aucun fossile.

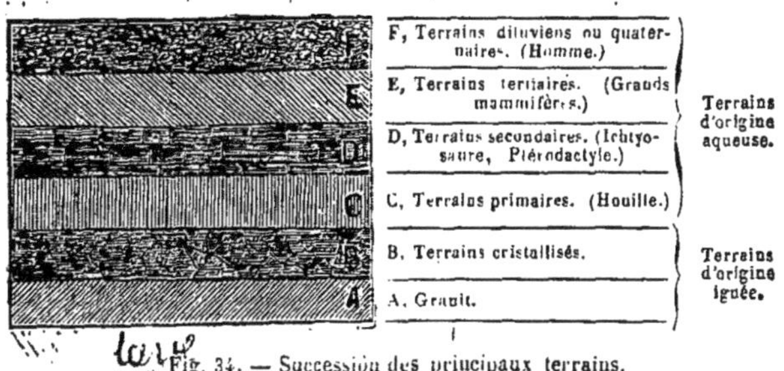

Fig. 34. — Succession des principaux terrains.

3. Enfin viennent les *terrains déposés par les eaux*, C, D, E, F, où l'on trouve des débris d'êtres vivants, animaux et végétaux.

4. *Plus les terrains sont anciens, plus les êtres vivants diffèrent de ceux qui peuplent aujourd'hui la terre.*

Dans ceux qui recouvrent immédiatement les terrains cristallisés on ne trouve que peu de fossiles; et ceux-ci appartiennent aux groupes les plus inférieurs des animaux. Puis, au fur et à mesure qu'on se rapproche de l'époque actuelle, on voit apparaître des êtres de plus en plus perfectionnés. Ainsi les singes et les hommes sont tout à fait récents.

Entendons-nous : « récents » par rapport aux époques géologiques, oui, c'est-à-dire qu'ils sont apparus les derniers! Mais si nous voulions mesurer en années, en siècles, en milliers d'années, le temps depuis lequel il y a des hommes sur la terre, nous ne pourrions le faire, tant ces durées sont immenses. Et c'est la même chose partout en géolo-

---

1. Quel est le plus ancien de tous les terrains? — **2.** Quels sont les terrains qui reposent au-dessus du granit? — **3.** Quels sont les terrains qui reposent au-dessus des terrains cristallisés? — **4.** Que résulte-t-il de l'ancienneté des terrains en ce qui concerne les espèces animales?

gie. On peut bien dire : tel terrain est plus récent* que celui-ci qui est au-dessous, et plus ancien que celui-là qui est au-dessus; mais dire à quelle époque il a été formé, combien de temps a duré sa formation, cela est impossible! Il y a des terrains calcaires composés de coquilles si petites qu'il faut le microscope* pour les voir; il y a des milliards de ces coquilles dans un centimètre cube. Or, ces terrains ont des centaines de mètres d'épaisseur ; que de siècles pour former de pareils dépôts!

103. Principaux terrains. — 1. C'est donc dans les

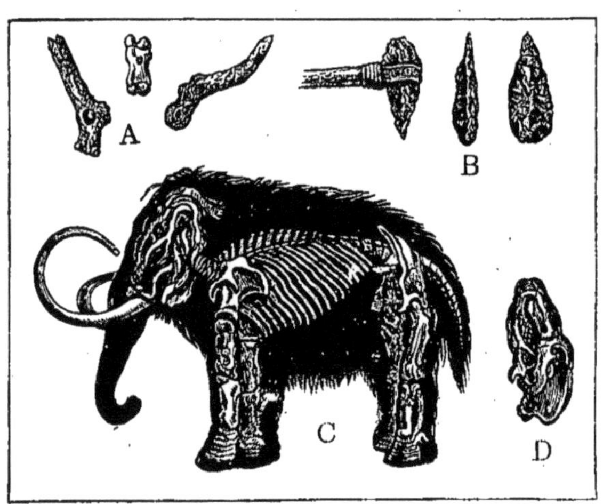

Fig. 35. — A, ossements de renne travaillés. — B, haches en silex taillé. — C, squelette d'un mammouth. — D, crâne du grand ours des cavernes.

terrains les plus récents F, que vous verrez désignés dans les livres sous le nom de terrains *diluviens* ou **quaternaires**, que l'on trouve pour la première fois les débris humains et les traces de l'industrie humaine.

C'était d'abord une bien pauvre industrie. L'*homme*, sauvage alors, vivait dans des cavernes, le long des fleuves, taillant grossièrement des pierres siliceuses pour se faire des armes. Il avait à combattre, sur le sol même de la France, des *éléphants* (mammouth) (fig. 35), des *rhinocéros*, des *tigres*,

1. Dans quels terrains trouve-t-on des débris humains et des traces de l'industrie humaine?

des *ours* gigantesques! Il les tuait, les mangeait : il imagina même de se servir de leurs os pour fabriquer divers ustensiles! Tout cela se passait des milliers d'années avant que les Gaulois fussent venus d'Orient en nos pays!

1. Dans l'époque antérieure, ou **tertiaire**, à la fin de laquelle apparaissent les *singes* et peut-être les *hommes*, il y avait en France de très grands lacs d'eau douce, sur les bords desquels vivaient quantité de *mammifères* fort différents

Fig. 36. — Paléothérium (taille d'un âne).

Fig. 37. — Fouillis de coquilles dans un morceau de pierre de Paris.

de ceux qu'on connaît aujourd'hui (fig. 36). Notre grand naturaliste Cuvier * en a le premier recueilli et étudié les ossements. Il a pu ainsi décrire ces animaux depuis si longtemps disparus. A cette époque correspondent les *terrains tertiaires* E.

C'est sur les terrains tertiaires qu'est bâtie la ville de Paris; on y trouve en quantité des *coquilles fossiles* (fig. 37) semblables aux coquilles qui, aujourd'hui, habitent les eaux légèrement salées.

2. A l'époque qui a précédé celle-ci, ou **secondaire**, la mer

Fig. 38. — Ichtyosaure (taille moyenne, 6 mètres).

recouvrait une grande partie de la France. Alors vivaient dans ses eaux des *mollusques*, des *poissons*, des *reptiles* inconnus de nos jours. Voyez, par exemple, cette espèce de reptile nageur qu'on a appelé *ichtyosaure* (fig. 38), et qui

1. Quelle est l'époque qui a précédé l'époque quaternaire? — **2.** Quelle est l'époque qui a précédé l'époque tertiaire?

ressemble à une baleine! On n'a de ce temps que peu d'animaux terrestres. Mais quels êtres bizarres! Voici un reptile qui volait, comme nos chauves-souris, le *ptérodactyle* (fig. 39). On ne connaît de ce temps qu'un oiseau, et il avait des dents et une longue queue, comme un lézard!

1. Plus anciens encore sont les terrains **primaires** C, dont le plus important à connaître est le *terrain houiller*. A cette époque, de grandes *forêts* qui couvraient le sol ont été enfouies sous les eaux, et se sont lentement transformées en houille. Vous savez que les principales mines* de houille de France sont à Saint-Étienne (Loire), en Saône-et-Loire, et dans le Nord : celles-ci confinent* aux grandes mines de Belgique; il y en a aussi de très considérables en Angleterre. Mais presque partout il faut fouiller très profondément, le terrain houiller étant recouvert par les couches secondaires et même tertiaires.

Fig. 39. — Ptérodactyle (grosseur d'un pigeon).

Les terrains producteurs d'ardoises sont encore plus anciens que le terrain houiller.

Je ne puis pas vous en dire davantage cette année. Mais je crois que vous avez bien compris, et je me résume.

2. D'abord, du *granit*, A (fig. 34); puis des *terrains cristallisés*, B, mais disposés en couches régulières, superposées, puis les terrains d'origine aqueuse : C, *primaire*, D, *secondaire*, E, *tertiaire*. Enfin, le terrain *quaternaire*, F, qui fait une catégorie à part et sur laquelle il y aurait beaucoup à dire.

104. Changements de la carte de France. — Si je me suis exprimé clairement, vous avez compris que depuis l'origine du monde, la terre a dû singulièrement changer d'aspect. 3. *Les océans actuels ont été pour la plupart des terres émergées*. Les terres actuelles ont été presque toutes des fonds d'océan qui se sont soulevés.*

4. En France, il n'y a guère que l'Auvergne A (fig. 40), et

---

1. Quelle est l'époque qui a précédé l'époque secondaire? — 2. Comment se succèdent les différents terrains à partir des plus anciens? — 3. La terre a-t-elle toujours présenté l'aspect qu'elle a actuellement? — 4. Quelles sont, en France, les régions qui n'ont jamais été sous les eaux?

une partie de la Bretagne B qui n'aient jamais été sous les eaux. Ces régions sont formées de terrains cristallisés, granit et porphyres.

Toutes les autres ont été submergées *, une ou plusieurs fois; la mer avançait ici, reculait là, et quelquefois envahissait à nouveau des régions qui s'étaient relevées d'abord au-dessus de son niveau. Ainsi, je vous montre deux cartes

Fig. 40. — Carte de France à l'époque primaire.
A, B, terres émergées*.
C, D, terres submergées *.

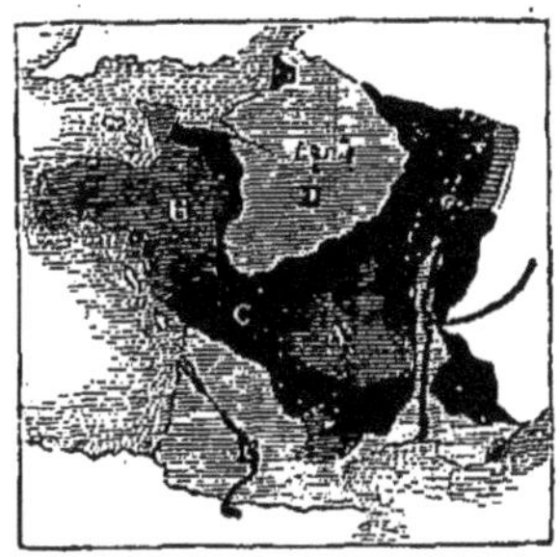

Fig. 41 — Carte de France à l'époque secondaire.
A. B, C, terres émergées *.
D, E, terres submergées*.

indiquant ce qui était terre et ce qui était mer en France à l'époque primaire (fig. 40), et à l'époque secondaire (fig. 41).

105. Y a-t-il quelque chose sous le granit? — Et maintenant quelqu'un a-t-il des observations à me présenter ou des questions à me faire? Parlez, Jacques.

— Monsieur, le granit va-t-il jusqu'au fond de la terre, ou bien y a-t-il quelque chose dessous?

— Ah! vous ne posez pas des questions faciles, vous! Ce qu'il y a sous le granit, personne ne l'a vu en place, je vous l'ai dit. Mais les volcans ont l'air d'être bien creux, et les laves qu'ils vomissent viennent de plus profond sans doute que le granit. **1.** Dans ce cas, sous le granit il y aurait de la *lave*.

— Mais, Monsieur, la lave est brûlante; comment se fait-il qu'elle ne chauffe pas toute la terre de manière à nous brûler les pieds? et comment se fait-il qu'elle soit si chaude?

106. Chaleur centrale et croûte terrestre. — Écoutez bien ceci, mon enfant. **2.** Quand on fait un trou pro-

1. Que suppose-t-on qu'il y a sous le granit? — **2.** La température est-elle la même au fond d'un trou profond qu'au bord?

fond en terre, on trouve que *plus il est creux, plus il fait chaud au fond*. **1.** Dans des puits de mine ayant jusqu'à 1000 mètres de profondeur, on a mesuré *une augmentation d'un degré à peu près tous les 33 mètres*. Cela fait 30 degrés par kilomètre. **2.** Si cela continue ainsi, et tout démontre que cela continue ainsi, à 100 kilomètres, la température sera de 3 000 degrés. Or, il n'en faut pas tant pour fondre la lave, le granit, etc. **3.** Des études sérieuses font penser qu'à 50 kilomètres* de profondeur environ commencent les matières *en fusion*, ou, en d'autres termes, que la **croûte terrestre** *n'a pas plus de 50 kilomètres d'épaisseur*.

Fig. 42. — La terre est presque tout entière en fusion, avec une toute petite croûte solide.

Or, vous avez déjà appris en géographie, et nous reverrons cela prochainement, que la terre est un globe ayant environ 13 000 kilomètres de diamètre*. **4.** Vous voyez donc *qu'elle est presque tout entière en fusion, avec une toute petite croûte solide* (fig. 42) qui ne représente environ qu'un centième de l'épaisseur totale du globe. *C'est beaucoup moins que la peau d'une orange par rapport à l'orange.*

Si mince qu'elle soit, cette croûte est assez solide pour se tenir, et assez épaisse pour empêcher la **chaleur centrale** de chauffer la surface.

107. Explication des changements présentés par la terre. — On peut affirmer qu'il fut un temps où cette croûte n'existait pas, et où la terre était une boule de matières fondues, encore lumineuses*, à la façon du fer rougi. Puis la terre s'est refroidie en tournant dans l'espace, elle s'est éteinte, et il s'est formé une première croûte, peut-être le *granit* et les *terrains cristallisés*. Quand cette croûte a été assez épaisse pour que le sol ne soit plus brûlant, l'eau a pu se former et se réunir en océans, où, la chaleur di-

1. Dans quelles proportions la chaleur augmente-t-elle? — **2.** A ce compte, quelle serait la température à 100 kilomètres de profondeur? — **3.** Quelle est l'épaisseur présumée de l'écorce terrestre? — **4.** Dans quel état est la terre, à l'intérieur?

minuant encore, des êtres vivants ont apparu. Ces océans, promenés de ci de là sur la surface du globe par les mouvements de la croûte terrestre moins solide encore qu'aujourd'hui, ont déposé les terrains dont je vous ai dit quelques mots, avec leurs populations de fossiles.

La même chose continue en ce moment, mais avec de moins en moins d'énergie, au fur et à mesure que la croûte augmente d'épaisseur.

Pendant ce temps, il y a eu de grands mouvements du sol, des soulèvements, des affaissements, des cassures. Dans les pays de montagnes, on voit les couches terrestres que la mer a dû déposer à plat, redressées quelquefois presque verticalement*. L'intérieur de la terre a, du reste, été toujours en communication avec le dessus. Il en est sorti et il en sort encore des matières fondues. D'abord c'étaient de grandes masses, comme les *porphyres*, qui arrivaient à la surface à travers la croûte peu épaisse qu'elles brisaient. Plus tard, il n'y a plus eu que des espèces de cheminées ou volcans, donnant jadis du *basalte*, aujourd'hui, des *laves*.

Voilà l'histoire de notre Terre, non plus faite d'imagination et d'invention pure, comme on l'a si souvent essayé, mais aussi certaine qu'on peut l'être de choses qu'on n'a jamais vues, et sur lesquelles on en est réduit à raisonner.

RÉSUMÉ. — PIERRES ET TERRAINS.

1. **Diverses espèces de pierres** (p. 111). — On peut diviser les pierres en deux catégories : 1° Les pierres qui se dissolvent dans les acides en dégageant du gaz ; 2° celles qui ne sont pas attaquées par les acides.

2. Les premières, parmi lesquelles figurent la *craie*, la *pierre à bâtir*, le *marbre*, sont désignées sous le nom de **pierres calcaires**, parce que, chauffées à une très haute température, elles se transforment en **chaux** (latin *calx*).

3. Les secondes, dont le type principal est la *pierre à fusil*, sont pour la plupart du **silex**, ou mieux, des **pierres siliceuses**. Celles-ci ne s'altèrent pas au feu et elles sont extrêmement dures.

4. Aux pierres siliceuses se rattache l'*argile* ou terre glaise.

5. De même qu'il y a des pierres *calcaires* et des pierres *siliceuses*, il y a des sables *calcaires* et des sables *siliceux*, des grès *calcaires* et des grès *siliceux*.

6. Il existe encore d'autres pierres. Tel le **gypse** ou *pierre à plâtre*, que les acides n'attaquent pas. Chauffée fortement, cette pierre se réduit en une espèce de poudre blanche qui est le *plâtre*. Telle encore l'**ardoise**.

7. **Mélanges pierreux** (p. 113). — Les différentes pierres se mélangent souvent les unes aux autres.

8. La **marne** est une pierre *calcaire* mélangée d'une forte proportion d'*argile*.

9. La **terre végétale** ou *terre arable* est un mélange de débris *animaux* ou *végétaux*, de petites pierres *calcaires*, de grains de *silex* et de poussières *argileuses*.

10. **Pierres cristallisées** (p. 114). — Les minéraux se présentent souvent sous forme de *cristaux*. Il y a des cristaux *calcaires* et des cristaux *siliceux*. Il y a aussi des cristaux de *gypse*.

11. Les cristaux *calcaires* et *gypseux* n'ont aucune valeur, parce que, n'étant pas durs, ils se rayent facilement et se ternissent.

12. Les cristaux *siliceux* sont recherchés à cause de leur grande dureté, tels sont : le *quartz* ou *cristal de roche*, qui est assez commun et les *pierres précieuses* (rubis, saphirs, etc.).

13. Le **diamant**, qui est le plus beau des cristaux, n'est pas une pierre : c'est du charbon pur et cristallisé.

14. **Roches cristallisées** (p. 117). — Les cristaux se réunissent parfois pour former des pierres, des rochers.

15. Le **granit**, qui vient des profondeurs de la terre, aux premiers temps de sa formation, est composé de trois espèces de cristaux : le *quartz*, le *feldspath* (qui donne le *kaolin*), et le *mica*, (dont on fait la *poudre d'or*).

16. Le **porphyre**, qui est aussi d'origine *ignée*, est composé de cristaux de feldspath pris dans une pâte fine de feldspath.

17. Le **basalte**, d'origine ignée, a été lancé par les volcans d'autrefois, comme l'est la *lave* par les volcans d'aujourd'hui.

18. **Métaux et houille** (p. 118). — Les **métaux** se trouvent dans la terre, où ils forment des *veines* ou *filons*.

19. La **houille** est le résidu d'immenses forêts enfouies il y a un nombre prodigieux de siècles.

20. La **tourbe** est une houille très jeune et non enfouie.

21. **Les terrains** (p. 119). — Les calcaires, les argiles, les ardoises, les pierres siliceuses, ne sont pas mélangés au hasard ; ils sont disposés par *couches* plus ou moins régulières.

22. Ces couches, avec les fossiles qu'elles contiennent, ont permis d'établir une classification des différents terrains.

23. En premier lieu, il faut distinguer : 1° les terrains d'origine **ignée** (*ignis*, feu); 2° les terrains d'origine **aqueuse** (*aqua*, eau).

24. Les terrains d'origine *ignée* ont été formés par des matières en fusion, à très hautes températures, venues des profondeurs de la terre. Ils comprennent le **granit**, les **porphyres**, les **basaltes**, les **laves**. — On n'y rencontre pas de fossiles.

25. Les terrains d'origine *aqueuse* ont été déposés par les eaux de **mer** et par les eaux *douces*. On y distingue :

1° Le terrain **primaire**, placé au-dessus du *granit* et des *terrains cristallisés*. A cette époque, de grandes forêts, qui couvraient le sol, ont été enfouies sous les eaux, et se sont lentement transformées en *houille*.

2° Le terrain **secondaire**, placé au-dessus du terrain primaire. A cette époque, la mer recouvrait encore une grande partie de la France. Des reptiles inconnus de nos jours (ichtyosaure, ptérodactyle) ont laissé les os dans ses dépôts.

3° Le terrain **tertiaire**. A cette époque vivaient quantité de mammifères fort différents de ceux qu'on connaît aujourd'hui.

4° Enfin les terrains **diluviens** ou **quaternaires**, où l'on trouve pour la première fois des débris humains et des traces de l'industrie humaine, qui ont été déposés dans le sol des milliers d'années avant que les Gaulois fussent venus en nos pays.

26. Mouvements du sol (p. 121). — Le sol se soulève ou s'affaisse continuellement, mais d'une manière si lente qu'on ne s'en aperçoit pas.

27. Les choses se sont toujours passées ainsi. Aussi la distribution de la terre et de l'eau à la surface du globe a-t-elle beaucoup varié.

28. Sous l'influence de poussées venues de l'intérieur, analogues à celles qui produisent aujourd'hui les tremblements de terre, le fond des mers s'est *relevé* en certains points, déversant de tous côtés l'eau qui le recouvrait. Ailleurs le sol, qui était au-dessus des eaux, s'est affaissé et a été recouvert par la mer.

29. Mais il a fallu du temps ! Les siècles, qui nous paraissent si longs, ne sont que des minutes pour ces périodes prodigieuses de durée.

30. De nos jours il se passe un phénomène analogue sur les côtes de Suède et de Norwège : les côtes de Suède s'enfoncent et celles de Norwège se relèvent ; le fond de la mer Baltique s'exhausse peu à peu.

31. Chaleur centrale et croûte terrestre (p. 131). — Quand on fait un trou profond en terre, on remarque que la température s'élève d'*un degré* tous les 33 mètres. Donc à 100 kilomètres de profondeur la température serait de 3000 *degrés*. C'est plus qu'il n'en faut pour fondre la lave, le porphyre, etc.

32. On en conclut que la terre est tout entière en fusion à l'intérieur et que la couche solide sur laquelle nous marchons a environ 50 kilomètres d'épaisseur. C'est, en proportion, beaucoup moins que la peau d'une orange par rapport à l'orange.

SUJETS DE RÉDACTION.

1er devoir (p. 111). — Pierres calcaires et pierres siliceuses.— Action des acides sur les unes et sur les autres. — Gypse. — Ardoise.

2e devoir (p. 114). — Composition de la terre végétale.

3e devoir (p. 114). — Cristaux calcaires et cristaux siliceux.— Diamant.

4e devoir (p. 117). — Granit. — Porphyres. — Basaltes.

5e devoir (p. 118). — Métaux. — Houille.

6e devoir (p. 125). — Terrains aqueux et terrains ignés. — Leur ordre de superposition.

7e devoir (p. 128). — Fossiles qu'on trouve dans les différents terrains.

8e devoir (p. 121 et 130).— Mouvements du sol.— Chaleur centrale et croûte terrestre. — Changements de la carte de France.

SCIENCES PHYSIQUES

IV. — LA PHYSIQUE

108. Nous allons commencer aujourd'hui l'étude des **sciences physiques**, qui comprennent : la *Physique*, la *Chimie*, la *Physiologie*. C'est une grosse affaire, très intéressante et très curieuse, et aussi très différente de ce que nous avons vu jusqu'ici.

Comme dans ces sciences, on fait incessamment des *expériences*, on les appelle aussi **sciences expérimentales.**

109. Observations et expériences. — Qu'est-ce que c'est qu'une expérience? Voici un morceau de bois. Je le jette sur l'eau ; je constate qu'il flotte, et qu'il est par conséquent plus léger que l'eau ; j'y attache des poids, et je mesure ce qu'il en faut ajouter pour qu'il enfonce et qu'il soit ainsi aussi lourd que l'eau : j'ai fait une *expérience*. Je le mets dans le feu et le vois brûler, donnant flamme, fumée, charbon, cendres : j'ai encore fait une *expérience*.

110. Expériences de physique et expériences de chimie. — Je vous ai parlé de *physique* et de *chimie*, voici ce que cela veut dire. Tout à l'heure, quand, après avoir mis le morceau de bois dans l'eau, je l'eus retiré et essuyé, il n'y avait rien de changé dans lui : j'avais fait une *expérience de physique*. Mais maintenant qu'il est brûlé, je serais bien embarrassé de le retrouver ; il n'a pas disparu cependant, car si nous pesions le charbon, les cendres, la fumée et encore autre chose que je vous dirai plus tard, nous retrouverions juste le poids du morceau de bois primitif; mais le bois a changé de nature : nous avons fait ici une *expérience de chimie*.

Voyons si vous avez bien compris, Pierre. Je mets du sel dans ce verre d'eau (fig. 1). Que va-t-il arriver ? — Monsieur, le sel va fondre. — On dit *se dissoudre*, cela vaut mieux. Bon. Mais est-ce une expérience de chimie ou de physique? — De chimie, Monsieur, puisque le sel a disparu. — Eh bien, non, mon enfant; le sel n'a pas disparu, *il a changé seulement d'apparence.* La preuve, d'abord, c'est que l'eau a le goût du sel; ensuite, si nous versons le verre d'eau salée dans une assiette et que nous mettions cette assiette

Fig. 1. — Le sel n'a pas disparu dans l'eau; il a changé seulement d'apparence puisqu'on peut le retrouver en faisant évaporer l'eau (expérience de Physique).

Fig. 2. — Le fer dissous dans l'acide sulfurique deviendra un autre corps, du sulfate de fer, sous forme de cristaux verts (expérience de Chimie).

sur le poêle, l'eau s'évaporera; quand elle se sera évaporée, vous verrez sur l'assiette les *cristaux* du sel, absolument comme avant l'expérience.

Au contraire, voici dans un verre de l'*huile de vitriol*, de l'*acide sulfurique*, disent les chimistes; j'y plonge une grande quantité de morceaux de fils de fer (fig. 2); une partie s'y dissout, en apparence, comme le sel s'est tout à l'heure dissous dans l'eau. Mais d'abord notre liquide, primitivement incolore*, devient vert. Et puis, si nous le faisons dessécher, nous trouverons sur l'assiette non des morceaux de fer, mais des **cristaux** d'un beau vert. L'acide sulfurique et le fer auront disparu, il se sera formé *un corps nouveau*, que les chimistes, pour indiquer son origine, appellent du *sulfate de fer*, du *vitriol vert*, disent les épiciers.

1. Pour nous résumer, nous dirons donc que la physique fait des expériences **qui ne changent pas la nature des corps**, tandis que les expériences de chimie **la modifient profondément et donnent naissance à des corps nouveaux.**

Et maintenant commençons par la physique.

I. — LES TROIS ÉTATS DES CORPS

111. États solide, liquide, gazeux.— 2. Vous savez tous qu'il y a des corps **solides** et des corps **liquides**. Le

---

1. Quel est le caractère des expériences de physique? — Quel est le caractère des expériences de chimie? — 2. Quels sont les trois états des corps?

corps **solide** est plus ou moins dur, et a une forme à lui; le corps **liquide** n'a pas de forme et *s'écoule* quand on ne le renferme pas dans un vase fabriqué à l'aide d'un solide.

Il y a en outre un troisième état, dont il est plus difficile de se faire une idée, c'est l'état **gazeux**. Faisons une petite expérience qui va nous renseigner sur lui. **1.** Voici un verre vide. Je le retourne et je l'enfonce lentement dans un autre

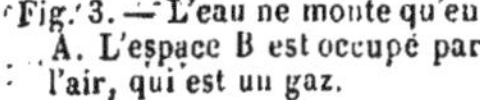

Fig. 3. — L'eau ne monte qu'en A. L'espace B est occupé par l'air, qui est un gaz.

Fig. 4. — Le zinc fond d'abord, puis se change en gaz.

verre beaucoup plus grand et plein d'eau (fig. 3). Vous voyez que l'eau ne remplit pas le petit verre, et vous remarquez au-dessus de son niveau A un espace B qui paraît vide, où l'on ne voit rien. Penchons le petit verre; à un certain moment vous voyez s'échapper un gros bouillon, et le petit verre se remplit d'eau. Ce qui s'est échappé, c'est l'air, le *gaz*, qui se trouvait primitivement dans le verre, sans qu'on pût l'y voir, pas plus que nous ne le voyons tout autour de nous.

2. *Tous les corps peuvent prendre successivement les trois états :* **solide, liquide** et **gazeux**. **3.** Cela est bien évident pour l'eau, qui se change en *glace* quand on la refroidit, et disparaît en *vapeur* (ou en *gaz*, car c'est la même chose) quand on la chauffe. Mais tous les corps sont dans le même cas; seulement il leur faut plus ou moins de chaleur ou de froid. **4.** Voici un morceau de zinc que je place sur cette pelle en fer au milieu du feu (fig. 4); voyez, il fond, il se *liquéfie** très vite; si j'avais un feu assez fort, ce zinc se changerait en *vapeurs gazeuses*.

A l'inverse, on liquéfie* les gaz, on solidifie* les liquides,

---

1. Par quelle expérience peut-on prouver facilement l'existence des gaz ? — **2.** Tous les corps peuvent-ils prendre les trois états ? — **3.** Prouvez-le en prenant l'eau pour exemple. — **4.** Prenez encore le zinc pour exemple.

en les *refroidissant. On est même parvenu tout récemment à liquéfier et à solidifier l'***air.**

112. Évaporation et ébullition. — La transformation d'un liquide en gaz se fait de deux manières différentes. **1.** Voici sur cette assiette quelques gouttes d'eau

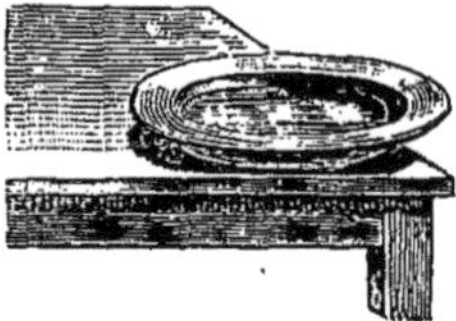

Fig. 5. — L'eau de l'assiette disparaîtra *peu à peu* : évaporation.

(fig. 5); tout à l'heure elles auront disparu, et l'assiette sera sèche: il y aura eu ce qu'on appelle *évaporation*.

2. C'est la première manière; passons à la seconde. Je place sur le feu (fig. 6) cette marmite contenant de l'eau;

Fig. 6. — L'eau de la marmite projette des vapeurs *en gros flocons* : ébullition.

Fig. 7. — La vapeur *se condense*, c'est-à-dire redevient *eau*, au contact de l'assiette froide : distillation.

vous sentez avec le doigt que l'eau s'échauffe, et vous voyez qu'elle dégage des vapeurs de plus en plus fortes; puis, elle se met à bouillir, c'est-à-dire à projeter des vapeurs

---

1. Citez un exemple de la transformation d'un liquide en gaz par évaporation. — **2.** Citez un exemple de la transformation d'un liquide en gaz par ébullition.

en gros flocons, et enfin elle disparaît et sèche : c'est l'*ébullition*. Ainsi l'*ébullition* est une évaporation violente, au lieu d'être lente et presque invisible.

113. Distillation. — Maintenant regardez bien. **1.** Au-dessus de la petite marmite qui bout je place une assiette froide (fig. 7). La vapeur en la touchant, *se refroidit*, et, comme vous le voyez, retourne en *eau* qui se met à goutter. On a ainsi de l'eau *tout à fait pure*, ce qu'on appelle de l'**eau distillée**, car *toutes les impuretés sont restées dans la marmite*. **2**. La preuve que la distillation donne de l'eau pure, c'est que si l'on fait bouillir de l'eau *salée*, cette eau une fois distillée *n'a plus aucun goût*. **3**. Ainsi, la *distillation* fait deux choses : elle transforme le liquide en gaz par la chaleur, elle transforme le gaz en liquide par le froid.

114. Compressibilité des gaz. — Tout à l'heure, pour vous montrer l'existence des gaz, j'ai fait une petite expérience qui nous enseigne quelque chose de très curieux sur leurs qualités. Reprenons le petit verre et enfonçons-le bien droit et lentement dans le grand bocal plein d'eau. Voyez : au moment où il touche l'eau (fig. 8), le petit verre est plein d'air en A; je l'enfonce jusqu'au fond (fig. 9), l'air n'occupe plus qu'une place B évidemment moindre.

Fig. 8. — Au moment où il touche l'eau, le petit verre est plein d'air en A.

Fig. 9. — Quand le petit verre est au fond, l'air se resserre, *se comprime*, en B.

4. Cela prouve que l'air *se resserre*, ou, comme on dit, **se comprime** très facilement. **5**. Inversement, quand on relève le petit verre, l'air *s'étend*, **se dilate** avec la même facilité.

---

1. Comment obtient-on de l'eau distillée? — **2**. Prouvez qu'on obtient une eau tout à fait pure par la distillation. — **3**. Quelles sont les deux opérations de la distillation? — **4**. Que fait l'air soumis à une pression quelconque? — **5**. Que fait l'air comprimé soumis à une pression moindre?

115. Compressibilité des liquides et des solides. — Tous les gaz font comme l'air, ils se compriment* et se dilatent* aisément. **1.** Mais pour les liquides et les solides, c'est bien autre chose! Il faut des **forces extraordinaires** pour comprimer l'*eau*, et de plus grandes encore pour comprimer les *solides*; si bien qu'on peut dire qu'ils sont **presque incompressibles**. **2.** Quand on comprime du foin, ce n'est pas le foin qu'on comprime, cela serait impossible; on chasse tout simplement l'air, on rapproche les brins de foin, voilà tout.

3. Eh bien, ce que ne peuvent faire les machines les plus fortes, dilater ou comprimer l'eau ou le fer, *un peu de* **chaleur** *ou de* **froid** *le font aisément.*

II. — LA CHALEUR

116. Dilatation des corps. — **4.** Quand on *chauffe* un corps solide, ou liquide, ou gazeux, il se **dilate**, c'est-à-dire

Fig. 10.— Roue de charrette munie de son cercle de fer. | Sous l'influence de la chaleur, le cercle de fer s'agrandit, *se dilate*. | En se refroidissant, le cercle se rétrécit, *se contracte*.

qu'il occupe une place plus grande qu'auparavant. **5.** Inversement, quand on le *refroidit*, il se **contracte**.

---

1. Comprime-t-on aussi aisément les solides et les liquides? — **2.** Que se passe-t-il quand on comprime du foin? — **3.** Comment arrive-t-on aisément à comprimer ou à dilater les solides ou les liquides? — **4.** Quel est l'effet de la chaleur sur les corps solides, liquides ou gazeux? — **5.** Quel est l'effet du froid?

1. Regardez (fig. 10) le charron mettre un cercle de fer à une roue; il le fait un peu plus petit que la roue, puis il le chauffe fortement. Le cercle s'agrandit et la roue peut entrer dedans; en refroidissant, il se rétrécit et serre fortement la roue, de manière qu'il n'y a pas besoin d'y mettre des clous. Voilà un exemple et une application de la *dilatation des solides*.

Maintenant voici un flacon BA (fig. 11), plein d'une eau colorée; il est surmonté d'un tube de verre D, ouvert à ses

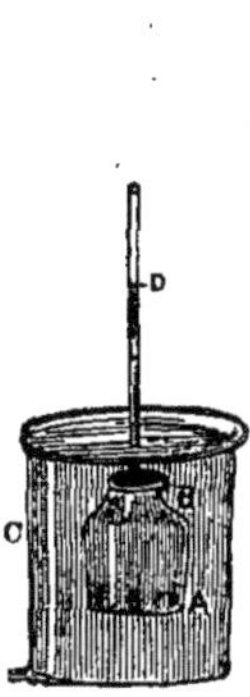

Fig. 11. — Le flacon BA est plongé dans l'eau chaude; aussitôt on voit l'eau du tube monter jusqu'en D (dilatation des liquides).

Fig. 12. — Le tube étant fermé en A, l'air intérieur *se dilate* sous l'influence de la chaleur, et fait descendre l'eau de C en D (dilatation des gaz).

deux extrémités; l'eau arrive dans ce tube jusqu'à une certaine hauteur. **2.** Je mets le flacon dans un vase C, plein d'eau très chaude; vous voyez le niveau de l'eau monter en D, par *dilatation du liquide.*

Enfin, je plonge dans un verre d'eau (fig. 12) un tube AD, fermé à l'une de ses extrémités A, ouvert à l'autre et plein d'air; l'eau monte jusqu'à un point C que je marque d'une goutte d'encre. **3.** J'approche du tube ma lampe à esprit-de-vin * : aussitôt, le niveau de l'eau s'abaisse dans le tube jusqu'au point D : il y a eu ***dilatation du gaz.***

---

1. Citez une application de l'effet de la chaleur sur les solides. — **2.** Vous avez un tube à demi plein d'eau, vous le chauffez, qu'arrive-t-il? — **3.** Vous avez un tube vide fermé par un bout et plongeant dans l'eau par son extrémité ouverte, vous le chauffez, qu'arrive-t-il?

117. Changement de volume par le changement d'état. — **1.** Il faut de la chaleur pour faire passer un corps de l'état *solide* à l'état *liquide;* encore de la chaleur pour le faire passer de l'état *liquide* à l'état *gazeux.* **2.** Comme la chaleur amène la **dilatation,** *un solide augmentera de volume en devenant liquide, et celui-ci fera de même en devenant gazeux.* **3.** Inversement, un gaz qu'on liquéfie* occupe beaucoup moins de place dans son nouvel état; et généralement il en est de même d'un liquide qu'on solidifie. **4.** Mais **l'eau fait exception :** *elle augmente de volume en passant à l'état solide,* à l'état de *glace.* **5.** C'est pour cela qu'il faut, quand l'hiver arrive, vider tous les réservoirs où l'eau pourrait geler : sans quoi ils éclateraient. Et la force ainsi développée est énorme, puisque si l'on remplit d'eau une bombe*, elle se brise lors de la *congélation.*

6. Quand les pierres ne sont pas très dures, et qu'elles contiennent une certaine quantité d'eau, celle-ci se congelant dans les grands froids, les pierres se fendent et se brisent. **7.** C'est encore pour la même raison que la terre humide se soulève en se fendillant pendant l'hiver, et que quelquefois les arbres éclatent.

118. Force de la dilatation des solides et des liquides. — D'après ce que je vous ai dit, vous pensez bien que c'est une chose extraordinaire que la force avec laquelle les corps s'allongent quand ils s'échauffent, ou se raccourcissent quand ils se refroidissent. Je vais vous donner un exemple en chiffres. Vous voyez bien cette règle de fer que je tiens à la main; elle a 1 centimètre d'épaisseur. Dans la glace elle aurait 30 centimètres de longueur, dans l'eau bouillante elle s'allongerait d'un 1/2 millimètre environ : c'est bien peu de chose en apparence. Eh bien, pour l'empêcher de grandir, il faudrait placer dessus un poids de 7 500 kilogrammes. Voyez quelle force! **8.** Aussi, quand on emploie des métaux dans les constructions, *il faut s'ar-*

---

1. Que faut-il pour faire passer un corps de l'état solide à l'état liquide? — De l'état liquide à l'état gazeux? — **2.** Quelle en est la conséquence? — **3.** Quelles sont les conséquences inverses? — **4.** En est-il de même pour l'eau? — **5.** Quelles précautions doit-on prendre quand l'hiver arrive? — **6.** Quel est l'effet de la gelée sur les pierres tendres imbibées d'eau? — **7.** Sur la terre? — Sur les arbres? — **8.** Quelle précaution doit-on prendre dans les constructions, contre la dilatation des métaux?

ranger pour que les pièces puissent jouer les unes sur les autres, sans quoi elles disloqueraient tout, en s'allongeant ou en se raccourcissant.

Voilà la force de la chaleur et du froid !

119. Température. — Qu'est-ce donc que cette chaleur et ce froid? Ah! cela n'est pas facile à comprendre. Mais d'abord il faut bien savoir qu'il n'y a pas là deux choses différentes; refroidir, ce n'est pas ajouter du froid, c'est ôter de la chaleur. Quand un corps a plus de chaleur que notre propre corps, ou, comme on dit, lorsqu'il a une *température* supérieure à celle de notre propre corps, nous disons, après l'avoir touché, qu'il est *chaud;* s'il a moins de chaleur, ou mieux, s'il a une température inférieure, nous disons qu'il est *froid.*

120. La mesure de la chaleur. — Nous distinguons fort bien avec la main non seulement un corps froid d'un corps chaud, mais divers degrés dans la chaleur et dans le froid. Voici deux vases où j'ai mis bouillir de l'eau; l'un est retiré du feu depuis cinq minutes, l'autre depuis un quart d'heure; trempez-y le doigt, vous voyez que ce dernier est beaucoup moins chaud que l'autre. En voici deux autres, retirés, l'un depuis une heure, l'autre depuis deux heures; ils ont tant perdu de chaleur qu'ils sont froids; mais le dernier paraît plus froid que le premier. On peut donc, rien qu'avec la main, apprécier par comparaison, et assez bien, la température des corps.

Mais vous comprenez que cela ne saurait suffire. D'abord on peut se tromper; ensuite comment exprimer ce qu'on éprouve? Ce corps est moins chaud que celui-ci; bon; mais l'est-il une fois, deux fois, dix fois moins? Ce corps que je touche aujourd'hui est-il plus ou moins chaud que quand je l'ai touché il y a huit jours? Je vous avoue que je ne m'en souviens plus. Et pourtant, si j'ai besoin de le savoir, comment faire? Fait-il plus chaud aujourd'hui, 20 avril, que le même jour l'année dernière? Vous n'en savez rien, ni moi non plus. Et cependant cela est nécessaire à connaître.

121. Les thermomètres. — Alors on a dû inventer des instruments qui, d'abord, mesurent la chaleur plus exactement que ne peut le faire votre main, et qui, ensuite, donnent des indications qu'on peut conserver dans la mémoire ou par écrit. 1. C'est ce qu'on appelle des *mesureurs de chaleur*, des **thermomètres** (de deux mots grecs : *thermos*, chaleur, et *metron*, mesure).

Ce qu'on a imaginé de plus simple, c'est de mesurer la chaleur par la *dilatation* des corps. Voici un fil de fer; je le chauffe avec ma main, il s'allonge; je le chauffe en le mettant dans l'eau bouillante, il s'allonge encore plus; je le chauffe en le mettant dans le feu : il s'allonge bien plus encore. Si je pouvais mesurer la valeur de ces trois allongements, j'aurais ainsi des mesures de la température de ma main, de l'eau bouillante, de la flamme. Mais ces allongements sont trop petits, parce qu'il s'agit d'un solide.

Les liquides se dilatent davantage; ils sont aussi plus faciles à manier. C'est pourquoi on les préfère pour la fabrication des thermomètres. Tout à l'heure nous en avons fait un, sans le savoir, avec un tube de verre plein de liquide et un flacon au bout. Prenons un thermomètre tout fabriqué (fig. 13) : au lieu d'un flacon, il y a une boule allongée ; au lieu d'eau, c'est du mercure*. Il est monté sur une planchette avec des divisions chiffrées. Je détache le tube de la planchette.

Fig. 13. — Thermomètre à mercure monté sur une planchette.

Regardons d'abord le niveau du mercure dans le tube et marquons-le A (fig. 14). Je le plonge dans ce verre d'eau froide : le mercure du tube descend et s'arrête à un point que je marque B. Maintenant je prends la boule dans ma main (fig. 15) : le mercure monte et s'arrête à un autre point que je marque C. Jacques, mettez la boule dans votre bouche (fig. 16) : le niveau s'élève encore et s'arrête en D. Les longueurs BA, AC, CD, donnent donc la mesure des différences de température qu'il y a entre l'air d'une part, et, d'autre part, l'eau du verre, le creux de ma main, l'intérieur de la bouche de Jacques : l'eau du verre est

1. Quel nom donne-t-on aux instruments qui servent à mesurer la température des corps ?

plus froide; ma main et la bouche de Jacques sont plus chaudes.

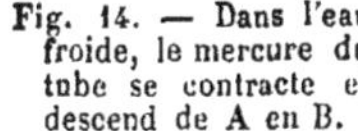

Fig. 14. — Dans l'eau froide, le mercure du tube se contracte et descend de A en B.

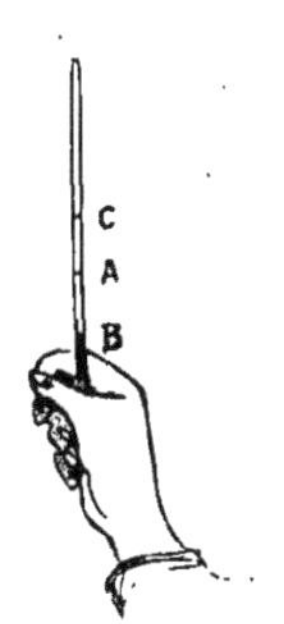

Fig. 15. — La chaleur de la main fait monter le mercure de B en C.

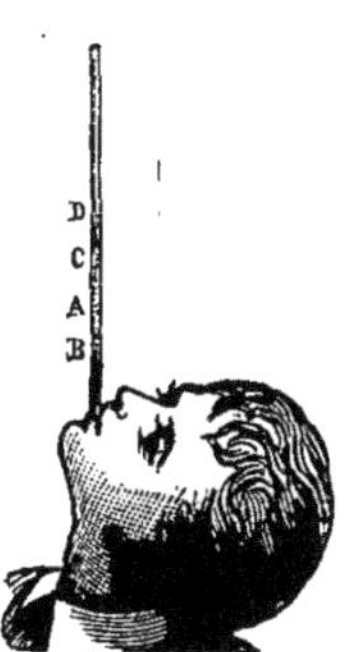

Fig. 16. — La chaleur de la bouche fait monter le mercure de C en D.

Maintenant, Pierre, mettez à votre tour la boule dans votre bouche, et ne riez pas, de peur de casser le tube. Bon, le mercure monte et s'arrête juste en D; cela veut dire que votre bouche a juste la même température que celle de Jacques. Prenez-la dans votre main; ah! le mercure descend au-dessous de C, ce qui signifie que votre main est plus froide que la mienne, et cela n'a rien d'étonnant, puisque vous venez de la laver à la fontaine.

122. Graduation des thermomètres. — Nous voilà donc munis d'un instrument avec lequel nous pouvons *comparer* les températures des divers corps qui nous entourent. Mais si nous cassions notre thermomètre, tout serait perdu! Nous en referions bien un autre; mais le moyen de le comparer avec le cassé. Toutes nos observations antérieures seraient anéanties!

Il a donc fallu faire des marques qui se retrouvent sur tous les thermomètres, de manière qu'on puisse les *comparer* les uns aux autres. Pour cela, vous le comprenez bien, on ne pouvait pas prendre au hasard. Voici ce qu'on a trouvé de mieux, et cela a été l'occasion de découvertes nouvelles.

Reprenons notre thermomètre au mercure, détaché de sa planchette. Je me suis procuré un morceau de glace, qui est déjà au tiers fondu dans ce verre. Je plonge dans l'eau de *fusion* la boule de mon thermomètre (fig. 17). **1**. Voyez, le niveau du mercure baisse dans le tube, et finit par s'arrêter à un certain point A. Eh bien, *tout le temps que la glace fondra, le mercure ne bougera pas*. Voilà un point **fixe**, facile à retrouver partout où il y aura un morceau de glace. **2**. *Dans tous les thermomètres français, on appelle* **zéro** *ce point, qui correspond à la* **température de la GLACE FONDANTE.**

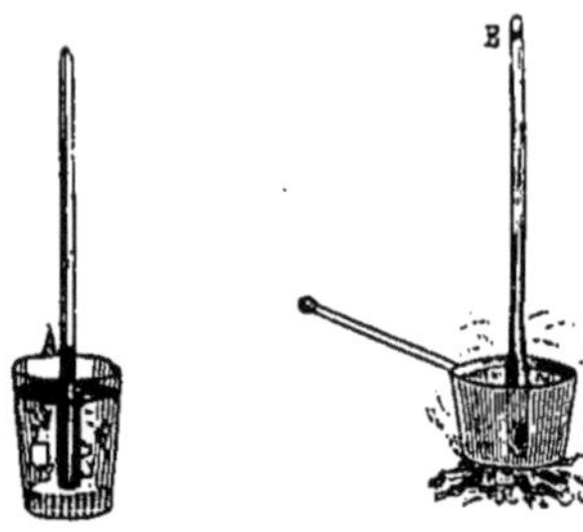

Fig. 17. — Thermomètre plongé dans la *glace fondante*. — Température : 0°.

Fig. 18. — Thermomètre plongé dans l'*eau bouillante*. — Température : 100°.

3. Maintenant je porte mon thermomètre dans l'eau bouillante (fig. 18); le niveau monte très vite et s'arrête à un certain point B. Eh bien, *tout le temps que l'eau bouillira, le mercure ne bougera pas*. Voilà un second point **fixe**, tout aussi facile à retrouver que le premier. **4**. On marque par le nombre **100**, dans les thermomètres actuels, le point qui correspond à la **température de L'EAU BOUILLANTE.**

5. Puis on divise en cent parties égales (fig. 13) la longueur qui sépare le zéro du 100. **6**. Chacune de ces parties est appelée un **degré**.

Puisque notre thermomètre est déjà gradué, je le mets à l'air, dans l'eau froide, dans le creux de ma main, dans ma bouche; nous trouverons que la colonne de mercure s'arrête successivement aux chiffres 15, 10, 25, 38. Nous dirons donc que l'air est à 15 degrés (on écrit 15°), l'eau à 10 degrés, ma main à 25 degrés, ma bouche à 38 degrés.

Tous ces degrés sont *au-dessus de zéro*. Mais en hiver, la colonne du thermomètre descend souvent *au-dessous* du

1. Je plonge dans de la glace fondante le tube d'un thermomètre à mercure, qu'arrive-t-il? — **2**. Qu'appelle-t-on *zéro* dans tous les thermomètres français? — **3**. Je plonge dans l'eau bouillante le tube d'un thermomètre à mercure, qu'arrive-t-il? — **4**. Dans les thermomètres, que marque le nombre 100? — **5**. En combien de parties divise-t-on la longueur de tube comprise entre le 0 de la glace fondante et le 100 de l'eau bouillante? — **6**. Quel nom donne-t-on à chacune de ces parties?

point de la glace fondante, puisque la glace ne fond pas. Alors on a inscrit sur le tube des divisions égales qui marquent des degrés *au-dessous de zéro.*

Nous en avons fini avec le thermomètre. Mais j'ai encore quelque chose à vous dire avant de quitter la chaleur.

123. Conductibilité. — Pierre, plongez votre main dans ce vase plein d'eau, qui est sur ma table depuis ce matin (fig. 19). L'eau est-elle à la même température que l'air? — Non, monsieur, elle est plus froide. — Regardez avec le thermomètre. — Monsieur, il marque 15 degrés dans l'air comme dans l'eau. — Vous vous êtes donc trompé: la température de votre eau est la même que celle de l'air,

Fig. 19. — L'eau vous paraît plus froide que l'air, parce que l'eau, étant un corps *bon conducteur* de la chaleur, vous enlève de votre propre chaleur plus que ne le fait l'air.

Fig. 20. — Le charbon, mauvais conducteur de la chaleur, ne me brûle pas les doigts, bien qu'il soit allumé par le bout A.

et cependant l'eau paraît froide. Posez la main sur le marbre de la cheminée, puis sur le bois de la table; le marbre vous paraîtra beaucoup plus froid que le bois, et cependant il n'en est rien. A quoi cela tient-il?

1. *Cela tient à ce que l'eau et le marbre vous enlèvent de votre propre chaleur beaucoup plus que ne font l'air et le bois;* et ainsi ils refroidissent votre main. 2. On dit qu'ils sont *bons conducteurs de la chaleur.*

3. Voici un morceau de charbon allumé par le bout A (fig. 20). Je le tiens, et mes doigts ne sont qu'à quelques centimètres du feu; cependant je ne suis nullement brûlé. Pourquoi? *Parce que le charbon conduit très mal la chaleur.* 4. Au contraire, je fais rougir au feu l'un des bouts de ma règle de fer (fig. 21): toute la règle s'échauffe, et, quoiqu'elle

---

1. Pourquoi l'eau et le marbre paraissent-ils plus froids que l'air et le bois? — 2. Comment qualifie-t-on cette propriété de l'eau et du marbre? — 3. Citez un autre exemple d'un corps mauvais conducteur de la chaleur? — 4. Citez un exemple d'un corps bon conducteur de la chaleur?

ait 30 centimètres de long, je puis à peine la tenir par l'autre bout. C'est que *le fer conduit très bien la chaleur* et l'amène à mes doigts.

Je vais vous faire une petite expérience qui montre la

Fig. 21. — Je puis à peine tenir ma règle de fer, tant elle est chaude : le fer est *bon conducteur* de la chaleur.

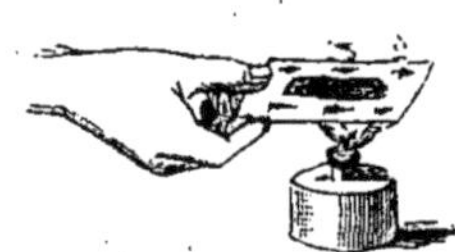

Fig. 22. — La carte, corps *mauvais conducteur*, ne garde pas assez de chaleur pour s'enflammer, tandis que l'étain, *bon conducteur*, prend toute la chaleur et fond.

différence qu'il y a entre un corps *bon conducteur* de la chaleur et un corps *mauvais conducteur*. Je prends une vieille carte à jouer (fig. 22), et j'aplatis dessus du papier d'étain *, celui qu'on trouve autour des tablettes de chocolat. Je place la carte sur une lampe à esprit-de-vin*. Vous voyez presque aussitôt que le papier d'étain se met à fondre, sans que la carte prenne feu. **1.** *L'étain, bon conducteur, prend toute la chaleur, et le carton, mauvais conducteur, n'en garde pas assez pour s'enflammer.*

2. *Les* **métaux** *sont très bons conducteurs ;* les *pierres* le sont moins, les *bois* bien moins encore. **3.** Mais l'**air** *est un très mauvais conducteur.* Aussi nos vêtements nous protègent contre le froid pour deux raisons. **4.** D'abord parce qu'ils sont composés de fibres de coton, de chanvre, de lin ou de fils de laine et de soie, tous *mauvais conducteurs* de la chaleur. Ensuite, et surtout, parce que, entre les filaments de chaque tissu et entre les différents vêtements, existe de l'air qui ne s'échauffe que lentement, mais qui, une fois échauffé, ne s'en va pas aisément, nous protégeant ainsi contre le froid du dehors.

L'eau conduisant beaucoup mieux la chaleur que ne le fait l'air, vous comprenez pourquoi vous trouviez l'eau

---

1. Que se passe-t-il dans l'expérience de la carte? — **2.** Que savez-vous de la conductibilité des métaux, des pierres et des bois? — **3.** De l'air? — **4.** Pourquoi nos vêtements nous protègent-ils contre le froid ?

froide en y mettant votre main. Mais en la sortant de l'eau, ami Pierre, est-ce qu'elle s'est réchauffée de suite? — Non, monsieur, *j'avais encore plus froid, je crois, que dans l'eau.* — Bien. Il faut que je vous explique cela.

124. Chaleur de vaporisation. — **1.** Je vous ai montré tout à l'heure *que dans l'eau qui bout, et tant qu'elle bout, le thermomètre reste à* 100° ; en d'autres termes, que la température demeure constante. Cependant nous *ajoutions* toujours de la chaleur, puisque le feu chauffait toujours la marmite. Que devenait donc cette chaleur?

Cela est très difficile à comprendre. **2.** Tout ce que je puis vous dire, *c'est que cette chaleur est employée à faire la vapeur;* la preuve en est que si l'on empêche la vapeur de se former, en fermant hermétiquement la marmite, la température de l'eau dépasse 100°. Mais retenez ceci : *pour faire de la vapeur, pour transformer un liquide en gaz,* **il faut de la chaleur. 3**. Or, tout à l'heure, il y avait de l'eau sur votre main; pour sécher, pour se transformer en gaz, elle a eu besoin de chaleur. Où la prendre? *A votre main*, qui s'est ainsi trouvée refroidie.

Fig. 23.— La vapeur de l'air s'est *condensée* sur la bouteille, sous forme de buée.

Et où va cette vapeur d'eau? Dans l'air. Mais, direz-vous, on ne l'y voit pas. C'est qu'elle est absolument transparente, ce qui n'empêche pas qu'elle existe. Voici une bouteille qu'on vient d'aller chercher à la cave et de placer sur cette table (fig. 23). La vapeur de l'air s'est *condensée* sur la bouteille, sous forme de buée, c'est-à-dire d'eau en fines gouttelettes. D'où est venue cette eau? Ce n'est pas de l'intérieur de la bouteille, n'est-ce pas? **4.** Non, c'est du dehors, *de l'air;* elle y était à l'état de vapeur, et comme la bouteille est plus froide que l'air, la vapeur s'est retransformée en

1. Dans une marmite découverte, quelle est la température de l'eau qui bout? — **2**. Puisque le feu continue à chauffer la marmite, à quoi est employée la chaleur? — Prouvez que la chaleur est employée à faire la vapeur. — **3**. Pourquoi éprouvez-vous une sensation de fraicheur quand votre main mouillée sèche à l'air? — **4**. Pourquoi une bouteille qu'on monte de la cave se couvre-t-elle de buée?

eau, au contact de la bouteille, elle s'est *condensée*, comme on dit; c'est encore de l'eau *distillée*. Mais attendez que la bouteille prenne la température de la salle, la buée disparaîtra, en *s'évaporant* à nouveau.

125. Force de la vapeur bouillante. — Je viens de vous dire que si l'on chauffe de l'eau et que l'on empêche la vapeur de se former, la température de l'eau *dépasse* 100 degrés. **1.** *Le moyen le plus simple d'empêcher la vapeur de se former est de chauffer de l'eau dans des vases* **clos.**

Mais il faut que le vase soit solide, sans quoi il éclaterait bientôt. **2.** *Car la vapeur de l'eau bouillante est bien forte.* Voici un tube en zinc A (fig. 24), dans lequel il y a un peu d'eau; je le ferme solidement avec un bon bouchon et je l'approche du feu en le tenant avec des pincettes. L'eau du tube s'échauffe, et va se mettre à bouillir; aussitôt le bouchon est chassé et saute à grand bruit.

Fig. 24. — La force de la vapeur emprisonnée dans le tube A, fait sauter le bouchon.

On a mesuré cette force de la vapeur de l'eau bouillante. Elle est d'environ un kilogramme par centimètre carré. Nous verrons plus tard que c'est juste le poids de l'atmosphère*.

Si au lieu de fermer le tube avec un bouchon, j'y avais soudé un couvercle qui aurait résisté, la température de l'eau se serait élevée, et la vapeur aurait pris plus de force, si bien qu'à un moment donné, tout aurait éclaté.

Quand l'eau atteint la température de 122 degrés, la force de la vapeur est de 2 kilogrammes par centimètre carré; à 145 degrés, elle est de 4 kil. et ainsi de suite.

3. C'est sur ce principe qu'est fondé l'usage des *machines*

---

1. Quel est le moyen d'empêcher la vapeur de se former? — **2.** Quelle est la propriété de la vapeur d'eau bouillante? — **3.** Citez une admirable invention fondée sur cette propriété.

à vapeur. On fait bouillir l'eau dans des tubes clos, où elle donne naissance à une vapeur d'une grande force. On lâche alors cette vapeur, qui est capable de soulever des poids, de faire mouvoir des roues, etc. Nous reparlerons l'année prochaine de cette admirable invention.

RÉSUMÉ. — LA CHALEUR.

1. Les expériences de *physique* ne changent pas la nature des corps; les expériences de *chimie* la changent complètement, et donnent naissance à des corps nouveaux.

2. **Les trois états des corps** (p. 138). — Il y a des corps *solides*, des corps *liquides* et des corps *gazeux*.

Un caillou est un corps solide, — l'eau est un corps liquide, — l'air est un corps gazeux.

3. Tous les corps peuvent prendre successivement les trois états. Ainsi la glace (solide) devient de l'eau (liquide) et de la vapeur (gaz). Autre exemple : Le zinc, qui est un métal solide, devient *liquide* en fondant sur le feu, et se change en *vapeurs gazeuses* si le feu est très vif.

4. **Évaporation, ébullition, distillation** (p. 140). — La pluie qui mouille le sol de la route se sèche par *évaporation*.

5. L'eau qui bout dans la marmite projette des vapeurs par *ébullition*. — Ainsi l'ébullition est une évaporation très rapide.

6. L'eau qu'on obtient en refroidissant de la vapeur est de l'eau *distillée*.

7. **Compression et dilatation** (p. 141). — On dit qu'un corps se *comprime* quand il occupe une place plus petite.

8. On dit qu'un corps se *dilate* quand il occupe une place plus grande.

9. Les *gaz* se compriment et se dilatent aisément; les liquides et les solides sont presque *incompressibles* par les procédés ordinaires.

10. **Dilatation et contraction** (p. 142). — Ce que ne peuvent faire les machines les plus fortes, *comprimer* ou *dilater* l'eau et le fer, un peu de **chaleur** ou de **froid** le fait aisément.

11. Quand on **chauffe** un corps solide, liquide ou **gazeux**, il se **dilate**.

12. Quand on le **refroidit**, il se **contracte**.

13. Un gaz diminue de volume en devenant liquide : et généralement un liquide **diminue** également en devenant solide.

14. L'eau fait exception : elle augmente de volume en devenant **glace**. C'est pour cela qu'elle fait éclater, en hiver, les tuyaux, les réservoirs et les pierres tendres.

15. **Thermomètres** (p. 145). — On mesure la *température* d'un corps, c'est-à-dire son degré de chaleur ou de froid, avec un **thermomètre**.

16. L'invention des thermomètres repose sur la propriété qu'ont les liquides de *se contracter* sous l'influence du *froid* et de *se dilater* sous l'influence de la *chaleur*.

17. On marque 0 à la température de la **glace fondante**.

18. On marque 100 à la température de l'**eau bouillante**.

19. On divise l'intervalle en *cent parties* qu'on appelle **degrés**.

20. Corps bons conducteurs et corps mauvais conducteurs (p. 149). — La chaleur se propage plus ou moins facilement à l'intérieur des corps.

21. Les uns, comme le fer et les autres métaux la conduisent très bien : ce sont des corps *bons conducteurs*.

22. Les autres, comme l'air, le bois, le charbon, la conduisent moins bien : ce sont des corps *mauvais conducteurs*.

23. L'eau qu'on fait bouillir dans un vase clos acquiert une haute température et donne naissance à une vapeur d'une grande force. Cette force est utilisée dans les machines à vapeur.

[On trouvera, p. 221, des *Sujets de rédaction* d'un genre simple.]

III. — LA LUMIÈRE

126. Rayons lumineux. — D'où vient la *chaleur*, Pierre ? — Du feu, Monsieur. — Bon pour la chambre, mais dehors? — Du soleil. — Très bien. Mais du feu et du soleil ne vient-il que de la chaleur? — Non, Monsieur, il vient aussi de la *lumière*. — C'est parfait. Eh bien, mes enfants, *comme la chaleur accompagne toujours la lumière*, il sera plus facile de savoir comment la chaleur marche, en examinant la lumière d'abord; on s'y reconnaît mieux avec son œil qu'avec un thermomètre. **1.** D'abord la lumière marche **en ligne droite**. Regardez là, dans le cabinet attenant à la classe (fig. 25) ; les volets sont fermés du côté du soleil. Mais il y a des trous; vous voyez que de chaque trou part une ligne lumineuse dans laquelle dansent des myriades de petites poussières légères. **2.** Passez-y

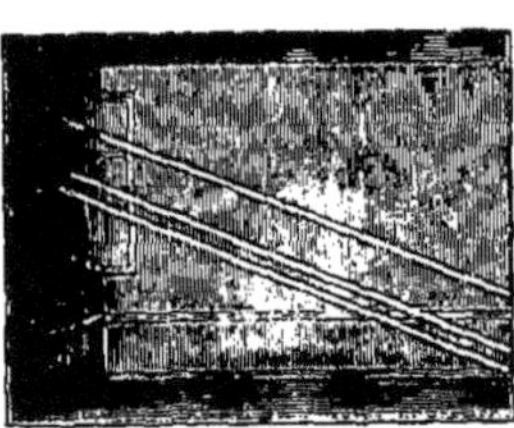

Fig. 25. — La lumière marche en ligne droite.

---

1. Comment la lumière se propage-t-elle ?

2. Qu'est-ce qui accompagne la lumière?

la main, vous avez une sensation de chaleur; vous voyez bien que *la chaleur accompagne la lumière.*

127. Chambre noire. — Je vais faire ici une expérience très curieuse. Paul, entrez dans le cabinet noir et placez un grand carton C (fig. 26) sur le trajet des rayons de soleil A*a*, B*b*, etc., qui passent par un petit trou du volet. Regardez. Tous les objets extérieurs se peignent distinctement sur le carton : voici la mare avec le grand peuplier, la maison du père de Jacques, et la route;

Fig. 26. — Les objets du dehors viennent se peindre sur le carton C, mais ils sont renversés.

puis une voiture qui passe; mais, sur le carton, tout cela est à l'envers, la tête en bas. C'est très simple à expliquer.

Du sommet A du peuplier, par exemple, partent dans toutes les directions des rayons lumineux; mais un seul peut passer à travers la petite ouverture de la cloison; je le reçois sur mon carton en *a*. Du pied B du peuplier, un autre rayon passe à travers le trou, et vient en *b*. Même raisonnement pour tous les points du peuplier placés entre A et B; ils arrivent sur l'écran entre *a* et *b*. Ainsi, le peuplier se peint en tout petit et à l'envers. Vous comprenez bien qu'il en est de même pour toutes les autres parties du paysage.

128. Rapidité de la lumière. — La lumière marche avec une rapidité extraordinaire. **1.** *Elle fait* 77 *mille lieues* à la seconde**; c'est-à-dire qu'elle mettrait environ un septième de seconde à faire le tour de la terre, et qu'elle nous vient en huit minutes, à peu près, du soleil.

129. Réflexion de la lumière. — Maintenant faites bien attention. Je prends un petit miroir et je le place d'une certaine façon du côté du soleil (fig. 27). **2.** Vous voyez qu'une tache A, très lumineuse, qui n'existait pas tout à

---

1. Quelle est la vitesse de la lumière? — **2.** Je reçois sur un miroir un rayon lumineux, que se passe-t-il?

l'heure, apparaît sur le mur de la classe. Je remue un peu le miroir : la tache remue également.

Cette tache est formée par la lumière du soleil, qui est tombée sur le miroir, et qui a ricoché, qui s'est, comme on dit, **réfléchie.** Allons dans le cabinet noir (fig. 28), et recevons sur le petit morceau de miroir le rayon solaire qui

Fig. 27. — La lumière est renvoyée sur le mur, en A, par le miroir (réflexion).

Fig. 28. — Il y a un rapport régulier entre la direction du rayon qui arrive et celle des rayons réfléchis A et B.

passe par le trou *r;* il se réfléchit en faisant une traînée lumineuse dans la poussière, et arrive sur le mur en A, quand je tiens le miroir presque droit; si je le penche un peu plus, le rayon lumineux arrive sur le mur en B. Il y a donc un *rapport régulier entre la direction du rayon qui arrive et celle du rayon qui est réfléchi.* Nous apprendrons plus tard à mesurer ce rapport.

Cela nous expliquera comment un miroir nous montre l'image des objets, et aussi notre propre image (fig. 29), quand nous nous mettons en face ; comment notre image semble placée derrière le miroir juste à la même distance où nous nous trouvons nous-même du miroir, si bien que les sauvages ne manquent pas de chercher derrière le miroir la figure qu'ils y voient; comment cette image est retournée, notre main gauche paraissant y devenir notre main droite et inversement. Mais pour bien comprendre tout cela, il faut

Fig. 29. — Les miroirs reproduisent les objets (réflexion).

avoir fait un peu de géométrie; ce sera pour l'année prochaine.

Le petit miroir sur lequel j'ai expérimenté est un miroir ordinaire, en verre étamé* ; on fait aussi des miroirs en métal poli. Toute surface bien unie peut servir de miroir. Voici un verre plein d'eau (fig. 30). Je l'élève au-dessus de mon œil, et je regarde la surface de l'eau par en dessous. Elle m'apparaît semblable à une plaque d'argent poli; regardez vous-mêmes, vous voyez s'y refléter les objets placés dans la salle comme si c'était un vrai miroir.

Fig. 30. — La surface de l'eau réfléchit les objets en dessous, comme le fait un miroir.

1. En voilà assez pour le moment sur ce qu'on appelle la *réflexion de la lumière*. Passons à la **réfraction**.

130. Réfraction de la lumière. — *Réfraction* veut dire *brisure*. Vous allez voir que le mot est juste. **2.** Je prends un verre d'eau, j'y plonge obliquement un brin de paille (fig. 31) : le brin vous paraît **brisé** et relevé, à l'endroit

Fig. 31. — Le brin de paille paraît brisé dans l'eau (réfraction).

Fig. 32. — Le rayon lumineux se brise en entrant dans l'eau et fait voir le sou en A, plus avant qu'il n'est en réalité (réfraction).

même où il pénètre dans l'eau. Vous savez bien que cela n'est pas, et cependant vous ne pouvez pas vous empêcher de le croire.

Attendez, nous allons refaire la même expérience sous une autre forme. Je prends une petite boîte de zinc (fig. 32) et je

---

1. Quel nom donne-t-on à cette propriété de la lumière de ricocher sur un miroir?

2. Qu'arrive-t-il quand on plonge obliquement un brin de paille dans l'eau ?

place dans le fond un sou. Jacques, venez ici et placez-vous de manière à ne voir que le bord de la pièce de monnaie. Bien ; maintenant, je verse de l'eau lentement dans le vase. Que voyez-vous ? — Monsieur, je vois le sou qui apparaît, qui se soulève et qui marche en avant, vers A. — En effet, c'est ce qui semble arriver, parce que les rayons lumineux qui partent du sou se *brisent*, comme paraissait tout à l'heure se *briser* le brin de paille.

1. C'est là ce qu'on appelle la **réfraction**. 2. Elle a lieu toutes les fois qu'un rayon lumineux **traverse obliquement*** **deux corps transparents**, ou mieux, **passe d'un corps transparent dans un autre**. Nous venons d'en voir des exemples pour l'*air* et pour l'*eau* ; en voici un autre pour le *verre*.

Je pose à plat, sur ce livre, un morceau de verre très épais (fig. 33) : vous voyez que les lignes paraissent déviées, à la manière du brin de paille de tout à l'heure.

Fig. 33. — Les lignes du livre, en passant du verre dans l'air, paraissent déviées : réfraction simple.

Fig. 34. — Les rayons partis du livre dévient en passant : 1° de l'air dans le verre ; 2° du verre dans l'air : réfraction double.

Si j'éloigne un peu le morceau de verre du livre (fig. 34), il y a un déplacement des lignes qui indique cette fois deux réfractions. La première a lieu quand les rayons lumineux partis du livre passent de l'air dans le verre ; la seconde, quand ils passent du verre dans l'air.

131. Lentilles. — Quand le morceau de verre n'est pas plat des deux côtés, les déviations sont bien plus compliquées.

Fig. 35. — Lentilles *convexes* (bombées sur les deux faces).

Paul, comment appelle-t-on ce morceau de verre A (fig. 35), bombé sur les deux faces ? — Monsieur,

1. Quel nom donne-t-on à ce phénomène ?

2. Quand la réfraction se produit-elle ?

c'est une *loupe*. — Et à quoi cela sert-il? — A grossir les objets. — Bien. **1**. Le vrai nom scientifique de ce morceau de verre est **lentille**; et il est ainsi appelé, cela est facile à comprendre, à cause de sa ressemblance avec une lentille.

2. Comme vous l'avez dit, *on se sert des lentilles pour grossir les objets*. Prenez celle-ci et regardez les lettres très petites de ce livre. Ah! vous êtes embarrassé et vous ne voyez rien. Un peu de patience : ne mettez pas la lentille dans votre œil; ne vous mettez pas non plus le nez sur le livre. Regardez comme à l'ordinaire, mais à travers la lentille, celle-ci étant contre le papier. Puis, éloignez-la lentement du papier (fig. 36). Ah! voyez-vous, voici que les lettres vous apparaissent *plus grosses*. Continuez à l'éloigner; elles grossissent encore, puis se brouillent, puis disparaissent. **3**. Il faut donc se placer à la bonne distance, se mettre, comme on dit, **au point**, et *cette distance est d'autant plus petite que la lentille grossit davantage*. Notre lentille grandit à peu près deux fois les objets, et son *point* est à environ deux centimètres du papier.

Fig. 36. — Les lentilles convexes grossissent les objets.

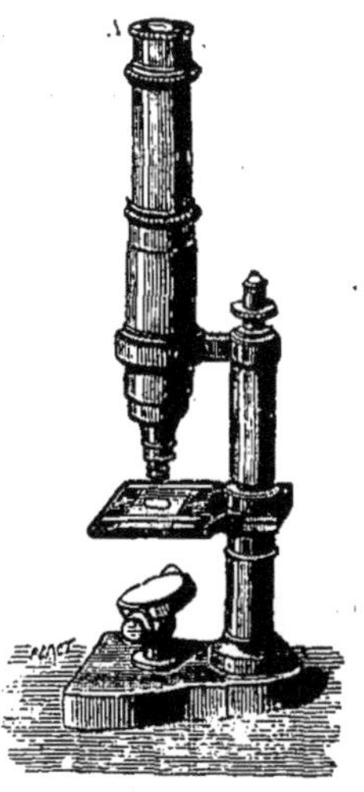

Fig. 37. — Les microscopes grossissent encore plus.

132. Loupes composées et microscopes. — Quand on réunit **plusieurs lentilles** suivant certaines règles, on obtient des grossissements plus forts, allant jusqu'à dix ou douze : ce sont là des *loupes composées*. Enfin, en réunissant les lentilles d'une manière plus compliquée encore, on a des **micros-**

1. Quel nom donne-t-on à un morceau de verre bombé sur les deux faces? — **2**. A quoi servent les *loupes* ou *lentilles?* — **3**. Quelle condition doit-on remplir pour distinguer nettement un objet avec une lentille?

copes (fig. 37) (de deux mots grecs : *micros*, petit; *scopein*, regarder). On distingue un microscope d'avec une loupe par ceci, que la loupe fait voir les objets *droits*, tandis que le microscope les montre *à l'envers*.

On obtient avec les microscopes des grossissements extraordinaires : 100 fois, 200 fois, 1000 fois, même. Je vois que je ne vous étonne pas, parce qu'à la foire dernière, un charlatan annonçait qu'il montrait les objets un million * de fois plus gros qu'ils ne sont. Mais c'est la manière de compter qui est tout. Si je vous dis que ma loupe grossit 10 fois, je veux dire qu'un objet de un millimètre de long paraît avoir un centimètre. Les charlatans comptent autrement. Comme l'objet est grossi à la fois en longueur, en largeur et en épaisseur, ils multiplient les trois grossissements; ils diraient par conséquent que ma loupe grandit $10 \times 10 \times 10 = 1000$ fois. A ce compte, le million de celui de l'autre jour devient tout simplement 100 fois. Mais cela fait moins d'effet sur les ignorants.

Rien de plus amusant et de plus instructif que de se servir d'une loupe. Je ne saurais vous dire la quantité de choses intéressantes que vous pouvez voir en examinant les *insectes*, les *plantes*, tout ce qui vous entoure, vos *habits*, votre *peau*, avec une loupe de quarante sous! Ah! si nous avions le temps de nous arrêter sur tout cela! Enfin, nous en causerons un peu l'année prochaine. **1.** De même pour le microscope, qui montre des choses bien autrement extraordinaires, *des milliers de bêtes dans une goutte d'eau de marais, des millions de petits corps rouges dans une gouttelette de sang*, que sais-je?

133. Lunette. — On peut, en disposant encore autrement diverses lentilles, faire une espèce de microscope qui grossit les objets placés au loin, et, par suite, les fait voir de près, — en apparence bien entendu. C'est ce qu'on appelle une **lunette** ou un **télescope** (fig. 38), instrument avec lequel on peut regarder

Fig. 38. — Les lunettes d'approche grossissent les objets placés au loin, et, par suite, les font voir de près.

1. Avec un microscope que découvre-t-on dans une goutte d'eau de marais; — dans une gouttelette de sang?

même les astres et y voir des détails absolument invisibles à l'œil nu.

134. Lunettes. — Il ne faut pas confondre *une lunette* avec *des* **lunettes**, ces morceaux de verre que les personnes ayant mauvaise vue se mettent devant les yeux. Je suis obligé d'en porter, moi qui suis vieux ; et mes lunettes sont simplement des *lentilles* qui grossissent un peu : regardez, vous pouvez vous en servir, non en les mettant sur votre nez, mais en guise de loupe, en les tenant à la main.

Voilà Henri qui fait un signe de dénégation. Ah ! c'est que je ne suis pas seul à porter des lunettes; Émile en a aussi, et Henri trouve que les lunettes d'Émile ne peuvent pas servir de loupe. Il a raison, et il faut que je vous donne là-dessus quelques mots d'explication.

1. J'avais oublié de vous dire qu'il n'y a pas que des lentilles *bombées* ou *convexes;* il y a aussi des lentilles *creusées* ou *concaves* (fig. 39). — Drôles de lentilles, direz-vous. — Soit; mais c'est comme cela qu'on les appelle. **2.** Or, ces lentilles concaves, au lieu de grossir les objets, les rapetissent; au lieu de les faire paraître plus près de nous, elles les font paraître plus loin.

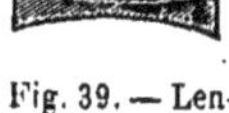

Fig. 39. — Lentille *concave* (creusée sur les deux faces).

Eh bien, Émile, venez à côté de moi avec votre livre, et

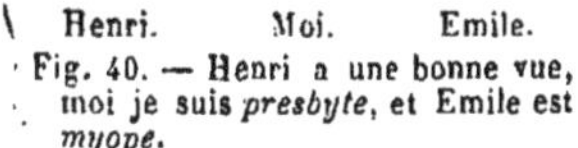

Henri. Moi. Emile.

Fig. 40. — Henri a une bonne vue, moi je suis *presbyte*, et Emile est *myope*.

Henri. Moi. Emile.

Fig. 41. — Nous avons remis nos lunettes : nous voilà guéris.

ôtez vos lunettes ; moi aussi, j'ai ôté les miennes. Et vous, Henri, qui avez de bons yeux, venez vers nous deux.

---

1. Quel nom donne-t-on aux lentilles bombées des deux côtés ? — Quel nom donne-t-on aux lentilles creusées des deux côtés ? — 2. Quel est l'effet produit par une lentille *concave?*

Essayons de lire ensemble dans ces trois livres dont les lettres sont de même grosseur. Voyez, maintenant que je n'ai plus de lunettes, je suis obligé de tenir le livre presque au bout de mon bras (fig. 40), pour voir distinctement les lettres; Émile, au contraire, le place presque sur le bout de son nez; Henri, lui, le tient à une distance moyenne, à environ 20 centimètres de ses yeux. **1.** Henri a une bonne vue, Émile est *myope*, moi je suis *presbyte*. Remettons maintenant nos lunettes. Ah! voilà qui est très bien; tous les trois, nous tenons nos livres de même (fig. 41). Nous voilà guéris. Comment cela se fait-il? Je vous le dirai quand nous ferons de la *Physiologie*.

Mais laissons-là *les lentilles qui rapetissent* et ne servent guère qu'aux myopes, et revenons *aux lentilles qui grossissent*. Nous nous en sommes servis jusqu'ici pour regarder directement un objet, en les plaçant entre cet objet et notre œil. Nous pouvons nous en servir dans un autre but.

135. Foyer d'une lentille. — Je prends ma lentille et je la tourne du côté du soleil (fig. 42); puis de l'autre côté je place une feuille de papier dont j'approche progressivement la lentille. **2.** Vous voyez qu'à un certain moment *une tache blanche* A *apparaît sur le papier;* en rapprochant encore, cette tache s'arrondit, se rapetisse, et finit par n'être plus qu'un *point* très lumineux. Cela n'est pas étonnant, *puisque tous les rayons solaires qui tombaient sur ma lentille sont ici réunis en ce point.* **3.** On appelle ce point le **foyer** de la lentille. **4.** Pour se servir de la lentille comme verre grossissant, *il faut placer l'objet à grossir entre le foyer et la lentille,* retenez bien cela.

Fig. 42. — Tous les rayons lumineux se réunissent en un point A, nommé *foyer*.

Jacques, venez ici et tendez la main à la place de la feuille de papier (fig. 43). J'approche la lentille, et voilà que le foyer se dessine sur votre peau. Mais pourquoi retirez-vous

---

1. Par quel mot désigne-t-on ceux qui voient de près mais pas de loin? — Ceux qui voient de loin mais pas de près? — **2.** Qu'arrive-t-il quand on dirige sur un papier une lentille tournée vers le soleil? — **3.** Comment appelle-t-on le point où viennent se réunir tous les rayons du soleil? — **4.** Quand on se sert de la lentille comme verre grossissant, où doit-on placer l'objet à grossir?

la main ? — Monsieur, *cela me brûle.* — 1. Très bien ; vous vous souviendrez, vous, du moins, *que la* **chaleur** *accompagne toujours la* **lumière**, *et que le foyer calorifique est au même point que le foyer lumineux.*

Plus la loupe sera grande, plus elle recueillera et rassemblera de rayons solaires, plus le point-foyer sera lumineux

Fig. 43. — Au *foyer* A, — sur votre main, — se réunissent les rayons de *lumière* et les rayons de *chaleur*.

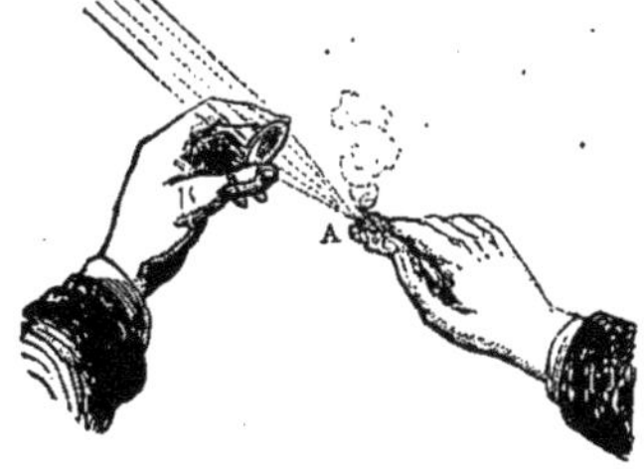

Fig. 44. — Au foyer A de ma petite loupe, j'allume de l'amadou.

et chaud. 2. Rien qu'avec ma petite loupe, je vais allumer de l'amadou* (fig. 44). Remarquez bien qu'il n'est pas nécessaire que la lentille soit en *verre* pour obtenir cet effet ; tous les corps *transparents* sont aussi bons. Or, la glace est un corps transparent. 3. Aussi les navigateurs au pôle * Nord, ont pu, en taillant de larges lentilles de glace, — la glace n'est pas rare là-bas, — allumer du feu, avec le pâle soleil qui réchauffe à peine : jugez de la stupéfaction des Esquimaux* et autres sauvages.

Les couleurs.

Il nous reste à parler d'une expérience tout à fait importante.

136. Dispersion de la lumière. Spectre solaire. — Voici un bouchon de carafe, en verre, taillé à six pans (fig. 45). Je le fais tourner devant un rayon de soleil, au-dessus de cette feuille de papier. Quand il est dans une cer-

---

1. Qu'appelle-t-on *foyer calorifique* d'une lentille ? — 2. Quelle expérience peut-on faire avec une lentille et de l'amadou ? — 3. Parlez d'un moyen d'allumer du feu avec de la glace?

taine position, vous voyez sur le papier *une tache colorée.* Regardons cette tache; nous y voyons du *jaune* et du *vert* au milieu, à un bout du *rouge*, à l'autre du *bleu* et du *violet.* Vous reconnaissez là les couleurs de l'**arc-en-ciel. 1.** On dit qu'il y en a **sept**, qui sont, en commençant par le côté violet (qui est en bas dans l'arc-en-ciel) : **violet, — indigo *, — bleu, — vert, — jaune, — orangé, — rouge.**

Fig. 45. — Un bloc de verre taillé décompose la lumière solaire en sept couleurs : *violet, indigo, bleu, vert, jaune, orangé, rouge.* L'ensemble de ces couleurs est appelé *spectre.*

Cela fait un vers, facile à apprendre par **cœur.** Mais, en réalité, il y a une grande quantité de nuances à côté les unes des autres, et allant du rouge au violet, sans qu'on puisse dire exactement où l'une commence et où l'autre finit.

2. On donne le nom de **spectre solaire** à cet ensemble de couleurs, à ce petit arc-en-ciel obtenu à l'aide du bouchon de carafe, et le nom de **dispersion** à la manière dont s'étale la lumière. **3.** *On obtient un « spectre » toutes les fois qu'un rayon lumineux traverse un corps transparent, pourvu que la surface par laquelle entre le rayon ne soit pas parallèle * à celle par laquelle il sort.*

4. Vous voyez *que toutes les couleurs sont contenues dans la lumière du soleil*, qui paraît *blanche.*

137. Recomposition de la lumière blanche. — Nous allons en avoir une nouvelle preuve par un moyen très simple. Voici un cercle de carton sur lequel j'ai peint les couleurs de l'arc-en-ciel (fig. 46). Ce carton est percé d'un trou dans lequel j'enfile une baguette. Je fais tourner vivement le carton, en donnant un fort coup avec mon doigt. **5.** *Vous voyez que les couleurs disparaissent et que le carton semble presque blanc.*

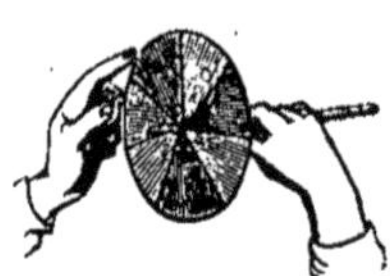

Fig. 46. — La lumière *blanche* est produite par la *réunion* des sept couleurs du spectre.

---

1. En combien de couleurs décompose-t-on la lumière solaire? — Quelles sont ces sept couleurs? — **2.** Quel nom donne-t-on à cet ensemble de couleurs? — Quel nom donne-t-on à ce phénomène d'un rayon s'étalant en sept couleurs? — **3.** Dans quelles conditions obtient-on un spectre? — **4.** Que peut-on conclure de la formation du spectre solaire? — **5.** De quelle couleur apparait un carton peint aux sept couleurs du spectre et qu'on fait tourner rapidement?

Il n'était pas nécessaire de peindre les *sept* couleurs. Il suffisait d'en peindre *trois* : rouge, jaune, bleu. Vous en voyez la preuve en faisant tourner cet autre carton sur ma baguette. Cela tient à ce que les autres couleurs, orangé, vert, violet, peuvent être reproduites par le mélange des trois premières, employées deux à deux. **1.** Voyez ce carton, moitié *rouge*, moitié *bleu* : en tournant, il paraîtra **violet**; cet autre, moitié *rouge*, moitié *jaune*, paraîtra **orangé**; enfin ce dernier, *jaune* et *bleu*, donnera du **vert**.

138. Coloration des corps. — Qu'est-ce donc que cela signifie quand on dit que ces feuilles de carton sont l'une blanche, l'autre bleue ou rouge, l'autre noire? **2.** Cela veut dire que, pour la couleur blanche, *la feuille renvoie toute la lumière qu'elle reçoit, sans en rien garder*; pour la couleur bleue ou rouge, *qu'elle garde tout, sauf la partie bleue ou rouge du rayon*; pour la couleur noire, *qu'elle absorbe tout et qu'elle ne renvoie rien*. A quoi cela tient-il ? je serais bien embarrassé de vous l'expliquer : contentez-vous de savoir que c'est ainsi.

De même, si l'eau est blanche, le vin rouge, l'encre noire, c'est que l'eau se laisse traverser par le rayon lumineux intact, tandis que le vin ne laisse passer que le rouge, et que l'encre garde tout.

Il y a donc deux espèces de coloration : la *coloration par réflexion*, c'est le fait des feuilles de carton; la *coloration par transparence*, c'est le fait des liquides colorés ou des gaz colorés, car il y en a, ou des solides colorés transparents, comme le verre.

Certains corps n'ont pas la même couleur quand on les regarde par réflexion ou par transparence. Ainsi, voici une toute mince feuille d'or : elle vous paraît *jaune;* regardez la lumière au travers, elle vous paraît *verte*. Mais ces corps sont assez rares.

---

1. De quelle couleur un carton, moitié rouge, moitié bleu, apparait-il en tournant ? — Moitié rouge, moitié jaune ? — Moitié jaune, moitié bleu? — **2.** Qu'est-ce que cela signifie quand on dit qu'un objet est de couleur blanche? — Bleue ou rouge ? — De couleur noire?

RÉSUMÉ. — La Lumière.

1. **Propagation et vitesse** (p. 154). — La lumière se propage en *ligne droite.*

2. Elle parcourt 77 000 lieues par seconde.

3. **Réflexion** (p. 155). — Quand un rayon de soleil tombe sur un miroir, il se **réfléchit**, c'est-à-dire « ricoche » suivant un angle déterminé, et envoie sur les murs une tache lumineuse. Ce phénomène s'appelle **réflexion**.

4. **Réfraction** (p. 157). — Un corps à demi-plongé dans l'eau semble *brisé*, par suite de la déviation des rayons lumineux. Ce phénomène s'appelle **réfraction**.

5. La réfraction a lieu toutes les fois qu'un rayon lumineux passe obliquement d'un corps transparent dans un autre également transparent.

6. **Lentilles** (p. 158). — Une **lentille** est un morceau de verre dont les deux faces ne sont pas planes : il y a des lentilles *bombées* ou *convexes*, qui grossissent les objets, et des lentilles *creusées* ou *concaves*, qui les rapetissent.

7. Les *loupes* servent à grossir les objets et sont formées d'une lentille bombée.

8. Les *microscopes* sont formés de plusieurs lentilles disposées suivant certaines règles, de manière à grossir considérablement les objets rapprochés.

9. Une **lunette** est formée par plusieurs lentilles disposées de manière à grossir les objets éloignés.

10. Les *lunettes* destinées aux myopes sont formées de lentilles creusées ; les lunettes destinées aux presbytes sont formés de lentilles bombées.

11. Les rayons solaires qui tombent sur une lentille bombée se réunissent au delà de cette lentille en un point qu'on nomme **foyer.**

12. Comme la chaleur accompagne toujours la lumière, les rayons de chaleur se concentrent aussi au foyer lumineux.

13. **Dispersion, spectre solaire** (p. 163). — Toutes les fois qu'un rayon lumineux traverse un corps transparent à travers deux faces planes et non parallèles, il s'étale, se *disperse*, et donne une sorte de *tache colorée*, dans laquelle on reconnaît les **sept couleurs** de l'arc-en-ciel. Cette tache colorée a reçu le nom de *spectre solaire.*

14. Les sept couleurs du spectre se succèdent, de bas en haut, de la manière suivante : *violet,—indigo,* — *bleu,—vert,* —*jaune,* — *orangé,* — *rouge.*

15. Ces sept couleurs réunies reforment la **lumière blanche.**

16. Les *corps colorés*, jouissent de la propriété de ne réfléchir ou de ne laisser passer qu'une partie des couleurs qui composent la lumière blanche. Ainsi un corps *bleu* garde six des sept couleurs et renvoie le *bleu.*

[On trouvera, page 221, des *Sujets de rédaction* d'un genre simple.]

IV. — LE SON.

Nous connaissons la chaleur par toute la peau, la lumière par l'œil, le son par l'oreille. Nous savons déjà d'où viennent, comment marchent et se comportent la chaleur et la lumière. Voyons maintenant le son.

1. *Le son est toujours produit par le choc de deux corps.* Il y a des corps qu'il suffit de heurter, même doucement, pour qu'ils donnent du son : tel ce verre, tel ce couvercle de métal, telle cette corde de violon tendue. 2. On appelle ces corps, des *corps sonores.*

139. Vibrations sonores. — Paul, approchez-vous de moi; je choque le bord de ce verre avec une baguette : il rend un son clair et fort. Mettez le doigt dessus (fig. 47), qu'arrive-t-il? — Monsieur, le son s'éteint. — Oui, mais qu'avez-vous senti avec le doigt. Tenez, je recommence. — 3. Ah! Monsieur, je sens *que le verre tremble pendant qu'il résonne; quand je l'empêche de trembler, j'arrête le son.* — Très bien. 4. On dit que le verre **vibre**, et ce sont *ses vibrations qui produisent le son.*

Fig. 47. — Le son est produit par les vibrations du verre. Quand on arrête les vibrations, on arrête le son.

Fig. 48. — Les vibrations du diapason sont visibles. Si on les arrête, l'instrument se tait.

Je frappe ce diapason * (fig. 48) : ses vibrations sont visibles, et quand on les arrête, l'instrument se tait. De même ce couvercle, dont les vibrations ne sont pas visibles.

Mais le verre, le diapason, ne touchent pas notre oreille. Comment donc entendons-nous leurs vibrations? 5. Nous

---

1. Par quoi est produit le son? — 2. Quel nom donne-t-on aux corps qui donnent du son au moindre choc? — 3. Que sent-on quand on met le doigt sur un verre qui résonne? — Qu'arrive-t-il quand on empêche le verre de trembler? — 4. Comment exprime-t-on ce phénomène? — 5. Comment se fait-il que nous entendons les vibrations d'un corps qui ne touche pas notre oreille?

les entendons parce qu'elles *se communiquent à l'air, qui vibre à son tour jusque dans l'intérieur de notre oreille.*

Si quelque chose vous embarrasse dans mon explication, dites-le-moi. Voyons, Pierre?

— Mais, Monsieur, quand on tire un coup de fusil, cela fait un son très fort, et pourtant rien n'a été choqué, rien ne vibre. — Si, mon enfant, *il y a l'air qui vibre.* La poudre, en s'enflammant, a produit une énorme quantité de gaz qui, ne pouvant s'échapper que par le trou du canon, sont sortis avec une force extraordinaire. Ce sont eux qui ont choqué l'air et l'ont mis en mouvement, *en vibration,* — d'où le *son.*

Voici une preuve *que c'est l'air qui nous apporte le son.* Pierre, passez dans la cour, et frappez doucement ces deux bâtons l'un contre l'autre, devant la fenêtre ouverte. Très bien. Vous entendez tous ce bruit, ce son? Fermez la fenêtre : vous n'entendez plus rien. Il a suffi d'une mince lame de verre pour empêcher le son d'arriver jusqu'à nous. En effet, elle a arrêté les vibrations de l'air.

Mais si les vibrations étaient très fortes, elles se communiqueraient aux vitres et les feraient vibrer également; celles-ci, à leur tour, communiqueraient leurs vibrations à l'air de la classe et les sons du dehors parviendraient à nos oreilles. En effet, les fenêtres fermées ne nous empêchent pas d'entendre bien des bruits désagréables et entre autres celui que fait à deux cents mètres d'ici notre ami Thomas, le chaudronnier, en tapant sur sa ferraille. D'autre part vous avez tous entendu vibrer les vitres quand on fait un grand bruit à côté.

Fig. 49. — On *entend* le son *après* qu'on a vu le marteau s'abaisser.

140. Vitesse du son. — *Le son ne marche pas bien vite dans l'air.* Rouvrons la fenêtre. Justement nous voyons d'ici Thomas qui fait tant de bruit en réparant une chaudière de locomobile* (fig. 49). Regardez et écoutez avec soin. Que remarquez-vous? — Monsieur, j'entends le coup de marteau juste quand Thomas a son marteau en l'air; quand il tape, je n'entends rien. — Mais cependant c'est quand il tape qu'il fait du bruit. Ce bruit que vous entendez quand Thomas a le bras en l'air, c'est le bruit du coup qu'il a frappé un instant auparavant.

Mais pourquoi cette différence de temps? **1.** *C'est parce que la lumière se propageant avec une vitesse extraordinaire, vous voyez le mouvement de Thomas au moment même où il a lieu, tandis que le son allant beaucoup plus lentement, vous le percevez plus tard.*

Regardez, la prochaine fois que vous en aurez l'occasion,

Fig. 50. — On *voit* la fumée *avant* d'entendre le coup de fusil.

un chasseur tirant un coup de fusil (fig. 50) : *vous verrez d'abord la fumée blanche sortir du canon, puis vous entendrez le son;* et le retard du son sera d'autant plus grand que le chasseur sera à une distance plus grande de vous. C'est en calculant ce retard et cette distance qu'on est arrivé à mesurer la rapidité de propagation du son dans l'air.

2. On a trouvé ainsi pour la vitesse du son dans l'air environ 333ᵐ par seconde.

141. Transmission du son par les solides et les liquides. — Je vous ai déjà dit que c'est par l'*air*

---

1. Un chaudronnier frappe une chaudière au loin, pourquoi voyons-nous le mouvement du bras avant d'entendre le bruit du marteau? — **2.** Quelle est la vitesse du son dans l'air?

que nous arrivent régulièrement les sons. 1. Mais les vibrations sonores peuvent nous être transmises par les *liquides* et par les *solides*. Mettez votre oreille au bout de cette longue table (fig. 51). Je la touche très légèrement : vous entendez fort bien le bruit.

Fig. 51. — Les *solides* transmettent les vibrations sonores mieux que l'*air*.

2. Vous l'entendez même mieux que s'il vous arrivait par l'air, car *les vibrations se transmettent plus vite et plus fort par les solides et par les liquides que par l'air*. En effet, le son se propage dans le bois 10 fois plus vite que dans l'air; dans le fer, 15 fois plus vite; dans l'eau, 4 fois plus vite.

142. Réflexion du son. — 3. *Le son se réfléchit sur un corps solide ou liquide, et ricoche comme fait la lumière.* C'est pour cela que, quand certaines dispositions sont réalisées, on peut entendre deux fois un son émis. C'est ce qu'on appelle un *écho*. 4. Il y a généralement écho quand on est devant quelque mur ou quelque rocher. Quand vous criez, vous entendez d'abord votre propre voix ; puis le son s'étend, frappe l'obstacle, et revient à votre oreille se faire entendre à nouveau. C'est là l'écho *simple;* on a signalé des échos *doubles*, *triples*, etc. Dans le château de Simonetta, près de Milan *, existe un écho qui répète environ 40 fois.

143. Hauteur des sons. — Les sons diffèrent beaucoup les uns des autres. Il y a des sons *graves* et des sons

---

1. N'y a-t-il que l'air qui puisse nous transmettre ces vibrations ? — 2. Comparez la vitesse de transmission des sons par les solides et les liquides à celle de l'air. — 3. Parlez d'une propriété du son analogue à une propriété de la lumière. — 4. Quand l'écho a-t-il généralement lieu ?

aigus; cette différence tient au nombre des vibrations par seconde qui correspondent à ces sons. **1.** *Plus ces vibrations sont nombreuses, plus le son est aigu.*

Le son le plus bas, le plus grave qu'on puisse entendre, a 32 vibrations par seconde; le plus élevé, le plus aigu, en a environ 70 000. La voix de l'homme ne peut guère descendre au-dessous du son que donnent 174 vibrations par seconde, ni la voix de la femme monter au-dessus de 1550 ; mais vous autres enfants, vous montez bien plus haut quand vous poussez des cris aigus.

144. Intervalles musicaux. — J'ai commencé, l'année dernière, à vous faire chanter et apprendre la musique. Nous connaissons les noms des notes, et nous avons parlé de *gamme* *, d'*octave* *, de *quinte* *. **2.** Vous apprendrez sans doute avec intérêt que *lorsqu'une note est à l'octave supérieure d'une autre, elle a deux fois plus de vibrations dans une seconde qu'elle;* lorsqu'une note est à la quinte, elle en a 3/2 fois plus.

3. Prenons notre diapason, qui nous donne le *la* moyen de notre voix ; *ce* **la** *est produit par* 870 *vibrations à la seconde.* L'*ut* qui est au-dessous, a 522 vibrations ; l'*ut* qui est au-dessus, $522 \times 2 = 1044$. Le *sol* (*ut-sol* est un intervalle de quinte) vaut $522 \times 3/2 = 783$ vibrations.

Nous apprendrons l'année prochaine la valeur des autres intervalles de la gamme, et la production des accords. En voici assez pour cette année.

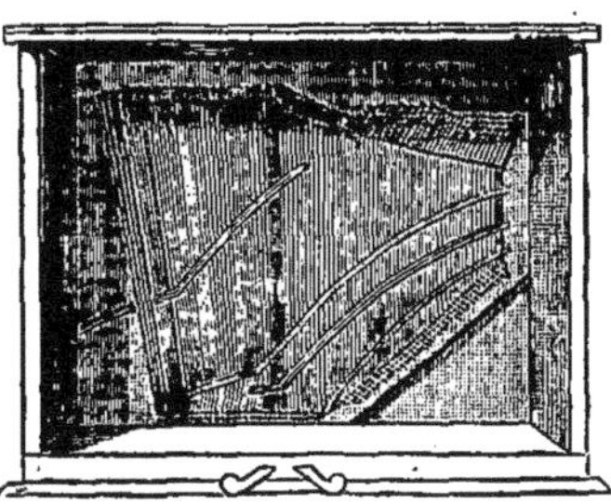

Fig. 52. — Intérieur de piano. — Plus la corde est longue, plus le son est grave ; — plus la corde est courte, plus le son est aigu.

145. Instruments de musique. — Je veux cependant vous dire que les instruments avec lesquels on obtient les sons musicaux appartiennent à plusieurs catégories.

---

1. Que résulte-t-il du nombre plus ou moins grand des vibrations ? — **2.** Que constate-t-on quand une note est à l'octave d'une autre ? — **3.** Par combien de vibrations à la seconde le *la* est-il produit?

1. Il y a d'abord les **instruments à cordes**, dans lesquels le son est produit soit en *frottant* avec un archet * des cordes tendues, comme dans le violon, la basse, soit en les *frappant* avec de petits marteaux, comme dans le piano (fig. 52), soit en les *pinçant* comme dans la guitare.

2. *Plus une corde est longue, plus le son qu'elle donne est grave; plus la corde est courte, plus le son est aigu.* Quand une corde donne un certain son, si on la raccourcit de moitié, elle donne juste l'octave supérieure de ce son. Ainsi, quand elle a deux fois moins de longueur, elle fait deux fois plus de vibrations.

Enfin, il faut bien savoir que la longueur des cordes n'est pas tout. Leur grosseur, la matière dont elles sont composées font, à longueur égale, beaucoup varier le son qu'elles rendent. Mais nous verrons cela plus au long l'année prochaine.

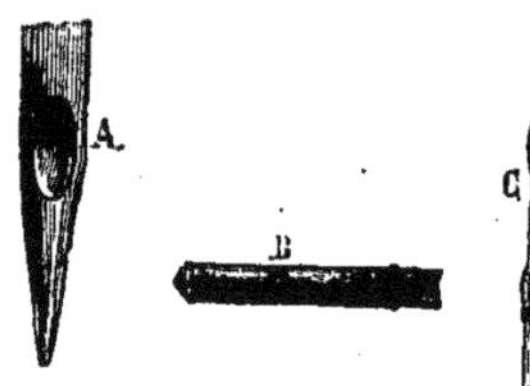

Fig. 53. — A, orifice du tuyau d'orgue. — B, de la flûte. — C, du flageolet.

3. Viennent ensuite les **instruments à vent**, qui sont de deux sortes. Dans les uns, comme le tuyau d'orgue, la flûte, le flageolet (fig. 53), l'air soufflé fortement frappe sur les bords d'un orifice A, B, C, et fait vibrer la colonne d'air contenue dans le tuyau. Là aussi, on constate qu'un tuyau double de longueur d'un autre donne un son ayant moitié moins de vibrations.

4. Dans les instruments à vent, mais *à anches*, comme la clarinette, l'air, chassé vivement de la bouche, met en vibration l'*anche* A (fig. 54), petite lame placée au « bec » de l'instrument; l'air du tuyau entre ensuite en vibration à son tour. Quand on joue du cornet à piston et autres instruments de cuivre, ce sont les lèvres qui vibrent à la façon d'anches. Dans notre larynx *, le son de la voix se produit à peu près comme dans le cornet à piston.

Fig. 54. — A, anche de clarinette.

---

1. Dans quelle catégorie d'instruments range-t-on le violon, la basse, le piano, la guitare? — 2. Quelle est la loi des vibrations des cordes? — 3. A quelle catégorie d'instruments appartiennent le tuyau d'orgue, la flûte, le flageolet? — 4. la clarinette?

J'ai encore à vous parler du **diapason**. En voici un (fig. 55). **1**. C'est une tige d'acier ABC, courbée, qu'on met en vibration en la frappant légèrement sur un corps dur. Chaque diapason rend un son unique, dont la hauteur dépend de la dimension de l'instrument; plus le diapason est gros, moins le son est élevé. **2**. Les diapasons ordinaires, comme celui dont nous nous servons ici pour chanter, donnent le *la* de 870 vibrations par seconde.

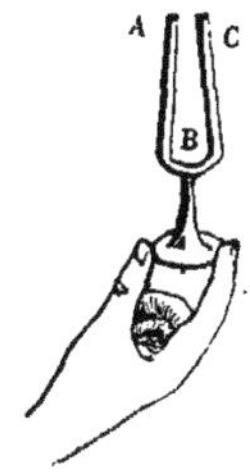

Fig. 55. — Diapason. — A B C, tige d'acier qu'on fait vibrer et qui donne le *la* (870 vibrations par seconde).

Fig. 56. — Si je pose le diapason sur une boîte en bois (*caisse de résonance*), le son devient plus fort.

Fig. 57. — Quand la boîte est fermée, le son est fort; quand la boîte est ouverte, le son est faible.

146. Renforcement des sons. — Remarquez ici une chose très importante. Si je fais vibrer le diapason et que je tienne le pied de l'instrument entre mes doigts, à peine entendez-vous le son qu'il produit. Je place le diapason sur la table, ou mieux sur cette boîte en bois (fig. 56) : aussitôt le son **se renforce** et peut s'entendre dans toute la salle. **3**. *Cela tient à ce que le bois et l'air de la boîte se mettent à vibrer à l'unisson du diapason.*

4. La caisse du violon, le grand coffre du piano jouent le même rôle. J'ai ici un vieux violon dont j'ai rendu le fond mobile par une charnière (fig. 57), quand je ferme la boîte et que je gratte les cordes, le son est fort; j'ouvre la boîte: écoutez combien il perd. On appelle ces boîtes, qui enflent le son, des *caisses de résonance*.

---

1. Qu'est-ce qu'un diapason ? — **2**. Quelle note le diapason ordinaire donne-t-il? — **3**. Pourquoi le son d'un diapason se renforce-t-il quand on place l'instrument sur une caisse en bois? — **4**. Qu'est-ce qui, dans le violon, dans le piano, fait l'office de caisse de résonance ?

RÉSUMÉ. — Le Son.

1. Vibrations (p. 167). — Le **son** est toujours produit par le choc de deux corps.

2. Ce choc produit des *vibrations* qui se transmettent à l'air et de là à notre oreille.

3. Vitesse du son (p. 168). — Dans l'air, le son parcourt 333 mètres par seconde.

4. Les vibrations sonores peuvent nous être transmises par les liquides et par les solides, mieux même que par l'air.

5. Écho (p. 170). — Le son **se réfléchit** sur un corps solide ou liquide, comme fait la lumière sur un miroir plan.

6. C'est ce qu'on appelle un **écho**.

7. Sons graves et sons aigus (p. 170). — Il y a des sons *graves* et des sons *aigus*.

8. Plus les vibrations sont nombreuses, plus le son est aigu.

9. Un son est à l'**octave** d'un autre quand il est produit par des vibrations *deux* fois plus nombreuses.

10. Instruments de musique (p. 171). — On distingue les instruments *à cordes* et les instruments *à vent*.

11. Dans les instruments à cordes, plus la corde est *longue*, plus le son qu'elle donne est *grave;* — plus la corde est *courte*, plus le son est *aigu*.

12. De même dans les instruments à vent, plus le tuyau est long, plus le son est grave.

13. Les sons sont *renforcés* par les caisses dites de résonance (caisse du piano, boîte du violon, etc.).

14. Diapason (p. 173). — Le diapason est fabriqué de manière à donner le *la* (870 vibrations par seconde).

[On trouvera, page 221, des *Sujets de rédaction* d'un genre simple.]

V. — L'ÉLECTRICITÉ

147. — L'homme a de tout temps connu le son, la lumière et la chaleur. Mais il n'y a pas plus de deux siècles* qu'il connaît l'électricité, bien que la foudre lui en eût fait constater les effets.

148. Le frottement développe de l'électricité à la surface de la cire et du verre. — Voici un bâton de **cire* à cacheter** (fig. 58) ; je l'approche de tout petits morceaux de papier placés devant moi ; aucun effet ne se produit. 1. Je frotte vivement ce bâton sur ma

1. Qu'arrive-t-il quand on approche de tout petits morceaux de papier un bâton de cire ou de verre qu'on a frotté?

manche (fig. 59); voyez, *les morceaux de papier sautent après*, d'un demi-centimètre de distance (fig. 60).

Fig. 58. — J'approche le bâton de cire du papier : rien! | Fig. 59. — Je frotte ce bâton de cire... | Fig. 60. — ... il attire le papier.

Je prends maintenant un bâton de **verre** et je fais la même expérience; *j'obtiens le même résultat.*

1. Le *frottement a donc développé à la surface de la* **cire** *et du* **verre** *une certaine force*, capable de soulever à distance de petits morceaux de papier : cette force, c'est l'**électricité**. Ah! nous sommes encore loin de la foudre! Mais patience, cela va venir.

149. Les deux états de l'électricité. — Voici maintenant quelque chose de plus curieux encore. J'attache au bout d'un fil de soie un tout petit morceau de moelle de

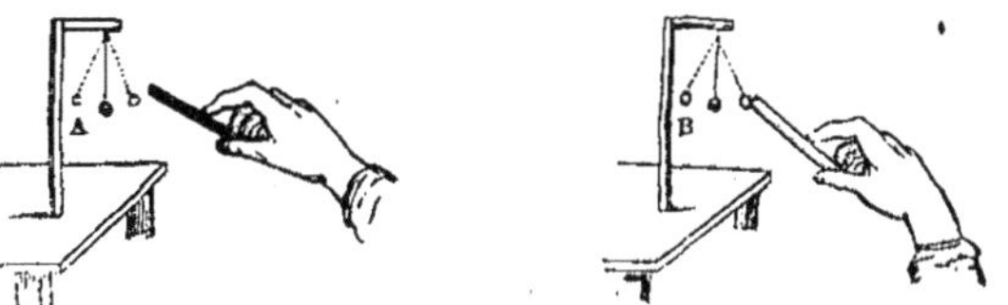

Fig. 61. — La petite balle de sureau, sitôt qu'elle a touché la cire, est repoussée en A.

Fig. 62. — La balle de sureau, qui fuyait la cire, est attirée par le bâton de verre, mais elle est encore repoussée en B, dès que le contact a eu lieu.

sureau (fig. 61), et je le suspends à une petite potence, là, sur le bord de ma table. **2.** J'en approche mon bâton de **cire à cacheter** que je viens de bien frotter; *vous voyez qu'il attire énergiquement la balle de sureau,* comme il attirait tout à l'heure le petit bout de papier; *mais, aussitôt que la balle de sureau a touché le bâton de cire, elle est repoussée* en A, et,

---

1. Quel nom donne-t-on à la force développée à la surface de la cire et du verre? — 2. Que se passe-t-il quand on approche d'une balle de sureau un bâton de cire qu'on a frotté?

voyez; je la chasse maintenant devant moi en la poursuivant avec mon bâton de cire.

1. Vite, je prends mon tube de **verre frotté** et je l'approche (fig. 62). *La petite balle, qui fuyait la cire, s'approche aussitôt du verre et s'y colle; mais bientôt, elle s'enfuit de nouveau en* B. Cette fois-ci, je ne puis plus la rappeler qu'en lui présentant la **cire à cacheter.**

2. Il semble donc que *l'électricité de la cire ne soit pas la même que celle du verre.* **3.** Aussi leur a-t-on donné deux noms; on appelle la première **électricité résineuse**, la seconde **électricité vitrée.**

4. On dit encore, pour des raisons trop difficiles à vous expliquer maintenant, électricité **négative**, pour résineuse, et électricité **positive**, pour vitrée.

Tous les corps donnent ainsi de l'électricité quand on les frotte; tantôt *négative*, tantôt *positive;* mais il n'est pas toujours aussi facile de la mettre en évidence qu'avec la résine et le verre.

150. Attraction et répulsion. — Voici maintenant

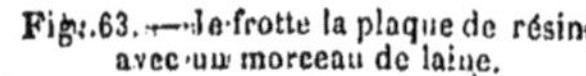

Fig. 63. — Je frotte la plaque de résine avec un morceau de laine.

Fig. 64. — J'en approche mon doigt et j'en obtiens de petites étincelles accompagnées d'un bruit sec.

une grande plaque de résine* emmanchée au bout d'un bâton (fig. 63); je la frotte fortement et longtemps avec un morceau de laine. Non seulement elle attire les corps légers, mais encore, lorsque j'en approche mon doigt (fig. 64), *j'en obtiens de petites étincelles qui partent en faisant un petit bruit sec.* C'est, cette fois, la foudre en miniature : l'étincelle est l'*éclair*, le bruit sec, le *tonnerre!*

---

1. Qu'arrive-t-il quand on approche un tube de verre d'une petite balle qui fuyait la cire? — 2. Que semble-t-il résulter de cette expérience? — 3. Quel nom donne-t-on à l'électricité de la cire? — A l'électricité du verre? — 4. Comment dit-on encore au lieu de *résineuse*, — au lieu de *vitrée?*

Supposez qu'au lieu de ma petite balle de sureau, j'aie suspendu à une potence un petit morceau de *résine* frotté avec précaution. **1.** Si j'en approche mon grand gâteau de **résine**, *le morceau suspendu, au lieu d'être attiré, s'éloignera du gâteau.* **2**. Si, au contraire, *j'en approche* un gros bâton de **verre frotté**, *le petit morceau de résine se précipitera sur lui.*

3. A l'inverse, si à la potence était suspendue une perle de *verre*, elle se rapprocherait du gâteau de résine, et fuirait le bâton de verre.

4. On a déduit de ces expériences, assez délicates à répéter, les deux lois suivantes :

1° *Deux corps qui possèdent l'électricité de même nom, se repoussent;*

2° *Deux corps qui possèdent des électricités de nom contraire, s'attirent.*

151. Corps bons conducteurs et corps mauvais conducteurs. — *Tous les corps s'électrisent quand on les frotte.*

Voyez, avec ce crayon, avec ce bâton de soufre, je soulève aussi, après frottement, les petits bouts de papier. Quand il fait bien sec, on peut tirer de l'électricité de ses cheveux, en les frottant avec le peigne. Les chats donnent surtout de l'électricité quand on les frotte, même doucement, avec la main (fig. 65); leurs poils se soulèvent, et, quand il fait très sec, on peut voir la nuit quantité de petites étincelles en jaillir au passage de la main, avec un léger bruissement.

Fig. 65. — Les chats donnent de l'électricité quand on les frotte par un temps sec.

Les choses ne se passent pas de la même manière si je prends ma règle de **fer**. **5**. *J'ai beau la frotter, je ne puis rien obtenir.* **6**. Si cependant, avant de la prendre et de la frotter,

1. Qu'arrive-t-il lorsqu'on approche un gâteau de résine frotté, d'un petit morceau de résine également frotté? — **2**. Qu'arriverait-il si, au lieu du gâteau de résine, j'approchais du petit morceau de résine un gros bâton de verre frotté? — **3**. Qu'arriverait-il si l'on remplaçait le petit morceau de résine par un morceau de verre? — **4**. Quelles lois déduit-on de ces expériences? — **5**. Je frotte une règle de fer et je la tiens à la main, pourrai-je soulever les petits morceaux de papier? — **6**. Et si j'entoure de soie la partie de la règle que je tiens?

je l'entoure plusieurs fois de cette étoffe de **soie** (fig. 66), je puis en obtenir quelques signes d'électricité, c'est-à-dire soulever quelques petits brins de papier.

Fig. 66. — Si j'entoure le fer d'étoffe de soie, il attirera les brins de papier.

Qu'est-ce que cela veut dire ?

1. Cela veut dire que, avant que j'eusse pris la soie, *l'électricité s'en allait en traversant mon corps, jusque dans le sol, au fur et à mesure qu'elle se formait à la surface de la règle de fer*, tandis que maintenant que la règle est garnie de soie, l'électricité reste sur le fer. Mais pourquoi n'avait-on pas besoin de soie avec le verre ou la cire à cacheter ? Je vais vous l'expliquer.

Je reprends un bâton de cire à cacheter qui n'a pas encore servi, et qui n'attire rien, comme vous voyez. J'en

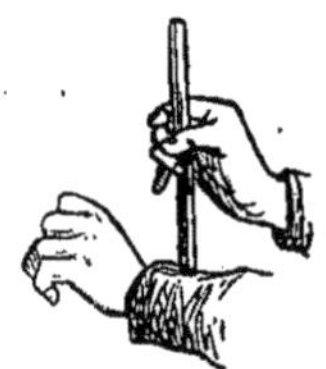

Fig. 67. — Je frotte sur ma manche l'*extrémité* de mon bâton de cire.

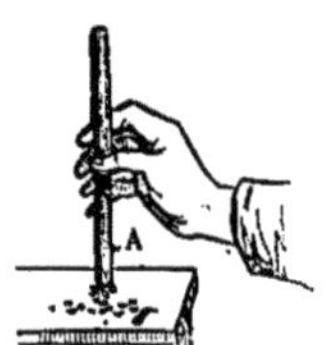

Fig. 68. — L'extrémité seule de mon bâton de cire attire les bouts de papier ; en A, il n'y a plus aucun effet : la cire est un corps *mauvais conducteur*.

frotte doucement et avec soin l'extrémité carrée sur ma manche, l'extrémité seule (fig. 67). Vous voyez (fig. 68) qu'elle attire les petits bouts de papier et autres corps légers ; mais à quelques millimètres du bout, en A, il n'y a plus aucun effet. 2. Ainsi, *l'électricité est restée là où le frottement l'a développée* ; elle ne s'est point répandue dans le bâton de cire. 3. On dit pour cette raison que la cire est un corps **mauvais conducteur** de l'électricité. C'est là un mot que nous avons appris à connaître déjà à propos de la chaleur.

4. Au contraire, quand j'ai produit de l'électricité en frot-

---

1. Qu'est-ce que cela veut dire ? — 2. Comment l'électricité se comporte-t-elle avec un bâton de cire ? — 3. Par quel mot exprime-t-on cette propriété de la cire ? — 4. Comment l'électricité se comporte-t-elle avec un bâton de fer ? — Comment exprime-t-on cette propriété du fer ?

tant ma règle de fer, *l'électricité s'est répandue de suite à l'autre bout*, sur toute la surface, car le fer, lui, est **bon conducteur** de l'électricité. **1.** Or, le corps humain est bon conducteur aussi, quoique moins que le fer; la terre l'est également. C'est pour cela que l'électricité, à peine produite sur la partie frottée de la règle de fer, *a passé dans ma main, dans mon corps et de là dans la terre.*

2. Quant à la soie, elle est mauvais conducteur. *En enveloppant le fer avec la soie, j'ai barré le chemin à l'électricité*, qui a dû rester sur le fer, aussi, avec un peu de patience et un bon poignet, ai-je pu en produire assez pour que toute la barre de fer en donnât des signes manifestes.

3. *Barrer ainsi le passage à l'électricité produite, c'est ce qu'on appelle* **isoler** *un corps*. On se sert pour isoler: de soie, de verre, de résine, de cire, de porcelaine, de caoutchouc, tous corps mauvais conducteurs. La laine, le cuir sec, le bois sec, sont assez mauvais conducteurs. Au contraire, tous les **métaux**, puis, mais très loin après les métaux, l'eau et les corps qui en sont imprégnés, comme les végétaux vivants, les animaux, la terre mouillée, sont bons conducteurs.

152. Divers modes d'électrisation. — **4.** On peut électriser les corps: 1° en les frottant (électrisation par *frottement*); 2° en les touchant avec un corps électrisé (électrisation par *contact*); 3° en en approchant un corps électrisé (électrisation par *influence*).

1° Quand on frotte un corps, il se charge d'une certaine électricité, qui varie d'un corps à l'autre, *positive* pour le verre, *négative* pour la résine; c'est, pour ainsi dire, l'électricité **propre** de ce corps.

2° Quand on touche un corps avec un autre corps électrisé, il se charge d'électricité **semblable**, qui reste sur lui plus ou moins longtemps. Dans l'expérience de la potence (page 175), la balle de sureau, attirée par la cire, s'est chargée d'électricité négative (celle de la cire elle-même) dès qu'il y a eu contact; aussi est-elle repoussée immédiatement, puisque deux électricités de même nom se repoussent.

---

1. Expliquez maintenant pourquoi la barre de fer frotté n'attirait pas les morceaux de papier. — **2.** Expliquez pourquoi la barre de fer enveloppée de soie les attirait. — **3.** Comment exprime-t-on l'action de barrer le passage à l'électricité produite? — **4.** Quelles sont les différentes manières d'électriser un corps?

3° Électrisation par influence. Soit une boule A (fig. 69), chargée d'électricité positive. Si on approche cette boule d'un autre corps B, porté sur un pied isolant, le corps B se divise pour ainsi dire en deux parties : l'extrémité C, qui regarde la boule, prend l'électricité négative ; l'autre extrémité D prend l'électricité positive. Et c'est pour cette raison que ce corps, s'il est mobile, est attiré vers le corps électrisé, les électricités de nom contraire s'attirant.

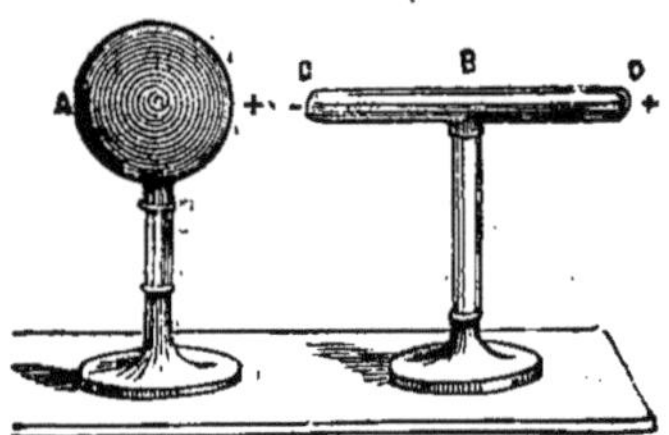

Fig. 69. — Electrisation par influence. — Le voisinage de la boule A, chargée d'électricité positive, amène en C l'électricité négative, et repousse en D l'électricité positive.

153. Pouvoir des pointes. — Quand un corps électrisé et bon conducteur a la forme d'une boule parfaite (fig. 70), *il y a la même quantité d'électricité sur tous les points de sa surface.* S'il a la forme d'un œuf (fig. 71), *l'électricité se porte surtout aux deux bouts.* Si

Fig. 70. — Dans une boule, l'électricité se porte à la surface.

Fig. 71. — Dans un œuf, l'électricité se porte surtout aux deux pointes.

Fig. 72. — Dans un corps terminé en pointe, l'électricité s'échappe par la pointe.

nous supposons que l'œuf s'allonge comme fait cette boulette de mie de pain que je roule entre mes mains, l'électricité *se portera tout entière aux deux bouts*; si j'effile la boulette en forme de pointe à l'une de ses extrémités (fig. 72), *c'est à cette pointe que viendra toute l'électricité*, si bien que le corps ne pourra plus la garder, et que l'électricité s'écoulera dehors. C'est là ce qu'on appelle le **pouvoir des pointes.** 1. Il con-

1. En quoi consiste le pouvoir des pointes?

siste donc en ceci, *qu'un corps chargé d'électricité se décharge si on le rend pointu*, ou simplement si on y plante un objet pointu. Mais, bien entendu, il faut que le corps soit bon conducteur de l'électricité, sans quoi celle-ci resterait où elle est, sans pouvoir voyager pour aller atteindre la pointe.

C'est ce pouvoir des pointes qui a permis de construire des **paratonnerres**; *c'est ce même pouvoir qui fait que la foudre frappe surtout les clochers des églises, ou les arbres pointus, comme les peupliers.* Voyons cela.

154. Paratonnerre. — Nous avons dit que deux corps chargés d'électricité de nom contraire s'attirent. Quand ils se touchent, ou même quand ils s'approchent d'assez près, il jaillit entre eux une **étincelle**, et ils cessent d'être électrisés : ils sont *déchargés* (il vaudrait mieux dire *neutralisés*). Bien mieux, si les corps électrisés sont **pointus**, la décharge *peut se faire assez facilement pour qu'il n'y ait pas d'étincelles.*

1. Ainsi, lorsqu'un nuage orageux, chargé, je suppose, d'électricité négative, s'approche assez près de terre (fig 73), *il électrise par influence la terre, dont l'électricité positive se porte à la surface* et va, comme je viens de vous l'expliquer, s'accumuler sur tous les objets plus ou moins pointus. **2.** Alors, si le nuage n'est pas trop près, ou s'il n'est pas trop chargé, ou bien s'il a plu, et que tous les corps pointus soient ainsi devenus bons conducteurs, étant mouillés, l'électricité *s'écoulera tout doucement* vers les pointes

Fig. 73. — L'électricité s'écoule doucement vers les pointes, clochers ou arbres, et, de là, dans l'air et dans le nuage.

---

1. Qu'arrive-t-il lorsqu'un nuage orageux, chargé d'électricité négative, s'approche assez près de la terre? — **2.** Comment se comportera l'électricité si le nuage n'est pas trop chargé?

et de là dans l'air et dans le nuage, qui se neutralisera.

1. Mais si le nuage contient beaucoup d'électricité, ou si l'électricité de la terre n'a à sa disposition pour s'écouler qu'un trop petit nombre de corps pointus, elle ne pourra s'en aller assez vite, et, *tout à coup une étincelle, un* **éclair** *jaillira, allant tantôt de la pointe au nuage, tantôt du nuage à la pointe*, selon les cas. **2.** Cette étincelle, c'est la **foudre**, qui frappe ainsi de préférence les arbres et les clochers, comme je vous le disais, surtout quand ils sont isolés.

— Mais, Monsieur... — Quoi? Pierre, parlez. — Mais, Monsieur, alors, si l'on met un paratonnerre sur l'église (fig. 74), comme on l'a fait ici, ce sera bien le reste, le tonnerre tombera à tout coup, sur cette longue tige de fer pointue? — Bien observé, mon enfant. Mais soyez tranquille. Avez-vous bien regardé le paratonnerre de l'église? N'y a-t-il pas autre chose que la tige de fer? — Oui, Monsieur, *il y a une grosse chaîne de fer* AB *qui descend tout le long du bâtiment*. — Et où va-t-elle? — On m'a dit qu'elle allait dans un puits C: je ne sais pas si c'est vrai, ni pourquoi. — C'est vrai, mon enfant, et voici pourquoi.

Fig 74. — Si le tonnerre tombe, il suit de préférence la chaîne AB et se perd dans la terre, en C.

Quand le nuage passera sur l'église, l'eau du puits, la chaîne de fer et la tige du paratonnerre seront toujours bien meilleurs conducteurs que le reste de l'édifice, quand même il serait mouillé par la pluie. **3.** Il en résulte que l'électricité du sol s'écoulera toujours vers le nuage par le chemin le plus commode, de préférence à tout autre. **4.** Et si une étincelle jaillit, le tonnerre, en *tombant*, comme on dit, suivra

---

1. Comment se comportera l'électricité si le nuage contient beaucoup d'électricité? — **2.** Quel nom donne-t-on à cette étincelle? — **3.** Qu'arrive-t-il quand un nuage orageux passe sur une église munie d'un paratonnerre? — **4.** Qu'arrive-t il si le tonnerre « tombe »?

ce chemin qui lui offre infiniment moins de résistance. Il est paresseux ou, du moins, il fait plus volontiers ce qui lui coûte le moins à faire. Voilà pourquoi; ou bien le paratonnerre déchargera le nuage lentement sans étincelle; ou bien s'il le décharge tout d'un coup avec étincelle, il en supportera tout l'effet, lui, c'est-à-dire sa tige, sa chaîne et son puits. L'église sera sauvée.

J'espère que vous avez bien compris et que, s'il n'y avait pas de paratonnerre sur l'église, vous n'iriez pas y sonner les cloches, comme on faisait dans le temps, avec l'idée absurde d'éloigner le tonnerre, qui tombait souvent sur le clocher et sur les sonneurs.

155. Deux espèces d'éclairs. — Monsieur, est-ce qu'à chaque éclair le tonnerre tombe quelque part sur terre? — Non, mon enfant. **1**. Il y a des éclairs qui jaillissent *entre la terre et le nuage, et c'est par ces sortes d'éclairs que la terre est foudroyée*. **2**. Mais heureusement, la plus grande partie jaillit *entre deux nuages* qui se trouvent être électrisés, l'un positivement, l'autre négativement (fig. 75), et qui se déchargent en approchant l'un de l'autre. **3**. Ces étincelles sont accompagnées d'un grand bruit appelé *tonnerre*, produit par le déplacement de l'air. **4**. Ce bruit se prolonge même en longs roulements à cause des *échos* que forment les nuages. Les étincelles, qui vont de la *terre* aux *nuages* ne produisent au contraire qu'un son sec et déchirant.

Fig. 75. — Le plus souvent la décharge a lieu entre deux nuages.

Il s'écoule un intervalle de temps plus ou moins grand entre le moment où l'on voit l'éclair et celui où l'on entend

---

1. Citez une première espèce d'éclair. — Quelles sont les conséquences de cette sorte d'éclairs? — **2**. Quelle est la seconde espèce d'éclairs? — **3**. De quoi sont accompagnées ces étincelles? — **4**. Pourquoi ce bruit forme-t-il de longs roulements?

le tonnerre. Voyons qui m'expliquera pourquoi ? — 1. Monsieur, on voit l'éclair dès qu'il se produit, *parce que la lumière marche très vite.* — Très bien, et le son ? — 2 Monsieur, le son, *qui ne parcourt que* 333 *mètres par seconde*, met bien plus de temps à nous parvenir. — Parfaitement, mon enfant, et vous avez même là un moyen très simple de mesurer la distance qui nous sépare du lieu où se produit l'éclair. 3. *Autant il s'écoulera de secondes entre le moment où l'on voit l'éclair, et celui où l'on entend le tonnerre, autant de fois il y aura* 333 *mètres.*

Production de l'électricité

156. Revenons maintenant aux moyens de produire l'électricité. Vous comprenez bien que si l'on veut avoir des quantités un peu importantes d'électricité, on ne s'amuse pas à frotter avec sa main des morceaux de cire à cacheter. On aurait ainsi tout au plus de quoi s'amuser sur le coin d'une table.

4. On produit l'électricité à l'aide de deux espèces d'instruments : les *machines électriques* et les *piles électriques*.

157. Machines électriques. — 5. Les machines

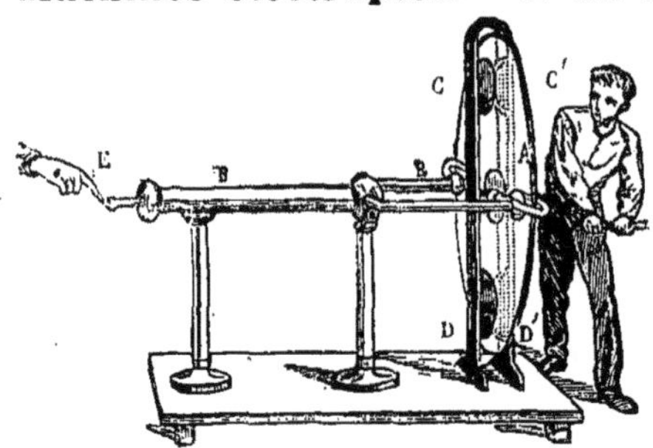

Fig. 76. — Le frottement de la roue de verre A entre les coussinets CC', DD', produit de l'électricité positive, qui s'accumule en B.

électriques (fig. 76) *produisent généralement l'électricité par le*

---

1. Pourquoi voit-on l'éclair dès qu'il se produit ? — 2. Pourquoi s'écoule-t il un intervalle de temps entre l'éclair et le tonnerre ? — 3. Comment peut-on mesurer la distance qui nous sépare du lieu où se produit l'éclair ? — 4. A l'aide de quelles espèces d'instruments produit-on l'électricité ? — 5. Comment les machines électriques produisent-elles l'électricité ?

frottement du verre. Elles se composent d'un plateau de verre A, que l'on fait tourner à frottement entre des coussins CC', DD'. L'électricité, qui est en ce cas positive, s'accumule sur des pièces métalliques B, bonnes conductrices, si bien qu'on peut en tirer des étincelles E, qui sont assez fortes, dans les grandes machines, pour renverser un homme ; on en obtient de plus de 50 cent. de longueur.

158. Piles électriques. — Les piles électriques sont tout autre chose et partent d'un autre principe. **1.** Il faut savoir que *toutes les fois qu'il se fait une décomposition ou une composition chimiques ou*, comme on dit, *une réaction chimique, forte ou faible*, **il se dégage de l'électricité**. Ainsi quand nous faisions, dans notre première leçon, du sulfate de fer avec de l'acide sulfurique et du fer, il se produisait une certaine quantité d'électricité, qui, dans notre expérience, était perdue.

Dans les piles, on s'arrange pour la recueillir. Suivant la réaction chimique qu'on choisit, il faut donner à la pile une disposition particulière.

Je vais fabriquer devant vous une pile bien simple (fig. 77), la première de toutes, celle qu'a inventée l'illustre Volta*. Je mets alternativement l'un sur l'autre des *sous*, des ronds de *zinc* et des ronds de *drap* de la même grandeur, en alternant sou, — c'est-à-dire cuivre, — drap, zinc. Quand il y en a une dizaine de chaque espèce ainsi empilés, j'attache le tout avec une ficelle, je trempe cette sorte de colonne pendant quelques instants dans du vinaigre très fort, puis je l'essuie bien, et je la place sur une assiette. Enfin, dessous et dessus, je fixe, en contact, l'un avec un rond de *cuivre*, l'autre avec un rond de *zinc*, deux fils de laiton* A et B.

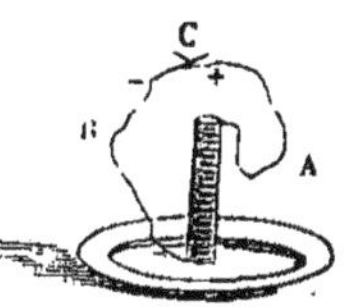

Fig. 77. — Pile électrique. A, fil tenant au cuivre et donnant l'électricité positive. — B, fil tenant au zinc, et donnant l'électricité négative. — C, réunion des deux pôles et production du courant électrique.

2. L'acide du vinaigre attaque le zinc ; *par suite de cette réaction chimique, de l'électricité se dégage*. **3.** Le fil A,

---

1. Sur quel principe reposent les piles électriques ? — **2.** Qu'est-ce qui, dans la pile que nous venons de construire, amène un dégagement d'électricité ? — **3.** Quelle électricité donne le fil A, qui tient au cuivre ? — Quelle électricité donne le fil B, qui tient au zinc ?

qui tient au cuivre, donnera l'électricité positive, le fil B, qui tient au zinc, donnera l'électricité négative. **1.** Si je réunis en C les deux bouts de ces fils, les deux *pôles*, comme disent les chimistes, il y aura un **courant** : un courant bien faible, sans doute, mais il y en aura un.

159. Effets du courant électrique. — Je vais vous donner plusieurs preuves de l'existence de ce courant électrique.

PREMIÈRE PREUVE. Venez ici, Henri, et tendez la langue (fig. 78). J'y place les extrémités des deux fils ; sentez-vous quelque chose ? — Oui, Monsieur, je sens un goût salé. — Et encore ? — **2.** Ah ! je sens comme un petit tremblement dans la langue. — Bon. *C'est le courant électrique qui passe.* Si au lieu de cette pauvre petite pile, j'en employais une forte, vous ne pourriez pas supporter le contact sur la langue. Entre vos doigts même, il vous ferait mal et vous donnerait des secousses terribles.

Fig. 78. — Henri sent un petit tremblement dans la langue : effet physiologique.

SECONDE PREUVE. Je prends une **boussole** (fig. 79), composée, comme vous le savez, d'une aiguille qui tourne sur un pivot et dont l'un des bouts *marque le* **nord**. Je place au-dessus de la boussole les fils réunis de la pile. **3.** Voyez, *l'aiguille dévie aussitôt, et se met en croix*, perpendiculairement à la direction des fils de la pile.

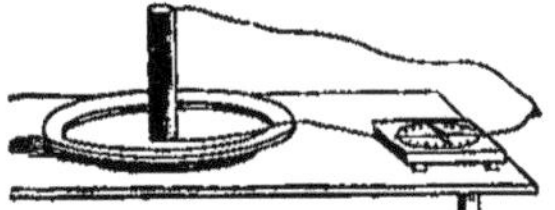

Fig. 79. — L'aiguille de la boussole se met en croix avec la direction des fils de la pile : effet physique.

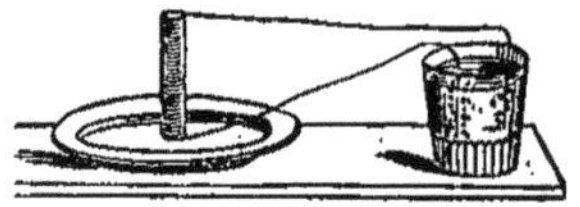

Fig. 80. — L'eau est décomposée en gaz (oxygène et hydrogène) par le courant électrique : effet chimique.

TROISIÈME PREUVE. Voici un verre plein d'eau salée (fig. 80).

---

1. Qu'arrivera-t-il si je réunis les deux fils ? — **2.** Citez un effet physiologique produit sur la langue par le courant électrique. — **3.** Citez un effet physique produit par le courant électrique sur l'aiguille aimantée d'une boussole.

J'y plonge les deux bouts des fils, les deux pôles, à une certaine distance. Regardez avec attention. **1.** Voyez-vous, au bout de quelques instants, se former à chaque pôle de petites bulles de gaz qui se dégagent et montent? C'est *l'eau qui est décomposée par le courant électrique*, comme nous le verrons plus tard.

Quatrième preuve. Enfin, transportons notre pile dans le cabinet noir (fig. 81). Fermons bien tout, pour avoir l'obscurité, et soyez sages. Je réunis et je sépare à plusieurs reprises les deux pôles. **2.** Vous pouvez voir qu'à chaque réunion et à chaque séparation, *il apparaît une toute petite étincelle.*

Fig. 81. — A chaque réunion et à chaque séparation des deux fils, apparaît une petite étincelle.

Nous avons donc obtenu, avec notre petit appareil, tous les effets des fortes piles électriques : 1° l'action sur le corps humain, ou *effets physiologiques;* 2° l'action sur l'aiguille aimantée, et la production d'étincelles donnant lumière et chaleur, ou *effets physiques;* 3° la décomposition de l'eau, ou *effets chimiques.*

Mais avec les fortes piles, que de choses extraordinaires on peut obtenir ! **3.** On pourrait faire entrer un homme en convulsions, le tuer même. **4.** On produit des étincelles qui, bien réglées, donnent la magnifique *lumière électrique*, que les grandes villes adoptent aujourd'hui comme moyen d'éclairage. **5.** On décompose divers corps pour faire *déposer des métaux* sur d'autres corps, et ainsi, par exemple, les argenter ou les dorer. Et combien d'autres choses admirables, dont je ne puis vous parler cette année ! **6.** Entre autres le *télégraphe électrique*, qui envoie les nouvelles à d'immenses distances à l'aide d'un fil conducteur que l'électricité parcourt avec une vitesse égale à celle de la

---

1. Citez un effet chimique produit sur l'eau par un courant électrique. — **2.** Citez un second effet physique produit par la réunion et la séparation des deux pôles de la pile. — **3.** Quel effet produirait une forte pile sur un homme? — **4.-5.** Citez deux applications de l'électricité à l'industrie. — **6.** Au télégraphe. — Au téléphone, etc.

lumière ; le *téléphone*, qui emporte et reproduit la parole humaine elle-même, si bien qu'à l'Exposition d'électricité, qui a eu lieu pour la première fois, à Paris, en 1881, on entendait, à une demi-lieue de distance, tout ce que chantaient les acteurs de l'Opéra ; le *microphone*, qui grossit et fait entendre les plus petits sons, de sorte qu'une mouche marchant sur du papier semble un cheval qui frappe du pied un parquet sonore. Ah! il y en aurait pour la vie entière à étudier tout cela !

Et puis, nous reviendrons aussi sur la production de l'électricité, sur les principales piles électriques employées. Nous irons même plus loin, et je vous montrerai qu'il n'y a pas tant de différence qu'on le croit entre l'électricité positive et l'électricité négative : au fond c'est la même chose, et c'est beaucoup plus simple qu'on ne le dit partout.

RÉSUMÉ. — L'ÉLECTRICITÉ.

1. Électricité positive, électricité négative (p. 175). — Le *frottement* développe à la surface de la cire et du verre une certaine force qu'on appelle **électricité**.

2. L'électricité donnée par la cire est appelée électricité **négative**.

3. L'électricité donnée par le verre est appelée électricité **positive**.

4. Les corps possédant l'électricité *positive* **repoussent** les corps qui possèdent l'électricité *positive*.

5. De même, les corps qui possèdent l'électricité *négative* **repoussent** les corps qui possèdent l'électricité *négative*.

6. Au contraire, les corps qui possèdent l'électricité *positive* **attirent** ceux qui possèdent l'électricité *négative*, et réciproquement.

7. De là les deux lois suivantes :

1° *Les corps possédant l'électricité de même nom se repoussent;*

2° *Les corps possédant des électricités de nom contraire s'attirent.*

8. Corps bons conducteurs et corps mauvais conducteurs (p. 177). — Si, au lieu de frotter de la *cire* ou du *verre*, je frotte une règle de *fer*, l'électricité qui se forme se répand dans la règle, traverse mon corps et se perd dans le sol.

9. Dans la cire et le verre, au contraire, l'électricité *reste* là où le frottement l'a développée.

10. On dit pour cette raison que le fer, le corps humain, la terre, l'eau, sont **bons conducteurs** de l'électricité.

11. La cire, le verre, la soie, sont **mauvais conducteurs.**

12. Pour obtenir du fer quelques signes d'électricité, je suis obligé d'entourer la règle de plusieurs épaisseurs de soie.

13. Barrer ainsi le passage à l'électricité avec un corps mauvais conducteur, c'est ce qu'on appelle **isoler** un corps.

14. Etincelles électriques (p. 176). — Quand on approche le doigt d'une grande plaque de résine qu'on a fortement et longtemps frottée, on obtient de petites *étincelles* qui partent en faisant entendre un petit bruit sec. On a là un orage en petit : l'étincelle est l'éclair, le bruit sec est le tonnerre.

15. On peut électriser des corps par *frottement*, par *contact* ou par *influence* (p. 179).

16. Pouvoir des pointes (p. 180). — L'électricité se porte vers les *pointes*, si bien qu'un corps bon conducteur, *chargé* d'électricité, *se décharge* si on le rend pointu, ou tout simplement si on y plante une pointe.

17. Paratonnerre (p. 181). — Le *pouvoir des pointes*, qui est cause que la foudre tombe d'ordinaire sur les arbres pointus, sur les clochers, etc., a permis de faire les paratonnerres.

18. Un paratonnerre se compose d'une tige pointue prolongée par une grosse chaîne de fer qui va se perdre dans un puits.

19. Lorsqu'un nuage orageux, supposé chargé d'électricité *négative*, s'approche assez près de la terre, il attire à lui l'électricité *positive* du sol.

20. Dès lors il se passe l'un des deux phénomènes suivants :

1° Si le nuage n'est pas trop près, ou s'il n'est pas trop chargé, l'électricité du sol s'écoulera tout doucement vers les pointes du paratonnerre, et de là dans le nuage, qui **se neutralisera.**

2° Si le nuage contient beaucoup d'électricité, l'éclair jaillira entre ce nuage et la pointe, et l'électricité passera dans le puits par la chaîne de fer.

21. Heureusement d'ailleurs, la plupart des éclairs, au lieu de jaillir entre la terre et un nuage, jaillissent entre *deux nuages.*

22. Machines électriques, piles électriques (p. 184). — On produit l'électricité à l'aide de deux espèces d'instruments : les *machines électriques* et les *piles électriques.*

23. Les machines électriques produisent l'électricité par le frottement.

24. Les piles électriques reposent sur ce principe que *toutes les fois qu'il se fait une* **décomposition** *ou une* **composition chimiques,** *ou, comme on dit, une* **réaction chimique**, *forte ou faible, il se dégage de l'***électricité.**

25. Les piles donnent à la fois l'électricité positive et l'électricité négative.

26. En réunissant les deux fils qui recueillent les deux électricités, on obtient un *courant électrique.*

27. Ce courant donne des effets *physiologiques* (tremblement de la langue, convulsions, mort même), — des effets *physiques* (déviation de l'aiguille aimantée, étincelles, lumière électrique), — des effets *chimiques* (décomposition de l'eau).

[On trouvera, p. 221, des *Sujets de rédaction* d'un genre simple].

VI. — LES AIMANTS

160. Vous voyez, mes enfants, ce petit morceau d'acier recourbé comme un fer à cheval (fig. 82). Il n'a rien, en

Fig. 82. — Aimant.

Fig. 83. — L'aiguille se précipite sur l'aimant et s'y colle.

apparence, de bien extraordinaire. Mais regardez ; je l'approche, par ses deux bouts libres, d'une aiguille d'acier (fig. 83) ; quand il en est à environ un centimètre, *l'aiguille se soulève, se précipite sur lui et s'y colle;* il faut que je secoue assez fort pour l'en détacher.

Ce morceau d'acier, *qui attire le fer et l'acier,* est ce qu'on appelle un **aimant**.

161. Attraction du fer par l'aimant. — Voici, mêlées ensemble, plusieurs espèces de poussières (fig. 84) : il y a de la limaille de fer, de la limaille de cuivre, de la sciure de bois, des cendres, de la poussière de charbon, du sable.

Fig. 84. — L'aimant n'attire que le fer.

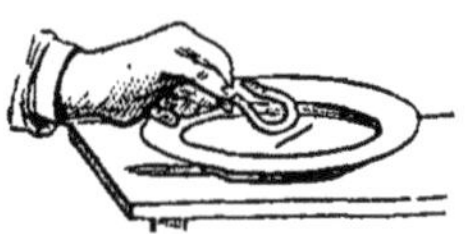

Fig. 85. — La partie arrondie agit à peine.

J'étale cette poussière sur une assiette. Je promène tout près d'elle les bouts de mon aimant. 1. *Voyez, toute la limaille de fer s'y attache énergiquement;* le cuivre et les autres corps ne bougent pas. **L'aimant n'attire que le fer.**

1. Quel est l'effet d'un aimant sur la limaille de fer? — Quel est l'effet de l'aimant sur le cuivre et sur les autres corps?

1. *Un barreau aimanté n'agit guère que par ses deux extrémités.* Vous voyez qu'avec la partie ronde de mon fer à cheval, j'ai peine à faire remuer l'aiguille (fig. 85). 2. C'est pour cela qu'on donne généralement aux aimants cette forme recourbée, qui permet d'utiliser à la fois les deux bouts du barreau.

162. Action de l'aimant à distance. — *L'aimant*, comme vous voyez, *agit à distance*, puisque l'aiguille s'est mise à remuer quand elle était encore à un centimètre des bouts de l'aimant. Rien ne peut empêcher cette action de se produire. Je place mon aiguille sur une feuille de papier, sur un morceau de vitre (fig. 86), sur un morceau d'étoffe de soie. 3. Puis je promène dans tous les sens l'aimant placé au-dessous de l'obstacle : *l'aiguille le suit fidèlement, attirée par lui malgré ces corps, qui n'arrêtent pas l'action de l'aimant.*

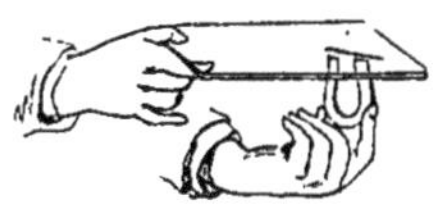

Fig. 86. — L'aiguille suit l'aimant à travers la plaque de verre.

163. Aimantation par contact. — Plaçons l'aiguille sur les bouts de l'aimant et approchons-la d'un peu de limaille de fer (fig. 87). 4. La limaille s'y attache ; ainsi, *l'aiguille s'est aimantée par son contact avec l'aimant.*

Fig. 87. — L'aiguille s'est aimantée : aimantation par contact.

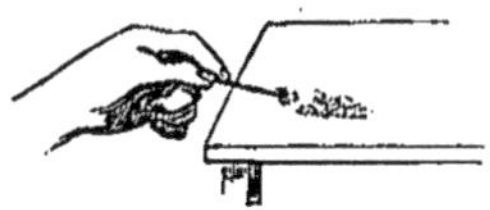

Fig. 88. — Les deux bouts de l'aiguille attirent la limaille.

Je la retire; elle conserve son aimantation, et ses deux extrémités sont capables d'attirer la limaille de fer (fig. 88). *L'aiguille est devenue un aimant à son tour.*

---

1. Tous les points d'un barreau aimanté agissent-ils également? — 2. Pourquoi donne-t-on généralement aux aimants la forme d'un fer à cheval? — 3. L'aiguille séparée de l'aimant par un morceau de vitre le suit-elle fidèlement? — 4. L'aiguille peut-elle devenir un aimant à son tour? — Comment?

C'est par ce moyen que, jusqu'à ces derniers temps, on fabriquait tous les aimants employés en physique. On frottait une pièce d'acier avec un aimant déjà fabriqué, et elle s'aimantait aussitôt. Je dis de l'acier et non du fer, parce que *le fer s'aimante bien*, et même plus facilement que l'acier; mais *il ne garde pas l'aimantation* : quand il est bien pur, il la perd aussitôt que l'aimant cesse de le toucher.

164. Aimant naturel. — Pierre, pourquoi avez-vous ri quand je disais qu'on fabriquait les aimants en les frottant avec d'autres aimants? — Monsieur, je pensais: et le premier aimant, comment l'a-t-on fabriqué, puisqu'il n'y en avait pas d'autre? — Ah! c'est bien; mais ayez un peu de patience : j'allais vous le dire.

C'est qu'il y a des aimants *naturels*. Certains minerais* de fer ont la propriété d'attirer le fer. On en trouve beaucoup en Suède; on en trouve aussi dans d'autres pays, et notamment en Asie Mineure*, dans les environs d'une ancienne ville grecque nommée *Magnésia*; de là vient que les Grecs, qui connaissaient la propriété de ces minerais de fer, lui ont donné le nom de *magnétisme*, qu'on emploie encore aujourd'hui. Vous comprenez maintenant, Pierre? 1. *Avec les aimants naturels, on a frotté des barreaux d'acier et obtenu des aimants artificiels*, et ainsi de suite.* Aujourd'hui, du reste, on a d'autres moyens, dont je vous dirai un mot tout à l'heure.

Passons à autre chose.

165. Attraction et répulsion magnétiques. — Voici un morceau d'aiguille à tricoter, en acier, que j'aimante en le frottant : il attire, comme vous voyez, la limaille de fer par ses deux extrémités. Je le suspends en son milieu par un fil que j'attache à ma petite potence (fig. 89). L'aiguille remue, elle *oscille*, comme on dit, et puis finit par se tenir tranquille dans une certaine direction.

Alors, de l'un de ses bouts A, j'approche un des bouts A' de mon aimant; l'aiguille est évidemment attirée. Bien; cela ne nous étonne pas. Mais patience; et d'abord, comme les choses vont se compliquer, marquons avec une goutte

---

1. Comment a-t-on obtenu les premiers aimants?

d'encre les bouts A, A', de l'aiguille et de l'aimant, les deux bouts qui s'attirent.

Pendant ce temps, l'aiguille est redevenue tranquille, et s'est replacée dans sa position primitive. J'approche alors du bout A de l'aiguille le bout B' de l'aimant. Chose curieuse, l'aiguille est repoussée, et s'enfuit! Retirons vite notre aimant et attendons : l'aiguille se calme et est maintenant immobile.

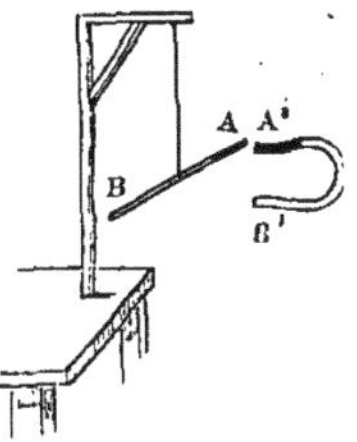

Fig. 89. — Les extrémités de deux aimants s'attirent ou se repoussent deux à deux.

Allons à l'autre extrémité B de l'aiguille, celle qui n'est pas noircie. Présentons-lui le bout B' de l'aimant : elle est attirée. Présentons-lui le bout A' : elle est repoussée.

Ainsi, quand nous approchons deux aimants l'un de l'autre, *leurs extrémités s'attirent ou se repoussent deux à deux.*

Afin de voir clair dans ceci, aimantons bien deux aiguilles AA' (fig. 90), placées l'une à côté de l'autre. 1. Pour y réussir je pose au milieu M des deux aiguilles le bout noirci de mon

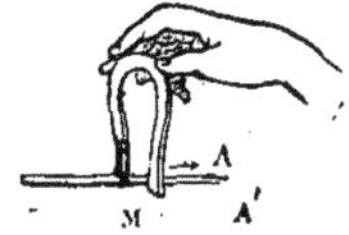

Fig. 90. — Je frotte plusieurs fois les deux aiguilles, de M en AA'.

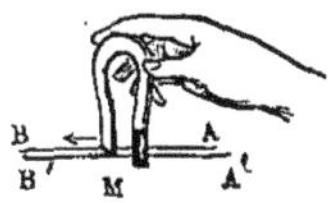

Fig. 91. — Je frotte de même les deux aiguilles, de M en BB'.

aimant, et je les frotte doucement jusqu'à l'une des extrémités AA'; je recommence plusieurs fois cette manœuvre. Puis, je retourne mon aimant (fig. 91), je pose au milieu des deux aiguilles le bout non noirci, et je frotte jusqu'à l'autre extrémité BB', plusieurs fois également.

Maintenant, les deux aiguilles sont aimantées. Noircissons, pour nous y reconnaître, les deux bouts B et B' des aiguilles (fig. 92), puis suspendons avec un fil l'une d'elles, l'aiguille AB, par exemple, bien en son milieu. Nous verrons alors que si du bout A nous approchons le bout A' de l'autre aiguille, A s'enfuit; si nous approchons le bout B', au contraire, A est attiré. L'inverse arrive avec le bout B.

1. Comment s'y prend-on pour aimanter une aiguille par frottement?

1. *Il y a donc aux deux bouts d'une même aiguille, ou, comme on dit, aux deux* **pôles**, *deux espèces de magnétisme, comme il y a deux espèces d'électricité aux deux bouts d'un corps électrisé par influence, ou aux deux pôles d'une pile électrique.* Or, bien évidemment, il y a le même magnétisme en B et en B′ d'une part, en A et en A′ d'autre part.

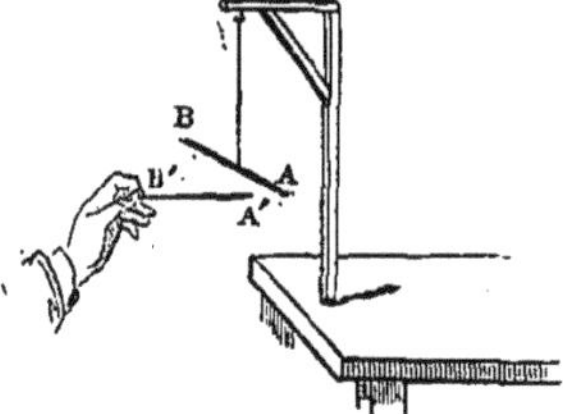

Fig. 92. — A′ repousse l'extrémité A, mais B′ l'attire.

Fig. 93. — Le canard est attiré ou repoussé suivant qu'on lui présente un bout ou l'autre d'une aiguille aimantée.

2. Nous pouvons donc dire *que les pôles semblables se repoussent, et que les pôles contraires s'attirent;* c'est la même formule que pour les deux électricités.

Henri connaît bien cela. Son oncle lui a donné, pour sa fête, un petit canard de zinc qui flotte sur l'eau, et qu'on fait venir ou qu'on chasse (fig. 93), suivant qu'on lui présente un bout ou l'autre d'une aiguille aimantée; c'est parce que le canard a lui-même une autre aiguille aimantée dans le bec. Henri m'a apporté ce joli joujou : voyez comme le canard manœuvre docilement.

166. Boussole. — Revenons à notre aiguille suspendue. Elle a pris une certaine direction; si je l'en écarte, elle *oscille* quelque temps, puis y **revient**. Or, regardez bien de quel côté elle est tournée. 3. *L'un des bouts est dirigé vers le nord, l'autre vers le sud.*

Fig. 94. — L'un des bouts de l'aiguille de la boussole se dirige toujours vers le nord.

4. *La* **boussole** (fig. 94) *n'est pas autre chose qu'une aiguille aimantée;* seulement l'aiguille, au lieu d'être suspendue par un fil, ce qui rendrait l'instrument

1. Qu'y a-t-il aux deux bouts d'une aiguille aimantée? — 2. Quelles sont les deux lois de l'attraction et de la répulsion magnétiques? — 3. Quelle direction prend une aiguille aimantée suspendue? — 4. Qu'est-ce que la boussole?

difficile à transporter, est montée sur un pivot, autour duquel elle tourne librement. Puis, pour qu'elle ne s'abîme pas, on l'enferme dans une boîte vitrée.

Je n'ai pas besoin d'insister sur les usages de la boussole, qui permet de s'orienter* en tout temps et partout, car lorsqu'on connaît le **nord**, les trois autres points cardinaux sont faciles à trouver. Aussi rend-elle d'immenses services, particulièrement aux marins.

Seulement il faut qu'il n'y ait pas d'aimant ou de masse de fer dans le voisinage de la boussole, sans quoi l'aiguille dévierait* et donnerait des indications fausses. Aussi, sur les navires en fer que l'on construit aujourd'hui, on a de grandes difficultés pour régler la marche de l'aiguille.

On ne connaît la boussole en Europe que depuis quatre ou cinq siècles*; mais les Chinois l'avaient inventée très longtemps auparavant.

167. Aimantation par la pile. — Je vous ai dit qu'on ne fabrique plus aujourd'hui les aimants par le frottement d'autres aimants. Voici comment on fait. **1.** Je prends un clou AB (fig. 95), en fer doux; je l'enveloppe d'un brin de paille, qui est un corps isolant; puis, prenant un des fils C de la pile électrique que nous avons fabriquée tout à l'heure, je l'enroule un très grand nombre de fois autour du brin de paille. Vous pouvez constater qu'à ce moment, le clou, dont les extrémités sortent de son fourreau de paille, n'attire nullement la limaille de fer. **2.** Alors, *je rapproche en* E *les deux fils* C *et* D *de la pile, les deux pôles; le courant électrique passe et circule* **autour** *du clou; aussitôt, celui-ci s'aimante et attire la limaille.* Quand j'arrête le courant, la limaille retombe du clou; si je le fais passer de nouveau, elle se recolle au clou; et ainsi de suite.

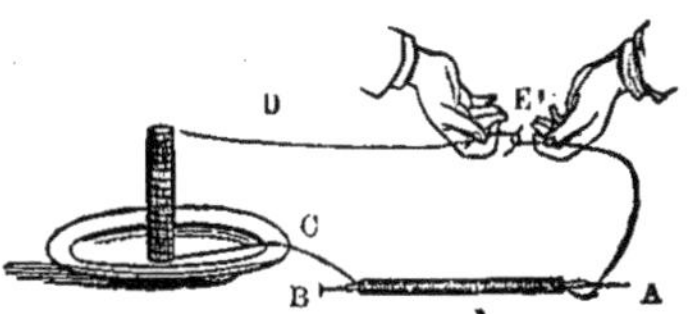

Fig. 95. — Dès que le courant électrique est établi, le clou BA s'aimante (électro-aimant).

3. Nous avons fait ainsi ce qu'on appelle un **électro-aimant**, mot facile à comprendre. Le nôtre est bien faible;

1. Comment disposeriez-vous un clou que vous voudriez aimanter par la pile? — **2.** Ces dispositions prises, que suffit-il de faire pour que le clou s'aimante? — **3.** Quel nom donne-t-on au fer ainsi aimanté?

à peine soulève-t-il quelques brins de limaille de fer. Mais avec de forts courants, on a fabriqué des électro-aimants qui soulèvent plusieurs milliers de kilogrammes.

Ce sont des électro-aimants qui constituent la partie fondamentale des *télégraphes électriques*. C'est là une de ces merveilles dont nous ne pourrons parler que l'année prochaine.

RÉSUMÉ. — LES AIMANTS.

1. **Aimant, magnétisme** (p. 190). — Un **aimant** est un morceau d'acier qui a la propriété d'attirer le fer.

2. Cette propriété a reçu le nom de **magnétisme**.

3. Si l'on frotte une aiguille d'acier avec un aimant, elle s'aimante à son tour.

4. De même qu'il y a *deux espèces d'électricité*, il y a *deux espèces de magnétisme*.

5. Dans une aiguille aimantée, si l'une des extrémités ou *pôles* prend l'un des deux magnétismes, l'autre extrémité prend le magnétisme de nom contraire.

6. Les pôles semblables de deux aiguilles aimantées **se repoussent**; — les pôles contraires **s'attirent**. (C'est la même formule que pour les électricités.)

7. La **boussole** n'est pas autre chose qu'une aiguille aimantée tournant sur un pivot. L'un des bouts de l'aiguille se dirige toujours vers le **nord**.

8. On aimante aujourd'hui le fer ou l'acier par l'action des courants électriques : c'est le principe de la *télégraphie électrique*.

[On trouvera, p. 221, des *Sujets de rédaction* d'un genre simple.]

VII. — LA PESANTEUR

Poids et densité

168. Chute des corps. — J'ai là dans ma main, comme vous voyez, une pierre et un morceau de papier. Je les lâche : la pierre tombe tout droit et arrive tout de suite à terre ; le papier flotte en l'air, mais finit par tomber. Ce que j'ai fait avec ces deux corps, j'aurais pu le faire avec des corps quelconques : *lâchés en l'air, il seraient tombés sur le sol.*

Je reprends ma pierre et mon papier; mais cette fois je

roule celui-ci entre mes mains pour en faire une boule bien serrée, puis, je les lâche tous deux. Ah! maintenant, la boule de papier va aussi vite que la pierre et arrive en même temps au sol.

1. C'est qu'en effet, *tous les corps tombent, et tombent avec la même vitesse*; quand il y a des différences, *elles sont dues uniquement à la résistance de l'air, qui est naturellement d'autant plus grande que le corps présente plus de surface.*

Venez ici, Jacques, et tendez votre main ouverte (fig. 96).

Fig. 96 — JACQUES : « Cela ne m'a pas fait mal. » « Cette fois, je l'ai bien sentie ! » « Ah ! monsieur, vous m'avez fait mal ! »

Je tiens entre mes doigts une balle de plomb et je la laisse tomber dans votre main de dix centimètres de haut à peu près. Cela ne vous a pas fait mal, n'est-ce pas? — Non, Monsieur. — Bien. J'élève le bras à environ un mètre au-dessus de votre main; et je lâche la balle. — Cette fois-ci, Monsieur, je l'ai bien sentie! — Bien, bien. Je monte sur une chaise, et je lâche ma balle d'un mètre plus haut encore. — Ah! Monsieur, vous m'avez fait mal! — Alors, arrêtons-nous là. Mais que signifie cette petite expérience? 2. Elle signifie bien évidemment *que la balle tombe d'autant plus fort, ou plutôt, d'autant plus vite, qu'elle tombe depuis plus longtemps.*

Et la vitesse, quand le corps vient de très haut, est telle qu'on ne le voit pas passer. Par exemple, dans la première seconde de sa chute, un corps parcourt $4^{m},9$; ce même corps parcourt $14^{m},7$ pendant la deuxième seconde, $44^{m},1$ pendant la cinquième seconde, et $93^{m},1$ pendant la dixième seconde

---

1. Puisque tous les corps tombent avec la même vitesse comment se fait-il qu'une feuille de papier tombe moins vite qu'une pierre? — 2. Que constate-t-on dans la chute des corps?

de sa chute. Et ainsi de suite, toujours en augmentant de plus en plus de vitesse. Aussi, si vous sautez par la fenêtre de la classe, qui est à 1m,50 au-dessus du sol, vous ne vous ferez aucun mal. Mais si vous tombiez du haut du clocher, qui a 15 mètres, vous vous briseriez en arrivant sur le sol.

169. Verticale. — Un corps qui tombe ne suit pas un

Fig. 97. — La ligne verticale AB est perpendiculaire à la surface de l'eau.

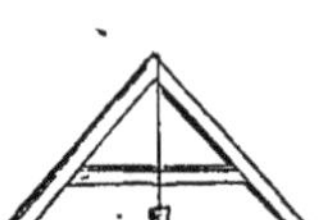

Fig. 98.— Fil avec plomb adapté à un niveau de maçon.

chemin capricieux, irrégulier. 1. S'il n'est pas lancé, *il tombe toujours suivant une ligne droite* AB (fig. 97), *qui est perpendiculaire * à la surface de l'eau*. 2. Cette ligne est appelée **verticale**. 3. Afin de déterminer aisément cette verticale, on attache un corps un peu lourd au bout d'une ficelle; le corps tombe et la ficelle est verticale. 4. C'est là ce qu'on appelle le *fil à plomb* (fig. 98).

170. Poids des corps. — Tendez maintenant vos deux mains, Jacques, et n'ayez pas peur; je ne veux pas, cette fois-ci, vous faire mal. Je place dans l'une, en A (fig. 99),

Fig. 99. — Monsieur, le morceau de plomb B est bien plus pesant que le bouchon.

un gros bouchon de liège, dans l'autre, en B, un morceau de plomb à peu près de la même grosseur. Quelle différence trouvez-vous entre ces deux corps? — Monsieur, le morceau de plomb est bien plus *lourd*, bien plus *pesant* que

---

1. Quelle est la ligne suivie par un corps qui tombe? — 2. Comment appelle-t-on cette ligne? — 3. Comment détermine-t-on aisément la verticale? — 4. Quel nom donne-t-on à un instrument ainsi construit?

le bouchon. — Bien, mais qu'est-ce que cela veut dire, « plus pesant »? — 1. Monsieur, cela veut dire, je crois, *que j'ai plus de peine à l'empêcher de tomber.*

C'est cela en effet. 2. *Tous les corps tombent avec la même vitesse, mais ils ne tombent pas avec la même force.* Vous ne pouviez supporter tout à l'heure une balle de plomb qui tombait de deux mètres de haut, tandis que je pourrais vous jeter ce bouchon du haut du toit sans vous faire mal. On dit *d'un corps qui tombe plus fort qu'un autre, qu'il est* **plus pesant** *que cet autre.*

171. Densité des corps. — Ces choses-là sont plus compliquées qu'elles n'en ont l'air. Tendez de nouveau vos deux mains. J'y mets cette fois un petit morceau de bouchon et un petit morceau de plomb à peu près semblables. C'est toujours le plomb qui est le plus lourd, n'est-ce pas? — Oui, Monsieur. — Bien; j'ajoute maintenant plusieurs gros morceaux de liège à côté du premier, autant que votre main en peut tenir. Qu'est-ce qui est le plus lourd, maintenant? — Ah! Monsieur, c'est le bouchon; mais il n'a pas grand mérite à cela, car il est bien plus gros que le plomb. — Qu'il ait du mérite ou non, cela importe peu. Il n'en est pas moins vrai que le liège est maintenant plus pesant que le plomb. Comment arrangerez-vous cela? — 3. Ah! Monsieur, *pour qu'on puisse comparer le poids du liège au poids du plomb, il faut que le liège et le plomb* **aient la même grosseur.** — 4. Fort bien. Nous dirons donc qu'un corps est « plus lourd » ou « plus pesant » qu'un autre, autrement dit, qu'il a un **poids** plus fort qu'un autre, quand il tombera plus fort que lui, *quel que soit son volume :* ainsi nous dirons : un gros bouchon est « plus pesant » qu'un grain de plomb; mais quand, **à volume égal,** un corps sera plus pesant qu'un autre, nous dirons qu'il est « **plus dense** : » le plomb est « plus dense » que le bouchon.

Il n'y a pas que les solides qui soient pesants, et qui aient des **densités** différentes. 5. Voici un petit flacon A plein

---

1. Que veut-on dire en réalité quand on dit qu'un corps est plus pesant qu'un autre? — 2. A quoi cela tient-il? — 3. Quelles conditions deux corps doivent-ils présenter, si on veut les comparer? — 4. Quand dit-on qu'un corps est « plus lourd » ou « plus pesant » qu'un autre? — Quand dit-on qu'un corps est « plus dense » qu'un autre? — 5. Expliquez ce qu'on entend par le mot *densité*, en prenant pour exemples l'eau et le mercure.

d'eau (fig. 100), et un autre B, de même volume, plein de mercure. Pesez-les dans vos deux mains. Quelle différence!

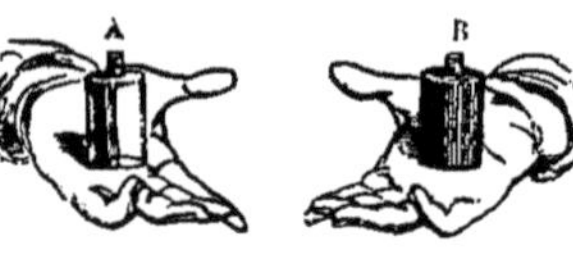

A, eau. B, mercure.
Fig. 100. — La densité (poids sous le même volume) de l'eau A étant 1, celle du mercure B est 13,6.

C'est que le *mercure pèse, sous un même volume*, 13 *fois* 1/2 *plus que l'eau*; autrement dit, *la densité du mercure est* 13 *fois* 1/2 *plus forte que celle de l'eau*. Pour abréger, on prend la densité de l'eau pour unité, et l'on dit : *la densité du mercure est* 13,6.

1. On dit de même que la densité du plomb est 11,4; celle de l'or, 19,5; celle du fer 7,8; celle des pierres ordinaires, 2,7; celle du verre, 2,5; celle du bois de chêne, 0,6; celle du vin, 0,9; celle de l'alcool* pur 0,8.

Enfin *les gaz aussi sont pesants*, et ont des densités différentes. **2.** L'air ne pèse pas beaucoup, 1gr, 293 par litre, 772 fois moins que l'eau; mais enfin, il pèse quelque chose, et un flacon plein d'air est plus lourd qu'un flacon où on a fait le *vide*, c'est-à-dire d'où on a ôté l'air.

172. Balances. — Vous avez bien pu me dire tout à l'heure que ce morceau de plomb est plus lourd que ce morceau de liège, rien qu'en les pesant dans vos deux mains; mais c'était parce qu'il y avait entre eux une grande différence de poids. Vous n'auriez pas pu apprécier de petites différences. Pour le faire, il faut avoir recours à des instruments nommés **balances**.

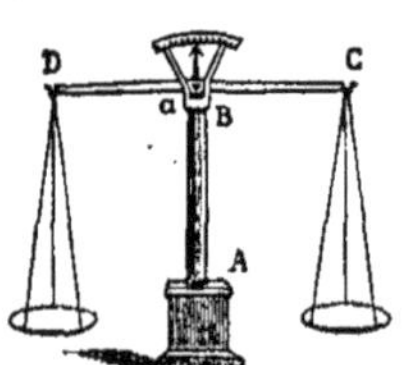

Fig. 101. — Balance ordinaire. — CD, fléau.

Il y a, comme vous le savez, plusieurs espèces de balances. La plus simple et la plus usuelle (fig. 101), est composée d'une tige verticale* fixe AB, et d'une tige horizontale* mobile* DC, placée de telle sorte que son milieu soit juste au sommet de la tige verticale. Aux deux bouts de cette tige horizontale, qu'on appelle le *fléau* de la balance, sont suspendus deux plateaux. *Quand les plateaux et leurs chaînettes de suspension sont exactement de même poids, le*

1. Citez la densité de quelques corps.

2. L'air pèse-t-il? — Comparez le poids de l'air à celui de l'eau.

*fléau reste bien horizontal**. Il en est de même si l'on place dans chacun des deux plateaux des poids bien égaux. Mais si les poids sont inégaux, le plateau sur lequel est placé le poids le plus lourd s'abaisse.

Avec cet instrument, non seulement on voit si deux corps ont le même poids, mais on peut avoir une *mesure* du poids des corps. Pour cela, vous le savez bien, on compare le poids du corps à peser avec de certains poids dont on sait la valeur et que l'on prend pour unités. L'unité principale de poids, vous l'avez appris dans le système métrique, est le *gramme*, poids d'un centimètre cube d'eau distillée*.

173. Mesure du poids des solides. — Je mets dans le plateau d'une balance le corps à peser, mon morceau de plomb, par exemple; le plateau trébuche*. Alors, de l'autre côté, j'ajoute des poids tout préparés, jusqu'à ce que le fléau redevienne horizontal. J'ai ainsi mis un poids de 200 grammes, un de 50, un de 20, un de 3, un de 0,6. Donc, mon morceau de plomb pèse 273gr,6. Ce nombre représente le *poids* du plomb.

174. Mesure de la densité des solides. — Si je veux avec la balance et avec mon morceau de plomb mesurer, non plus le *poids*, mais la *densité* du plomb, cela sera bien facile encore J'ai pris exprès un morceau de plomb taillé régulièrement à six faces bien droites. Ses arêtes* ont, l'une 4 centimètres de longueur, l'autre 3, l'autre 2. Nous avons appris que le volume de ce morceau de plomb est $4 \times 3 \times 2 = 24$ centimètres cubes.

Ainsi, 24 centimètres cubes de plomb pèsent 273gr,6. Or, 24 centimètres cubes d'eau pèseraient 24 grammes. La densité du plomb est donc $\frac{273,6}{24} = 11,4$.

Je voudrais bien savoir ce qui fait rire M. Paul? — Monsieur, votre expérience est trop commode. Vous aviez pris un morceau de plomb bien taillé; c'était bien facile d'en mesurer le volume. Mais comment feriez-vous avec cette pierre, qui est tout irrégulière?

— Ce que je ferais? regardez bien. Voici un vase bien mesuré (fig. 102), où l'on a marqué des chiffres qui indiquent les volumes : c'est ce qu'on appelle une *éprouvette graduée.*

J'y verse de l'eau jusqu'au numéro 100. Cela veut dire qu'il y a 100 centimètres cubes d'eau. Puis, j'y introduis la pierre; l'eau monte, et son niveau arrive à 160. Quel est le volume de la pierre, monsieur Paul? — Monsieur, la pierre occupe évidemment 60 divisions. — C'est-à-dire 60 centimètres cubes. Vous voilà satisfait? — Oui, Monsieur, pour la pierre. Mais si c'était du sucre, il fondrait tout de suite, et on n'aurait pas le temps de voir la place qu'il tient. — Cela est vrai, et il nous faudrait employer des méthodes bien plus difficiles. Vous voyez que les choses les plus simples en apparence se compliquent souvent quand on les regarde de près.

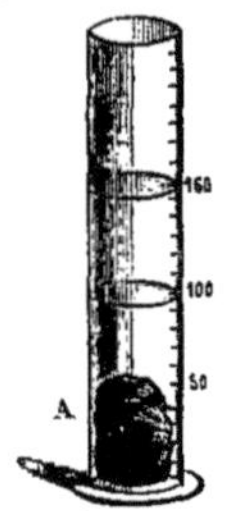

Fig. 102. — Le niveau de l'eau, qui était à 100, monte à 160. La différence indique le volume de la pierre A.

175. Mesure du poids et de la densité des liquides et des gaz. — 1. La même chose se fait pour les liquides, et l'on dit de même *qu'un centimètre cube de mercure* pèse* 13gr,6, et que la **densité** du mercure est 13,6.

Si nous voulons peser un solide, rien de plus simple : nous le plaçons directement dans l'un des plateaux de la balance. Dans l'autre, nous ajoutons des poids jusqu'à ce qu'il y ait équilibre.

Fig. 103. — Un litre d'air pèse 1 gr. 29.

2. Pour connaître le poids d'un liquide, nous allons le mettre dans un verre, et peser le tout ensemble; puis nous chercherons le poids du verre vide, et ce qu'il pèsera nous le retrancherons du poids total. On fait de même pour les gaz.

3. Pour déterminer le poids de l'air, on met dans un des plateaux un ballon de verre plein d'air (fig. 103). Supposons que le ballon contienne juste un litre, et que ballon et air pèsent 101gr,29. Au moyen de la machine pneumatique*, dont je vous dirai un mot tout à l'heure, on enlève tout l'air

---

1. Quel est le poids d'un centimètre cube de mercure?

2. Comment s'y prend-on pour peser un liquide? — 3. Un gaz?

du ballon. Alors, il ne pèse plus que 100 grammes. Nous dirons donc que le litre d'air pèse la différence, c'est-à-dire 1gr,29, ce qui fait 772 fois moins que l'eau.

176. Rapports de la température et de la densité. — Quand on dit qu'un centimètre cube d'or pèse 19gr,5, un centimètre cube de mercure 13gr,6, et un litre d'air, c'est-à-dire 1000 centimètres cubes, 1gr,29, *il est nécessaire d'ajouter qu'on opère à la température de zéro.*

Voyez-vous pourquoi, Paul? Savez-vous si 1 centimètre cube d'or à 0° pèsera plus ou moins que 1 centimètre cube à 100°? — Monsieur, cela pèsera toujours la même chose, puisque cela sera toujours 1 centimètre cube. — Vous vous trompez, mon enfant. Écoutez-moi.

Voilà mon centimètre cube d'or. Dans la glace fondante, à 0°, il pèse 19gr,5. Bien. Je le mets dans l'eau bouillante. Il se dilate, comme je vous l'ai dit. Ce n'est plus 1 centimètre cube, c'est 1 centimètre cube plus quelque chose. J'ôte ce quelque chose pour avoir mon centimètre cube à 100°. Mais il est bien clair que je lui ai enlevé en même temps le poids de ce quelque chose. Donc à 100°, le centimètre cube pèsera moins qu'à zéro.

Les **liquides** se dilatant beaucoup plus que les **solides**, la différence est plus grande encore entre les densités des liquides à différentes températures. Ainsi un centimètre cube de mercure à 0° devient, à 100°, 1cc,02.

Mais ces différences ne sont rien à côté de celles que présentent les **gaz**, à cause de leur extrême dilatabilité*. Un litre d'air à 0° devient, à 100°, *environ un litre et un tiers.* Le poids du litre à 100° a donc diminué d'environ un tiers.

Vous voyez qu'il est nécessaire, surtout pour les gaz et les liquides, de dire à quelle température est prise la densité. Pour plus de simplicité, on la prend toujours à la température de la glace fondante, à zéro. Il n'y a d'exception que pour l'eau, dont la densité est prise à 4° au-dessus de zéro. Aussi, quand on dit qu'un centimètre cube d'eau pèse 1 gr., il faut bien savoir que c'est un centimètre cube à 4°. — Pourquoi 4° ? dites-vous. — Ah ! je vous expliquerai cela l'année prochaine.

J'espère que vous savez bien tous maintenant ce qu'est le *poids* et ce qu'est la *densité* d'un corps et comment on les mesure.

Pression des liquides.

177. Écoulement des liquides. — Allons regarder dans le jardin le tonneau qui me sert à arroser. J'ouvre le robinet qui est en bas. L'eau jaillit au loin. Si l'on y met la main, on sent qu'elle va très fort.

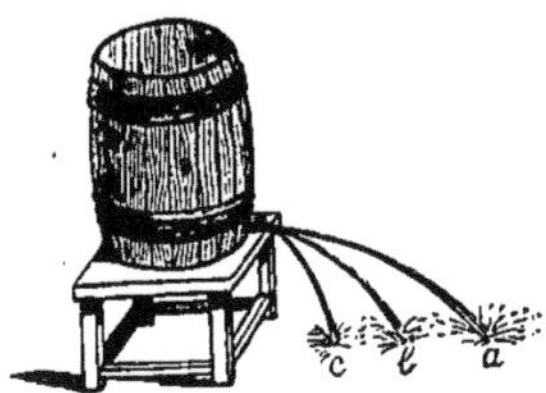

Fig. 104. — A mesure que le tonneau se vide, le jet est de moins en moins fort et rétrograde de *a* en *c*.

1. Mais au fur et à mesure que le tonneau se vide, *le jet est de moins en moins fort* de *a* (fig. 104), il recule vers *b*, puis vers *c*, et, *à la fin, l'eau tomberait presque tout droit.* Vous savez bien cela. Refermons le robinet avant que le tonneau soit vide; nous aurons encore besoin d'eau tout à l'heure.

Si je vous demande ce qui fait jaillir de la sorte l'eau hors du robinet, que me répondrez-vous, Henri? — Monsieur, je répondrai que c'est le poids de l'eau qui est dans le tonneau, puisque plus il y en a, plus le jet est fort. *C'est l'eau qui pousse.*

178. La poussée dépend de la hauteur. — Oui,

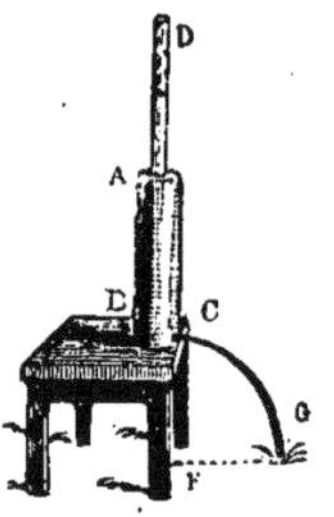

Fig. 105.

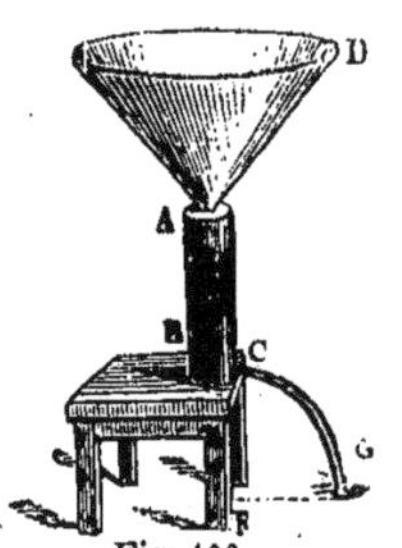

Fig. 106.

Qu'il y ait un simple tube AD, ou un large entonnoir, l'eau jaillit en G, à 15 cent. de F, car ce n'est pas la quantité d'eau qui influe sur la force du jet, *c'est la hauteur* CD *qui fait tout.*

c'est l'eau qui pousse, c'est très vrai. Mais ce n'est pas toute la masse de l'eau, comme vous pourriez croire; *la*

---

1. J'ouvre un robinet placé en bas d'un tonneau plein d'eau; que devient le jet à mesure que le tonneau se vide?

quantité qu'il y a dans le tonneau ne fait rien à l'affaire: c'est la **hauteur** *qui est tout.*

Rentrons dans la classe; je vais vous démontrer ce que je vous dis avec un petit instrument bien simple, que je me suis fabriqué moi-même, car les marchands vendent tout trop cher.

C'est un tube de fer-blanc AB (fig. 105) que j'ai bien bouché par en bas. Je l'ai percé, en C, d'un petit trou, fermé en ce moment avec un bouchon. En A, j'ajuste un second tube D, beaucoup plus étroit, et je remplis le tout d'eau jusqu'à une certaine hauteur. Cela donne, je m'en suis assuré, 400 centimètres cubes d'eau, dont 100 pour le tube D. J'ôte le petit bouchon. Vous voyez que l'eau jaillit assez loin, jusqu'en G, puis se rapproche vite; mesurons la distance FG, c'est-à-dire la plus grande longueur du jet. Je trouve 15 centimètres.

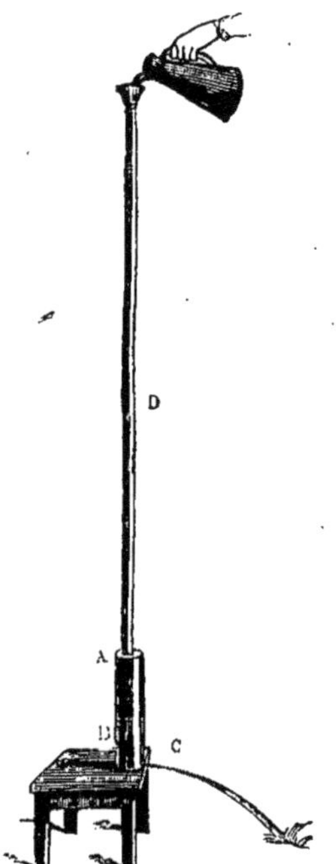

Fig. 107. — La poussée a fait sauter le petit bouchon. Il y a pourtant moins d'eau dans le tube que dans l'entonnoir; mais la *hauteur* CD est plus grande.

Je referme le trou : à la place du tube étroit, je mets un grand entonnoir D (fig. 106), et je remplis le tout d'eau *à la même hauteur* qu'à la première expérience. Il m'a fallu, pour cela, 1300 centimètres cubes d'eau, dont 1000 pour l'entonnoir, celui-ci contenant 10 *fois plus d'eau* que le tube. Pierre, quand j'ôterai le bouchon, l'eau jaillira-t-elle plus loin que tout à l'heure? — Oui, Monsieur, puisqu'il y a dix fois plus d'eau dans l'entonnoir que dans le tube. Elle poussera dix fois plus fort. — Eh bien, non, mon enfant. D'ailleurs débouchons et regardons. Voyez-vous, *l'eau ne jaillit toujours qu'en* G, à 15 centimètres de F; ah! le jet dure plus longtemps, parce qu'il y a plus d'eau;

1. *mais il n'a pas plus de force que tout à l'heure. Vous voyez bien que j'avais raison de vous dire qu'il n'y a que la* **hauteur** *qui compte.*

En voici encore une preuve.

J'ai là un tube étroit tout pareil au premier, mais cinq fois plus long (fig. 107); il contiendrait donc juste moitié autant de liquide que l'entonnoir. Je le fixe sur mon tube en fer-blanc, et je commence à verser de l'eau. Mais patatras! je ne suis pas en D, à la moitié de la hauteur, que le petit bouchon C saute, et que le jet jaillit à 25 centimètres au moins. Qu'est-ce que cela veut dire? Que la poussée a été si forte que le bouchon n'a pu la supporter, et pourtant il y avait moins d'eau que dans l'entonnoir.

179. Mesure de la poussée.— 2. *Ceci revient à dire que la poussée de l'eau sur le fond d'un vase ne dépend que de la* **hauteur** *de l'eau.* Ainsi, si l'on verse dans un vase dont le fond a 1 centimètre de surface, 1 centimètre de hauteur d'eau, la poussée sera de 1 centimètre cube d'eau, c'est-à-dire 1 gramme. Si l'eau versée a un décimètre de hauteur, la poussée sera de 10 grammes, *que ce vase soit fait comme un* **tube** *ou comme un* **entonnoir**.

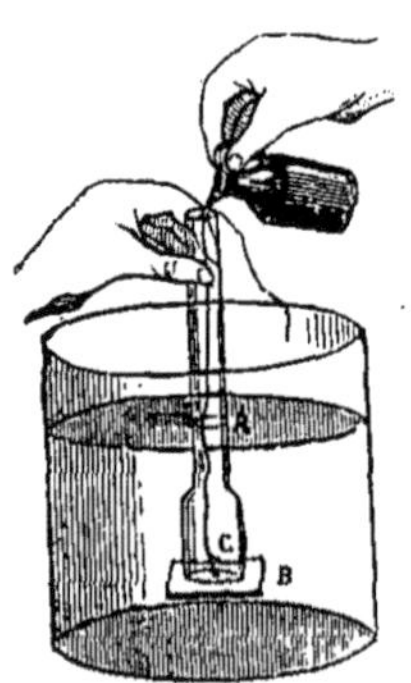

Fig. 108. — Le carton B, soutenu par la poussée de l'eau qui s'exerce en dessous, ne se détache que lorsque l'eau versée dans le verre de lampe est au niveau A de celle du vase.

Bien évidemment, si le fond du vase avait 2 centimètres de surface, la poussée serait de 2 grammes pour 1 centimètre de hauteur d'eau, de 20 grammes pour 10 centimètres. Car, naturellement, chaque centimètre de surface du fond supporte pour son compte le même poids.

Voici une petite expérience bien simple qui nous montre en action la poussée des liquides, et nous donne en même temps sa mesure.

Je prends un verre de lampe (fig. 108), je place dessous un

---

1. Je munis un tube de fer-blanc d'abord d'un simple tube, puis d'un entonnoir, que deviendra le jet d'eau que je ferai jaillir du bas du tube de fer-blanc? — 2. Pourquoi le jet provenant de l'entonnoir n'a-t-il pas plus de force que le jet provenant du tube?

morceau de carton B qui y adhère bien, et j'enfonce le tout dans un vase plein d'eau. Le carton, que je soutenais d'abord à l'aide d'un fil, reste en place, pressé au-dessous par l'eau du vase. Alors, je verse de l'eau dans le verre de lampe. Au moment où cette eau arrive au niveau A de l'eau du vase, le carton se détache et tombe au fond. Cela indique bien que la pression exercée *au-dessous* du carton était égale à une colonne d'eau ayant pour base l'ouverture C du verre de lampe, et pour hauteur la **hauteur** CA.

180. Influence de la densité des liquides. — Naturellement la poussée d'une certaine colonne de liquide sera d'autant plus grande que sa densité sera plus grande. Ainsi il est bien évident que puisque la densité du mercure est 13,6 fois plus forte que celle de l'eau, la poussée d'une colonne de mercure de 1^m de hauteur égalera celle d'une colonne d'eau de $13^m,6$ de hauteur.

181. Equilibre de pression. — Retroussez votre manche, Pierre, et plongez votre bras dans ce seau plein d'eau, jusqu'au fond, la main à plat (fig. 109). Sentez-vous quelque chose ? — Monsieur, l'eau est bien froide. — Oui, mais ce n'est pas de cela qu'il s'agit. Sentez-vous que l'eau pèse sur votre main ? — Non, Monsieur. — Et cependant croyez-vous qu'elle y pèse ? — Oui, Monsieur, puisque ma main est au fond du seau. — Voici donc quelque chose de nouveau : l'eau pèse sur votre main et vous ne le sentez pas.

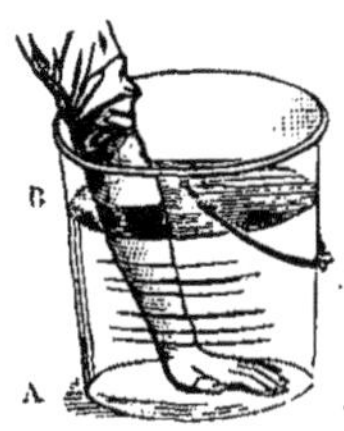

Fig. 109. — Vous ne sentez pas la pesée de 2 kilog. 5, parce que l'eau pèse également sur *toutes* les parties de votre main.

Mais d'abord, mesurez de combien l'eau pèse sur votre main. La hauteur AB de l'eau est de 25 centimètres, et je suppose que votre main a un décimètre carré de surface. Pour aller plus vite, je vais calculer pour vous. Un décimètre carré fait 100 centimètres carrés. 1. Il y a donc au-dessus de votre main une colonne d'eau mesurant 25 × 100 = 2500 centimètres cubes, et par

1. Vous plongez votre main au fond d'un seau plein d'eau, comment calculeriez-vous la pression exercée sur votre main?

conséquent pesant à peu près 2500 grammes. Ainsi, $2^k,5$ pèsent sur votre main et vous ne le sentez pas!

Fig. 110. — Le poisson n'est pas écrasé, parce que la poussée s'exerce bien exactement sur *toutes* les parties de son corps incompressible.

Supposez maintenant un poisson ayant aussi une surface de 1 décimètre carré, et nageant à 10 décimètres ou 1 mètre de profondeur. Il supporte ainsi une pression de 10 kilogrammes. A 10 mètres de profondeur, ce sera 100 kilogrammes, et à 1000 mètres (on a trouvé des poissons à cette profondeur dans la mer), ce sera 10 000 kilogrammes (fig. 110)! Dix mille kilogrammes sur le corps, et cela ne l'écrase pas, ne l'empêche même pas de nager!

Cela est bien extraordinaire, n'est-ce pas? Et pourtant cela est bien naturel.

Comment voulez-vous que ce poisson soit écrasé? *Il n'a dans le corps que des solides et des liquides, et nous avons vu que solides et liquides sont à peu près incompressibles, par suite inécrasables!*

— Mais, Monsieur... — Quoi, Henri? parlez. — Mais, Monsieur, vous dites que les parties solides et liquides sont inécrasables; et pourtant j'ai vu hier notre voisin le forgeron s'écraser un doigt d'un coup de marteau. La partie écrasée était toute en bouillie. C'était horrible; il a fallu lui couper le doigt.

— Bien, mon enfant, j'aime vos observations. C'est que cela est assez difficile à comprendre, et pourtant il faut que vous le compreniez. Donnez-moi votre main et mettez-la sur la table, comme le pauvre forgeron avait la sienne sur l'enclume. Bien; je vais frapper votre doigt avec ce marteau. Ah! n'ayez pas peur, je ne frapperai pas fort! Voyez-vous ce que fait le marteau? Il porte sur une partie seulement du doigt, et la table répond, pour ainsi dire, en portant sur une autre partie. Mais sur les *côtés* du doigt rien ne touche, rien ne porte, *rien ne soutient.* La chair, serrée entre le marteau et la table, si je frappais assez fort, s'échapperait sur les *côtés*, comme s'échappe un noyau de cerise serré entre les doigts, et déchirerait la peau; il y aurait écrasement.

Mais s'il y avait *tout autour du doigt* une résistance égale à la force du coup de marteau, il ne pourrait pas y avoir d'écrasement, ni en haut, ni en bas, ni sur les côtés, ni sur le bout du doigt. Seulement, comme cette résistance n'existerait pas dans la partie du doigt qui tient au corps, le doigt serait écrasé de ce côté. Si, à son tour, le corps était *complètement entouré* d'une résistance égale à la force du coup de marteau, l'écrasement n'aurait lieu dans aucune direction, et, notre corps étant incompressible, il n'y aurait nulle part d'écrasement.

Je parle bien entendu d'un corps dans lequel il n'y a pas de gaz, d'air, comme nous en avons dans la poitrine, et qui est si compressible. Nous serions bientôt écrasés nous, si l'on pouvait nous plonger à 1 000 mètres sous l'eau, — sans compter la noyade. Mais ce que je viens de dire vous explique pourquoi un poisson n'est pas écrasé dans l'eau, malgré la poussée énorme qui s'exerce quelquefois sur son corps? **1.** *C'est que cette poussée s'exerce, bien exactement la même, sur tous les points de son corps, et qu'il n'y a pas de raison pour qu'une partie cède et s'écrase.*

Pression de l'air.

182. Pression atmosphérique. — Si je vous ai tant parlé du poisson, c'est que son histoire est la nôtre, et que, comme lui, nous sommes serrés de tous côtés, poussés par un poids immense, qui ne nous écrase pas plus que le poids de l'eau n'écrase le poisson. Seulement, ce n'est pas de l'eau qui nous entoure, c'est de l'*air*.

2. En effet, *l'air pèse sur nous à la façon dont l'eau pèse sur*

---

1. Pourquoi un poisson n'est-il pas écrasé dans l'eau? — **2.** Parlez de la pression que l'air exerce sur nous. — A combien évalue-t-on cette pression?

le poisson. Et ce poids, que vous ne soupçonnez pas, et sous lequel vous vous promenez fort légers, peut être estimé pour vous, enfants, à 10 000 kilogrammes environ !

Voici une expérience bien simple, qui vous donnera la preuve de cette poussée de l'air. Je prends une carafe à large goulot (fig. 111) et un œuf cuit dur, dont j'ai ôté la coquille avec soin. Je mets l'œuf sur le goulot de la carafe ; il le bouche très bien, comme vous voyez, en collant tout autour. — Drôle d'expérience, dites-vous là-bas? — Regardez et écoutez avant de critiquer.

Fig. 111. — L'air de la carafe, dilaté par la chaleur du papier, a fait le vide en se refroidissant. C'est alors que la pression de l'atmosphère a poussé l'œuf dans la carafe.

Je jette dans le fond de la carafe ce morceau de papier allumé. Au moment où il va s'éteindre, je replace l'œuf sur le goulot. Attendez un petit moment, et maintenant, regardez : l'œuf entre petit à petit dans le goulot, et, tout d'un coup, se précipite dans la carafe avec un grand bruit... Qu'est-ce qui l'a poussé? *C'est l'air, c'est le poids de l'air.*

Comment cela s'est-il fait? Oh! vous savez déjà assez de physique pour que je puisse vous l'expliquer.

Le papier enflammé a échauffé considérablement l'air de la carafe. Il l'a ainsi beaucoup dilaté, et une grande partie de cet air, moitié peut-être, ne pouvant plus tenir dans la carafe, s'est répandue dans l'air extérieur. A ce moment, j'ai placé sur le goulot l'œuf cuit, qui fermait très exactement. Quand le refroidissement a eu lieu, l'air, resté dans la carafe, a voulu *revenir à son volume primitif*, lequel était moitié moindre. 1. Alors *il n'a plus opposé une résistance suffisante à la poussée de l'air du dehors,* et l'œuf, qui s'allonge facilement, a cédé, s'est enfoncé sous le poids, et est entré dans la carafe.

183. Mesure de la pesanteur de l'air.— Autre expérience. Voici un tube de verre, ayant environ 1 mètre de longueur (fig. 112); ce tube est fermé à un bout A par

1. Pourquoi un œuf s'enfonce-t-il dans une carafe où l'on a fait le vide en partie?

un solide petit bouchon garni de cire à cacheter. *Je le remplis d'eau;* puis, je ferme avec mon doigt le bout ouvert B, je renverse le tube et je le plonge dans un verre plein d'eau. J'ôte mon doigt: *le tube reste plein, comme vous voyez. L'eau ne tombe pas dans le verre, mais reste ainsi suspendue sur une hauteur de 1 mètre.*

Fig. 112. — Le tube, fermé en A, ouvert en B, reste plein d'eau et ne se vide pas dans le verre. — Il en serait de même pour un tube qui aurait 10m,33 de hauteur.

Qu'est-ce qui peut la soutenir ainsi? **1.** *C'est la poussée de l'air, qui s'exerce en C, à la surface de l'eau du verre,* et, par suite en B, à la surface inférieure de la colonne d'eau, mais ne peut, à cause du bouchon, s'exercer en A, à la surface supérieure. La preuve, c'est que si j'ôte le bouchon, toute l'eau du tube tombera dans le verre. Voyez.

Notre tube aurait 2, 4, 6, 8, 10 mètres, ce serait encore la même chose. **2.** Mais, s'il était plus long, s'il avait 12 mètres, par exemple, *nous verrions que l'eau dont on l'aurait rempli descendrait, et* **s'arrêterait à 10m,33** *au-dessus du niveau de l'eau du verre.*

3. Cela signifie bien évidemment *que la poussée de l'air, ou, comme on dit en physique, la* **pression barométrique**, *est capable de faire équilibre à une colonne d'eau de 10m,33 de hauteur.*

Mais la construction et le maniement d'un tube de verre de 10m,33 ne sont pas chose commode, et je n'espère pas qu'on puisse jamais faire dans les écoles l'expérience sous cette forme. Je ne le désire du reste pas beaucoup, car nous pouvons faire mieux:

184. Baromètre.— Nous pouvons, en effet, employer un liquide, le **mercure**, dont la densité est 13,6. Il est bien clair qu'une colonne de mercure de 1 mètre, par exemple,

---

1. Je renverse dans un verre un tube plein d'eau, l'eau ne s'écoule pas, qu'est-ce qui la retient ainsi? — **2.** Si mon tube plein d'eau avait 12 mètres de hauteur, qu'arriverait-il? — **3.** Qu'est-ce que cela signifie?

pèsera juste autant qu'une colonne d'eau de même grosseur, ayant 13^{m},6 de hauteur. Par conséquent, pour avoir le poids équivalant à celui d'une colonne d'eau de 10^{m},33, il faudra prendre une colonne de mercure de $\frac{10,33}{13,6} = 0^{m},76$.

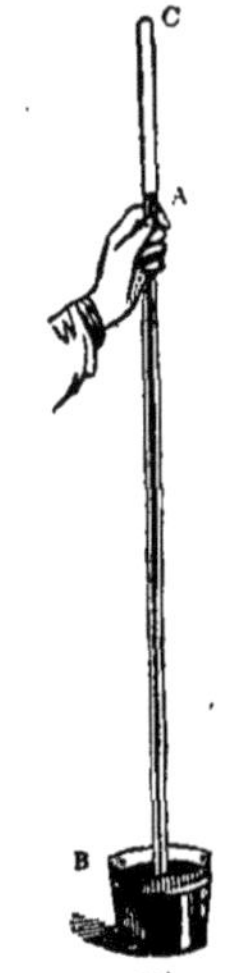

Fig. 113. — Une colonne de mercure AB, de 76 cm. de hauteur, fait équilibre à la pression atmosphérique, qui s'exerce en B.

Ah! cette fois-ci, très bien; un tube de verre de cette longueur est maniable, et nous pouvons vérifier l'expérience. Je reprends mon tube de tout à l'heure, dont j'ai replacé le bouchon; ou plutôt, pour mieux faire, je vais chauffer le bout C (fig. 113) sur ma lampe à alcool jusqu'à ce que le verre fonde, se soude, et bouche le tube : c'est plus sûr qu'un bouchon de liège.

Voilà la chose faite et le tube refroidi. Je le remplis alors de *mercure*, et je le retourne dans un petit verre B où il y a du mercure : aussitôt la colonne s'abaisse et s'arrête en A à une certaine hauteur. Tenez le tube bien droit, Émile. Bon; je mesure avec mon mètre la hauteur où le mercure s'est arrêté au-dessus du niveau du mercure dans le verre : **1**. *Je trouve* **76 centimètres**. C'est bien ce que nous avions calculé.

2. Ce tube plein de mercure, c'est ce qu'on appelle un *mesureur de la pesanteur*, un **baromètre** (de deux mots grecs : *baros*, pesanteur; *metron*, mesure).

185. Rapports du baromètre avec l'altitude* des lieux. — **3**. Si, au lieu de remplir notre tube de mercure ici, dans ce pays de plaines fort peu élevées au-dessus du niveau de la mer, nous avions fait l'expérience au sommet du Puy-de-Dôme*, c'est-à-dire à une hauteur de 1480 mètres au-dessus du niveau de la mer, *la colonne de mercure n'aurait eu que* 0^{m},63 *de hauteur*. Au sommet du mont Blanc

1. Je remplace l'eau par du mercure, quelle hauteur de mercure la pression atmosphérique pourra-t-elle soutenir? — Pourquoi? — **2**. Comment appelle-t-on un instrument ainsi construit? — **3**. Que serait-il arrivé si au lieu de remplir le tube en plaine on l'avait rempli sur le sommet du Puy-de-Dôme? — Sur le sommet du mont Blanc?

(4810 mètres), elle se serait abaissée à $0^{m},42$. Dans l'ascension en ballon du 15 avril 1875, où Sivel et Crocé-Spinelli sont morts asphyxiés, à la hauteur de 8600 mètres, la colonne mercurielle n'avait plus que 26 centimètres.

1. Cela est tout simple, puisque, bien évidemment, *plus on s'élève, moins on a d'air au-dessus de soi.* Comme conséquence, *moins l'air pèse, moins il peut soutenir de hauteur de mercure.*

La hauteur du baromètre n'est pas la même, vous le voyez, sur tous les points de la terre. De plus, en un même point, elle varie suivant diverses circonstances, surtout au moment des orages.

186. Valeur de la pression barométrique.— En prenant comme mesure moyenne, au niveau de la mer, une hauteur de 76 centimètres de mercure ou de $10^{m},33$ d'eau, nous voyons que sur chaque centimètre carré la pression barométrique a une valeur de $1^{k},033$. C'est là ce qu'on exprime ordinairement par les mots une **atmosphère** de pression.

Appliquons cette notion à notre expérience de l'œuf et de la carafe. La chaleur avait chassé environ la moitié de l'air intérieur; donc, après le refroidissement, l'œuf était soutenu, *en dessous*, par une *demi*-atmosphère, tandis qu'*en dessus* il était **poussé** par une atmosphère tout entière. Différence en faveur de la *poussée* : une demi-atmosphère, soit 500 grammes par centimètre carré de la surface du goulot : c'est plus qu'il n'en fallait pour faire entrer l'œuf.

D'autre part, le corps d'un enfant de 10 ans a environ 1 mètre carré de surface, soient 10000 centimètres carrés; c'est donc une pression de 10330 kilogr. que vous ne sentez pas, par la même raison pour laquelle le poisson ne sent pas celle de l'eau. Et comme l'air est en communication par la bouche avec l'intérieur de la poitrine, nous ne pouvons nullement être écrasés. Quand on monte au mont Blanc, la pression n'est plus que de $0^{kil},57$ par centimètre carré. Mais cela ne fait rien, puisque tout s'équilibre, et l'on ne s'aperçoit nullement de la différence. Les accidents qu'on éprouve sur les très hautes montagnes tiennent à une autre cause, dont nous dirons un mot plus tard.

---

1. Expliquez cette diminution de la hauteur barométrique.

Maintenant vous savez très bien, j'en suis sûr, ce qu'on entend par *poids*, *densité* et *pression*. Vous savez de même comment on les mesure, ce qu'est la *balance*, ce qu'est le *baromètre*. Ce sont là des notions très importantes, et si vous les avez bien comprises, bien des choses compliquées ne vont plus vous paraître qu'un jeu.

187. Ballons. — Je vous ai dit, en commençant à parler de la pesanteur, que tous les corps tombent à terre, lorsqu'on cesse de les soutenir. J'ai eu peur en ce moment d'être interrompu. Mais personne ne l'a fait. Si vous étiez de petits Parisiens, vous n'auriez pas manqué de m'arrêter

Fig. 114. — Ces petits ballons sont gonflés avec un gaz plus léger que l'air (hydrogène).

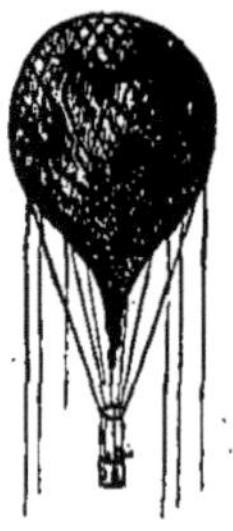

Fig. 115. — Les grands ballons contiennent du gaz d'éclairage.

Fig. 116. — Le bouchon, lâché sous l'eau, remonte à la surface.

pour me parler des petits ballons qu'on donne dans les magasins (fig. 114), et qu'il faut retenir avec une ficelle, si l'on ne veut pas qu'ils s'envolent ; vous auriez pu aussi me signaler les grands ballons (fig. 115), qui s'élèvent en l'air emportant plusieurs hommes. Voilà une exception, n'est-ce pas? Eh bien, non; ce n'est pas une exception.

Mais d'abord, ne connaissez-vous pas d'autres corps qui s'élèvent au lieu de tomber, quand on les lâche? Non? Pierre, venez ici; prenez ce bouchon, plongez votre bras dans ce seau plein d'eau, et lâchez le bouchon quand votre main sera au fond (fig. 116). — Ah! Monsieur, ce n'est pas la peine! je sais bien que le bouchon remontera. — Eh bien, pourquoi ne le disiez-vous pas tout de suite? Oui, il remontera; mais pour quelle raison?

Lequel est le moins *dense*, du bouchon ou de l'eau? — C'est le bouchon, puisqu'il remonte. — Ah, vous allez trop vite! Oui, le bouchon est *moins dense* que l'eau. Ainsi ce morceau de bouchon pèse moins qu'un *même volume d'eau*, c'est-à-dire qu'il tombe moins fort. Par conséquent, si vous le lâchez au milieu de l'eau, l'eau qui est immédiatement au-dessus de lui, va *tomber* avec plus de *force* que lui, et nécessairement le déplacera en le faisant remonter. Et ainsi de suite, si bien que, finalement, le bouchon arrivera à la surface.

Faisons l'expérience, mais en la compliquant un peu. Je pique dans le bouchon un gros clou, puis je plonge le tout dans l'eau : voyez, le bouchon remonte, en entraînant le clou. Mais si je mets deux clous, le bouchon reste, et même il s'en va lentement au fond.

Eh bien, pour le ballon, c'est la même chose. 1. *Le ballon est un sac qui renferme un gaz moins dense que l'air.* Tantôt c'est de l'air chauffé, tantôt c'est du gaz d'éclairage. Le ballon monte dans l'air absolument comme le bouchon dans l'eau : et de même que celui-ci peut entraîner un clou, le ballon peut emporter une nacelle et des hommes.

C'est bien simple, comme vous voyez. Mais pourquoi cela vous paraît-il simple? Parce que vous savez bien ce qu'est la densité.

188. Applications du principe de la pression atmosphérique. — Voyons une autre application des principes que nous connaissons.

Sur une petite terrine T (fig. 117), pleine d'eau, je mets un bouchon, et, sur le bouchon, un morceau de papier que j'enflamme. Puis, sur le tout, je renverse un verre vide, que j'enfonce un peu dans l'eau; aussitôt, l'air s'échappe du verre en grosses bulles et le papier s'éteint. *Bientôt, vous voyez l'eau monter et remplir presque complètement le verre jusqu'en* AB. Pourriez-vous m'expliquer ceci, Paul? — Oui, Monsieur. — Voyons. — Monsieur, le papier que vous avez brûlé dans le verre a chauffé l'air, qui, en se dilatant, a tenu trop de place, et s'est sauvé par dessous; puis l'air

1. Pourquoi les ballons peuvent-ils s'élever dans l'air?

s'est refroidi, s'est contracté, et l'eau est remontée prendre la place qu'il a laissée libre. — Bien; mais qu'est-ce qui la pousse, l'eau? — 1. Monsieur, c'est l'air; c'est la *pression*

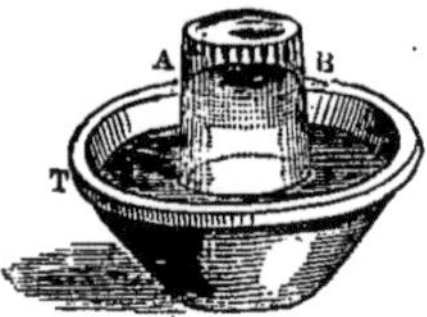

Fig. 117. — Le papier enflammé a produit un vide dans le verre. Ce vide, l'eau, poussée par la pression atmosphérique, l'occupe en montant jusqu'en AB.

Fig. 118. — L'eau qui remplit le verre est maintenue par la pression atmosphérique, qui agit sur la surface de l'eau de la terrine.

atmosphérique, qui agit sur la surface de l'eau de la terrine, et qui refoule l'eau dans le verre.

Maintenant regardez. Je couche le verre sous l'eau, je le remplis d'eau et le relève (fig. 118); l'eau ne tombe pas. Pourquoi? — Monsieur, c'est un baromètre que vous avez fait là. — Ah! c'est très bien répondu.

189. Ventouse. — Je reprends mon verre, je le retourne et j'allume dedans un morceau de papier. Puis, je l'applique sur mon bras (fig. 119), en ayant soin que le bord porte bien tout autour. Aussitôt le papier s'éteint, et bientôt après voilà ma peau qui se gonfle et qui remplit une partie du verre. Celui-ci tient très fort maintenant, et j'aurais peine à l'arracher. Mais je le soulève par un point, et il se détache d'un coup, aussitôt que l'air rentre. Vous comprenez bien que c'est comme pour l'eau et comme pour l'œuf de tout à l'heure. 2. L'air, en s'échauffant, est parti du verre, et quand le refroidissement est arrivé, *il s'est fait dans le verre un certain degré de « vide », que la peau, poussée par la pression atmosphérique, est venue remplacer en partie.* 3. C'est là ce que les médecins appellent appliquer une *ventouse.*

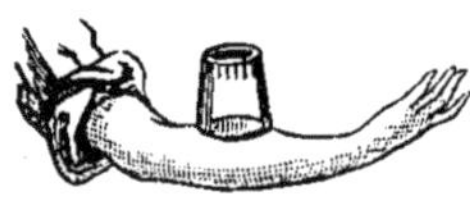

Fig. 119. — Le papier enflammé a produit un vide dans le verre; ce vide, ma peau poussée par la pression atmosphérique, va le remplir en partie.

---

1. Qu'est-ce qui fait monter l'eau dans un verre dans lequel on a fait le vide? — 2. Pourquoi la peau va-t-elle remplir en partie un verre dans lequel on a fait le vide? — 3. Quel nom les médecins donnent-ils à cette opération?

190. Pipette. — Jacques, votre père qui est tonnelier, m'a prêté ce petit instrument que vous connaissez tous; c'est une *pipette* qui sert à tirer le vin (fig. 120). Elle consiste en un tube de zinc percé d'un trou à chacune de ses deux extrémités. Je l'enfonce dans l'eau dont elle se remplit, naturellement; puis, je bouche avec le doigt le trou supérieur A, et je retire la pipette. La voici pleine d'eau. Pourquoi l'eau ne tombe-t-elle pas par le trou d'en bas, Jacques? — 1. Monsieur, parce que *la pression de l'air la soutient;* c'est comme le verre de tout à l'heure et comme le baromètre. — De mieux en mieux.

Fig. 120. — Je bouche l'extrémité A, et je retire la pipette pleine d'eau. L'eau ne tombe pas, parce qu'elle est soutenue par la pression atmosphérique.

Fig. 121. — L'eau de la cuvette, poussée par la pression atmosphérique, monte dans la petite seringue à oreilles.

191. Pompes. — Voici une petite seringue à oreilles, pleine d'eau. Je la place verticalement, le bec dans ma terrine, et je la vide en poussant la tige en bas. Puis je relève la tige lentement (fig. 121). Qu'arrive-t-il, Jacques? — *L'eau monte dans la seringue.* — Et pourquoi? — 2. *Parce que le piston bouche bien, et que la pression atmosphérique pousse à la surface de l'eau.* Mais c'est encore une espèce de baromètre que vous faites là. — Bien. Et jusqu'où l'eau montera-t-elle dans la seringue? — Jusqu'au bout. — Et si ma seringue avait plusieurs mètres de long? — 3. Toujours jusqu'au

1. Pourquoi l'eau ne tombe-t-elle pas d'une pipette que l'on bouche à son extrémité supérieure? — 2. Pourquoi peut-on « aspirer » de l'eau avec une seringue? — 3. Quelle est la plus grande longueur que pourrait avoir une seringue?

bout, Monsieur, *à moins qu'elle n'ait plus de* $10^m,33$, *parce qu'alors la pression atmosphérique ne serait plus assez forte.*

— Fort bien, mon enfant. Or, c'est là toute la théorie des **pompes**. Nous nous en occuperons l'année prochaine, parce qu'il y a beaucoup d'espèces de pompes, et que leur histoire paraît assez compliquée. Mais, en réalité, elle est assez simple, et les pompes ne sont, au fond, que des seringues.

1. Parmi ces pompes, *il en est une très curieuse, qui sert à retirer d'un vase* A (fig. 122) *non de l'eau, mais de l'***air**. C'est la *machine pneumatique,* qui permet de faire les plus curieuses expériences.

Avec les pompes, nous parlerons du **siphon**, et de bien d'autres choses intéressantes, vous verrez!

Mais avant d'en finir cette année avec la physique, j'ai encore quelque chose à vous dire.

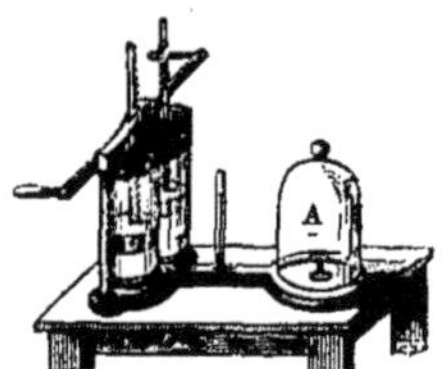

Fig. 122. — Les machines pneumatiques servent à retirer d'un vase A, non pas de l'eau, mais de l'*air*.

Fig. 123. — L'eau s'arrête en A, juste au même niveau que dans le tonneau.

192. Égalité de niveau des liquides. — Retournons au jardin, vers notre tonneau d'arrosage, que nous avons laissé à moitié plein d'eau. J'ajoute au robinet, avec un petit bout de tube de caoutchouc, mon grand tube de verre (fig. 123), avec lequel j'avais fait un baromètre et que j'ai rouvert aux deux bouts. Puis je vais ouvrir le robinet. Pierre, que va faire l'eau du tonneau? — Monsieur, elle va monter dans le tube. — Bien ; et jusqu'où? — *Jusqu'à la même hauteur que dans le tonneau,* je crois. — Et vous avez raison. Voyez, j'ouvre le robinet, et il semble que l'eau bondit dans le tube; finalement, elle s'arrête en A, juste *à la hauteur*, ou comme on dit, *au niveau qu'elle a dans le tonneau.*

---

1. A quoi servent les machines pneumatiques?

1. Ainsi *l'eau, dans des vases qui communiquent entre eux, prend un niveau qui est le même pour tous les vases.* Ce niveau est absolument horizontal *; le fil à plomb, qui est vertical *, tombe bien perpendiculairement sur lui.

193. Jets d'eau. — 2. C'est pour rejoindre le niveau du réservoir R (fig. 124), placé sur le haut de la tourelle,

Fig. 124. — L'eau jaillit presque jusqu'à la hauteur de l'eau du réservoir R.

que jaillit le jet d'eau dans le jardin de M. le Maire. Il ne monte pas aussi haut que le réservoir, parce que l'air lui oppose une résistance; mais, si on plaçait un tube vertical sur le bout du jet, l'eau monterait juste au niveau voulu, comme à notre tonneau.

RÉSUMÉ. — La Pesanteur.

1. **Chute des corps** (p. 196). — Tous les corps tombent avec la même vitesse.
2. Quand il y a des différences, elles sont dues à la résistance de l'air.
3. Les corps tombent d'autant plus vite qu'ils tombent depuis plus longtemps.
4. Un corps qui tombe suit une ligne droite appelée **verticale**, qui est perpendiculaire à la surface de l'eau.
5. Le *fil à plomb* donne la **verticale**.
6. Le **poids** d'un corps est la pression qu'il exerce quand on l'empêche de tomber.
7. **Densité** (p. 199). — La **densité** d'un corps est le poids d'un certain volume de ce corps comparé au poids d'un même volume d'eau.
8. Un litre d'eau pèse 1 kilogramme : sa densité est 1.

---

1. On met un tube en communication avec un tonneau plein d'eau, on tient le tube verticalement, que se passera-t-il? — 2. Citez une application de l'égalité de niveau de l'eau dans les vases communiquants.

9. Un litre de mercure pèse 13 kilogrammes 6 : sa densité est 13,6.

10. Un décimètre cube de fer pèse 7 kilogrammes 8 : sa densité est 7,8.

11. Un décimètre cube de chêne pèse $0^k,6$: sa densité est 0,6.

12. Pour mesurer le *poids* des corps, on se sert de la balance.

13. Pour connaître la *densité* d'un corps, on divise le poids du corps par le poids d'un même volume d'eau.

14. La densité d'un corps diminue quand sa température augmente, parce que le corps se dilate.

15. **Pression des liquides** (p. 204). — La *poussée* d'un liquide sur le fond d'un vase ne dépend que de la **densité** de ce liquide et de sa **hauteur** au-dessus du fond.

16. Que le tube ait le même diamètre dans toute sa hauteur, ou qu'il aille en s'élargissant comme un entonnoir, la poussée sur le fond sera toujours la même.

17. Un poisson d'un décimètre carré de surface, nageant à 10 mètres de profondeur, supporte, d'après la loi qui précède, une pression de 100 kilogrammes.

18. S'il n'en est pas écrasé, c'est parce que cette pression s'exerce de tous les côtés à la fois, et que les solides et les liquides qui composent le corps du poisson sont incompressibles et, par suite, inécrasables.

19. **Pression de l'air. Baromètre** (p. 209). — L'air pèse sur nous à la façon dont l'eau pèse sur les poissons.

20. Cette pression de l'air peut faire équilibre à une colonne d'eau de $10^m,33$ de hauteur.

21. Pour plus de facilité, on remplace l'eau par le mercure, dont la densité est 13,6 fois plus considérable. La hauteur de mercure qui fera équilibre à la pression atmosphérique sera donc 13,6 fois moindre, soit $0^m,76$. C'est ainsi qu'on fabrique les *baromètres*.

22. La hauteur de la colonne mercurielle diminue, si l'on s'élève sur le sommet d'une montagne ou dans un ballon.

23. C'est à la pression atmosphérique qu'est due l'ascension des liquides dans les pipettes, dans les pompes, dans les siphons.

24. **Vases communiquants** (p. 218). — Dans les vases qui communiquent entre eux, l'eau prend un niveau qui est le même pour tous les vases.

25. C'est en vertu de ce principe que l'eau d'un réservoir élevé descend et remonte à la même hauteur, soit qu'elle s'élance sous forme de jet d'eau, soit qu'elle soit projetée par un tuyau d'arrosage.

SUJETS DE RÉDACTION.

1er devoir (p. 138). — Les trois états des corps. — Les trois états de l'eau, — du zinc. — Peut-on facilement comprimer les gaz ? — Application à l'air. — Peut-on comprimer les liquides et les solides ?

2e devoir (p. 140). — Évaporation. — Ébullition. — Distillation.

3e devoir (p. 142). — Donner un exemple de la dilatation des solides par la chaleur, — des liquides, — des gaz. — Exception que présente l'eau.

4e devoir (p. 145). — Construction des thermomètres.

5e devoir (p. 149). — Le bois et le charbon, l'air, mauvais conducteurs de la chaleur. — Pourquoi les vêtements nous protègent contre le froid. — Pourquoi on garnit de bois le manche des outils qui vont au feu.

6e devoir (p. 152). — Force de la vapeur d'eau bouillante. — Application de cette force aux machines.

7e devoir (p. 155). — Vitesse de la lumière. — Réflexion sur les miroirs. — Brisure apparente des corps qu'on plonge dans l'eau.

8e devoir (p. 158). — Lentilles concaves et lentilles convexes. — Foyer d'une lentille. — Microscopes. — Lunettes d'approche. — Lunettes pour myopes et lunettes pour presbytes.

9e devoir (p. 163). — Dispersion de la lumière. — Spectre solaire. — Pourquoi le papier de votre cahier paraît blanc. — Pourquoi l'encre paraît noire. — Pourquoi le pantalon d'un soldat de la ligne paraît rouge.

10e devoir (p. 167). — Vibration des corps. — L'air propagateur du son. — Vitesse du son dans l'air. — Les liquides et les solides transmettent-ils le son ? — Écho.

11e devoir (p. 171). — Instruments à cordes. — Instruments à vent. — Sons graves. — Sons aigus. — Le *la* du diapason. — Caisses de résonance.

12e devoir (p. 175). — Électricité vitrée ou positive. — Électricité résineuse ou négative. — Attraction et répulsion. — Ce qu'on appelle *corps isolants*.

13e devoir (p. 180). — Pouvoir des pointes. — Paratonnerre. — Les deux espèces d'éclairs.

14e devoir (p. 185). — Piles électriques. — Effets des courants électriques.

15e devoir (p. 190). — Attraction du fer par l'aimant. — Attraction et répulsion magnétiques. — Boussole. — Aimants naturels. — Aimants artificiels.

16e devoir (p. 198). — Poids des corps. — Densité. — Comment on trouve l'un et l'autre.

17e devoir (p. 204). — De quoi dépend la poussée des liquides. — Preuves à l'appui.

18e devoir (p. 209). — Pression atmosphérique. — Valeur de cette pression en eau, — en mercure.

19e devoir (p. 215). — Application du principe de la pression atmosphérique : verre plein d'eau, en contact avec une terrine d'eau et ne se vidant pas ; — ventouses ; — pipette ; — pompes.

20e devoir (p. 218). — Égalité de niveau des liquides dans les vases communiquants. — Applications : jets d'eau, arrosage, distribution de l'eau dans les villes.

V. — LA CHIMIE

Généralités.

194. Différences entre les phénomènes physiques et les phénomènes chimiques. — Vous avez bien compris, n'est-ce pas, mes enfants, ce qu'est un phénomène *chimique*, comparé à un phénomène *physique*. **1.** En physique, on finit toujours par retrouver le corps mis en expérience **tel qu'il était auparavant**. On le chauffe, il se refroidit; on l'électrise, il perd son électricité; on le fait vibrer ou tomber, il s'arrête; on le fond, il se solidifie; on le dissout, il reparaît après que le liquide s'est évaporé. **2.** Mais en **chimie**, c'est bien différent : on ne retrouve plus le corps mis en expérience, il est devenu **un autre corps**, où jamais on ne pourrait le reconnaître directement.

Tenez, voici du *soufre*, détaché de ces allumettes; c'est un corps jaune, solide, et qui ne sent presque rien. J'y mets le feu (fig. 1) : il brûle et disparaît; mais en vous approchant, vous avez bien senti une odeur vive, âcre, qui vous faisait tousser. **3.** C'est un *gaz* qui se dégageait : le soufre est dans ce gaz odorant, sans couleur; et l'on ne s'en douterait jamais.

Fig. 1. — Le soufre que je brûle *se combine* avec l'oxygène de l'air pour former un autre corps : phénomène chimique.

4. Le soufre est dans ce gaz; mais il n'y est pas seul; il s'est **combiné**, comme on dit, *avec un autre corps* que nous allons apprendre à connaître dans un moment. Et c'est le produit de cette *combinaison* qui est le gaz.

---

1. Qu'est-ce qui caractérise un phénomène *physique?* — **2.** Qu'est-ce qui caractérise un phénomène *chimique?* — **3.** Que se passe-t-il quand vous *brûlez* un morceau de soufre? — **4.** Le soufre est-il *seul* dans ce gaz? Il y a eu là un phénomène...?

Car voilà la véritable différence avec la physique. En physique, on ne considère *qu'un seul corps;* en chimie, il y en a toujours *plusieurs* en présence.

Je prends un autre morceau de soufre ; je le mets sur le bout de ce vieux couteau et je le chauffe avec précaution sur la bougie, de manière qu'il ne s'enflamme pas. **1**. Vous le voyez fondre, il se liquéfie; mais c'est toujours du soufre *tout seul*. La chaleur augmente ; la petite goutte de soufre diminue à vue d'œil, et disparaîtra tout à l'heure. Le soufre se vaporise, il devient un gaz; mais c'est toujours du soufre, et du soufre *tout seul*. **2**. La preuve, c'est que si je place au-dessus, pendant qu'il se vaporise, une assiette froide (fig. 2), j'y vois se déposer de très petits grains

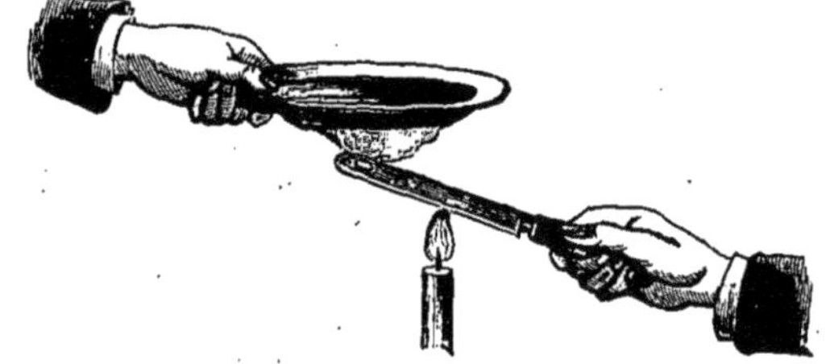

Fig. 2. — Le soufre que je fais *volatiliser* reste soufre : phénomène physique.

jaunes qui sont du soufre pur, ce qu'on appelle de la *fleur de soufre :* le soufre a distillé, comme fait l'eau, voilà tout.

Mais quand je l'*allume*, c'est autre chose. Le gaz formé **n'est plus du soufre pur** ; il ne se solidifiera pas sur l'assiette froide. Si je place au-dessus de la flamme, dans le *gaz*, ces fleurs bleues et roses, elles deviennent aussitôt toutes *blanches*, ce qu'elles ne font pas dans la vapeur de soufre. Vous ne sentiez rien quand le soufre se vaporisait, et ce gaz enflammé vous pique horriblement les yeux, le nez et la gorge.

195. Corps composés. — Ce gaz n'est donc pas simplement du soufre en vapeur. C'est, je le répète, du soufre **combiné** avec un autre corps. Cet autre corps était dans l'air, et s'il n'y avait pas été, le soufre n'aurait pas donné naissance au gaz suffocant et décolorant.

---

1. Que se passe-t-il quand vous faites *fondre* du soufre avec précaution ? — **2**. Comment prouvez-vous que ce qui s'est produit est du soufre tout seul ? — Il y a eu là un phénomène... ?

Je dis que le soufre a pris cet autre corps dans l'air, et je vais vous le prouver. Je place quelques bouts d'allumettes sur ce morceau de bois qui flotte dans un vase plein d'eau. J'y mets le feu, et aussitôt je recouvre le tout avec un bocal à confitures ou une éprouvette (fig. 3), que j'enfonce dans l'eau. Remarquez que le niveau de l'eau est en A, et regardez vite, car de suite il s'abaisse en B à cause de la chaleur. Les bouts d'allumettes s'éteignent; l'air de l'éprouvette se refroidit et, tout à l'heure, quand il sera tout à fait froid, vous verrez que l'eau remontera en C, *notablement plus haut qu'à son niveau primitif* A. **1**. Cela veut dire bien évidemment que le soufre, en brûlant, a **pris** une partie de l'air, s'est **combiné** avec une partie de l'air, pour faire notre fameux gaz.

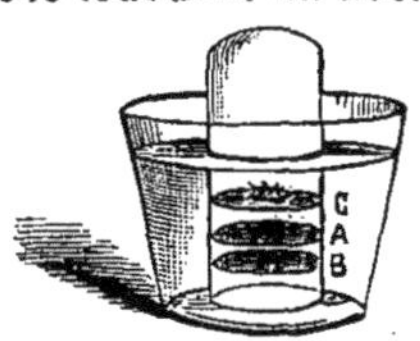

Fig. 3. — Le niveau de l'eau monte en C, parce que le soufre s'est *combiné* avec l'oxygène de l'air du bocal.

2. Ce gaz est donc un corps **composé**, composé de soufre et d'une partie de l'air : les chimistes l'appellent *acide sulfureux*.

3. De même, ce vitriol vert, que nous avons fabriqué au commencement de nos leçons de physique avec du fer et de l'huile de vitriol ou *acide sulfurique*, est un corps **composé**: c'est du *sulfate de fer*.

Il ne faudrait pas croire que tous les corps **composés** soient ainsi le produit d'une fabrication artificielle*. Tant s'en faut, puisque presque tous les corps qui nous entourent dans la nature sont des corps **composés**.

4. Recommençons une expérience déjà faite à propos des *pierres*. Voici un morceau de craie. Je le jette dans ce verre plein de vinaigre, ou mieux même dans cette eau où j'ai mis quelques gouttes d'huile de vitriol (acide sulfurique) (fig. 4). Vous voyez s'en échapper aussitôt quantité de gaz qui monte à la surface; ce gaz existait dans le morceau de

Fig. 4. — Ce gaz qui s'échappe (acide carbonique) existait dans le morceau de craie.

1. Que s'est-il passé quand le soufre brûlait sous le bocal? — **2**. Ce gaz est-il un corps *simple?* — Quel nom les chimistes lui donnent-ils? — **3**. Montrez que le sulfate de fer est aussi un corps *composé*. — **4**. Prouvez que la craie est un corps *composé*.

craie : il y était *combiné* avec autre chose, avec un autre corps.

Il y a donc des corps composés naturels*, comme il y en a d'artificiels*. Mais vous vous demanderez évidemment : Y a-t-il des corps qui ne sont pas composés ?

Oui, il y en a. Peut-être les décomposera-t-on un jour à leur tour. **1.** Pour le moment, on a renoncé à l'essayer avec les moyens dont on dispose, et on les appelle corps **simples**. **2.** Le soufre est un corps **simple**, le fer aussi. Rappelez-vous cela, mais rappelez-vous aussi que *corps simple* veut dire tout bonnement : *corps qu'on ne peut décomposer*.

Ainsi, d'une part, *décomposer les corps composés pour en extraire les corps simples*, et, d'autre part, *combiner entre eux les corps simples pour en fabriquer des corps composés*, voilà la double besogne que font les chimistes.

Par la **décomposition**, ils nous renseignent sur la vraie nature de tous les corps qui nous entourent ; par la **composition**, ils créent des corps nouveaux qui nous rendent les plus grands services. Vous devinez combien tout cela est intéressant et utile !

196. Corps simples. — Je vous ai dit que le soufre et le fer sont des corps **simples**. **3.** Il y a bien d'autres corps simples ; l'on en connaît aujourd'hui 70.

Il y en a de **solides**, et ce sont de beaucoup les plus nombreux. **4.** Tels l'or, l'argent, le fer, le cuivre, le zinc et en général les *métaux*. **5.** Tels aussi d'autres corps qui ne sont pas des métaux : le soufre, le charbon, le phosphore, l'arsenic.

6. Il y en a deux **liquides** : vous en connaissez déjà un, le mercure, qui est un métal.

7. Il y en a quatre **gazeux**, dont je ne vous donne pas tout de suite les noms, parce que vous ne les connaissez pas.

Cela paraît vous étonner, Paul, que je dise que vous ne les connaissez pas ? — Oui, Monsieur, cela m'étonne, car nous connaissons bien l'*air*, qui est un gaz. Tout le monde dit que c'est un des quatre éléments ; ça doit être un corps

1. Quel nom donne-t-on aux corps qu'on n'a pas encore pu décomposer ? — **2.** Citez des corps *simples*. — **3.** Combien connaît-on aujourd'hui de corps simples ? — **4.** Parmi les corps simples *solides* citez une catégorie bien connue. — Citez des exemples. — **5.** Citez des corps simples solides qui ne sont pas des métaux. — **6.** Combien y a-t-il de corps simples *liquides ?* — Citez-en un. — **7.** Combien y en a-t-il de *gazeux ?*

simple. — Et l'*eau* aussi, alors? — L'eau aussi, oui, Monsieur. — Et la *terre* aussi? — Oh! non, Monsieur, nous savons déjà que c'est très composé, la terre. — Eh bien, mon enfant, ni l'air, ni l'eau ne sont des éléments. **1**. L'air est un *mélange* de deux corps simples ; l'eau est une *combinaison* de deux corps simples.

197. Différences entre un mélange et une combinaison. — Quelle différence cela fait-il, Monsieur, *mélange* ou *combinaison?* — C'est très simple : voyez :

Voici d'un côté de la limaille de fer très fine, et de l'autre, de la fleur de soufre; je les mêle ensemble, et je les remue soigneusement avec un petit bâton. **2**. Vous ne pouvez plus les reconnaître l'une de l'autre, et pourtant elles sont simplement **mélangées.** *La preuve, c'est que vous pouvez facilement les séparer.* **3**. Vous n'avez qu'à souffler doucement dessus (fig. 5), par exemple; le soufre, qui est très léger, va s'en

Fig. 5. — En soufflant doucement, vous pouvez séparer la fleur de soufre de la limaille de fer : *mélange.*

Fig. 6. — L'aimant attire toute la limaille et laisse le soufre : *mélange.*

aller, le fer restera. **4**. Mieux encore, et plus scientifique : prenons notre aimant et promenons-le près de la poudre (fig. 6); il attire toute la limaille et laisse le soufre. Il y avait eu là simple **mélange**, c'est-à-dire un phénomène purement **physique.**

Au contraire, plaçons notre mélange de limaille et de

---

1. Qu'est-ce que l'air? — Qu'est-ce que l'eau? — **2**. Y a-t-il *mélange* ou *combinaison* quand je mêle de la limaille de fer et de la fleur de soufre? — **3**. Prouvez qu'il n'y a qu'un mélange. — **4**. Donnez une autre preuve.

fleur de soufre dans un tesson de marmite en terre, et ajoutons un peu d'eau tiède (fig. 7). **1.** Au bout de quelques

Fig. 7. — Le soufre et le fer ont formé un corps nouveau : *combinaison.*

instants il se fait un grand mouvement ; la petite masse s'échauffe, se boursoufle et devient toute noire. *Elle ne ressemble plus maintenant ni au fer, ni au soufre;* l'aimant ne l'attire plus. **2.** Le soufre et le fer ne sont plus, comme tout à l'heure, simplement mélangés, il sont *combinés*, ils ont formé un corps nouveau, que les chimistes appellent le *sulfure de fer.* Voilà bien un phénomène **chimique.**

Il y a encore une autre grande différence entre un *mélange* et une *combinaison.*

3. Je puis **mêler** mon fer et mon soufre dans les proportions que je voudrai. Je puis ajouter au fer une pincée, deux pincées, trois pincées de soufre, et plus, si je veux. J'aurai autant de *mélanges* de fer et de soufre, de plus en plus riches en soufre.

Pour la **combinaison,** *c'est tout autre chose.* Pour fabriquer ce morceau de sulfure de fer, j'ai mis ensemble 4 grammes de soufre et 7 grammes de fer ; le morceau pèse naturellement 11 grammes. Cela n'a rien d'extraordinaire. Mais si j'avais mis 5 grammes de soufre avec les 7 grammes de fer, il ne se serait toujours formé que 11 grammes de sulfure de fer : 1 *gramme de soufre serait resté sans emploi,* à l'état de soufre pur. De même, si j'avais mis 8 grammes de fer, le gramme de fer en excès ne se serait pas combiné. **4.** Ainsi les *combinaisons* ne sont pas, comme les *mélanges*, indéfinies, irrégulières; on n'en peut pas faire autant qu'on veut. **5.** Pour le sulfure de fer, que nous étudions en

1. Que se passe-t-il si j'ajoute un peu d'eau tiède au mélange de fer et de soufre ? — **2.** Y a-t-il *mélange* ou *combinaison?* — **3.** Qu'est-ce qui caractérise encore le *mélange?* — **4.** Qu'est-ce qui caractérise la *combinaison?* — **5.** Citez un exemple.

ce moment, préparé avec l'eau, quelle que soit la quantité de fer et de soufre que nous ayons mis en présence, il y aura **toujours**, dans le sulfure obtenu, **4 onzièmes** de soufre et **7 onzièmes** de fer. C'est, comme disent les chimistes, une *proportion définie.*

Voyons si vous avez bien compris.

Voici un verre où il y a à peu près moitié vin, moitié eau. Est-ce un *mélange* ou une *combinaison*, Pierre? — **1.** Monsieur, c'est un mélange, parce que je puis mettre ce que je veux de vin dans l'eau, cela se mêlera toujours. — Oui; en d'autres termes, il n'y a pas là de proportion définie. Bien. Mais vous, Paul, vous n'avez pas l'air d'être de cet avis? — Monsieur, ce qui m'embarrasse, c'est que je ne pourrais pas séparer l'eau d'avec le vin, comme vous faisiez tout à l'heure pour le soufre et le fer mêlés ensemble. Moi, je crois que le vin et l'eau sont combinés. — **2.** Non, mon enfant, car le vrai caractère de la combinaison, c'est que chacun des corps qui y entre perd toutes ses qualités et que le corps nouveau a des qualités nouvelles. Rappelez-vous, d'un côté, le soufre et le fer, et de l'autre côté, le sulfure de fer. Mais dans ce verre, est-ce que vous ne reconnaissez pas et l'eau et le vin? Est-ce que ce liquide a des qualités que n'ont ni l'eau ni le vin? Non, n'est-ce pas? Donc, c'est bien un *mélange* et non une *combinaison*.

3. Ceci dit, je vais vous démontrer que l'air est un **mélange** de deux gaz qu'on appelle l'*oxygène* et l'*azote ;* tandis que l'eau est une **combinaison** de deux gaz aussi, l'*oxygène* et l'*hydrogène.* Voilà des mots assez bizarres. Je vous en expliquerai plus tard la signification.

Composition de l'eau.

Commençons par l'eau. Aussi bien, n'est-ce pas le plus curieux? N'est-il pas étonnant que ce joli *liquide*, si limpide, ne soit pas un *corps simple*, d'abord, et ensuite

1. L'*eau rougie* est-elle un mélange ou une combinaison? — **2.** Prouvez que l'eau rougie est un mélange. — **3.** Quels sont les deux gaz qui sont en mélange dans l'air? — Quels sont les deux gaz qui sont en combinaison dans l'eau?

qu'il soit composé de deux *gaz* ? Et cependant, il en est ainsi.

198. Analyse par la pile. — Vous vous rappelez bien notre *pile électrique* faite avec des sous, des morceaux de

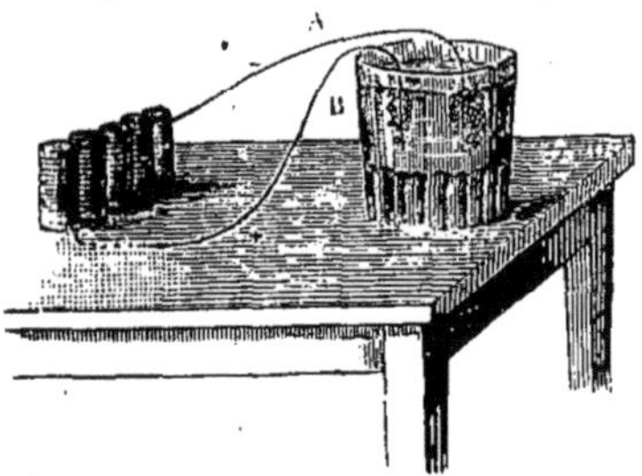

Fig. 8. — Les deux gaz que vous voyez monter à la surface de l'eau sont l'*oxygène* et l'*hydrogène*.

zinc, des ronds de drap et du vinaigre? J'en ai fabriqué plusieurs semblables, et je les ai réunies de manière à utiliser les forces de toutes à la fois (fig. 8). Je plonge les deux *pôles* A et B de la pile dans ce grand verre, plein d'une eau que j'ai un peu salée pour qu'elle *conduise* mieux l'électricité. **1.** Vous voyez au bout de quelques instants des bulles de gaz se former à chaque pôle et monter à la surface de l'eau; sans doute même, vous remarquez déjà qu'elles sont beaucoup plus nombreuses à un pôle qu'à l'autre. **2.** Ces deux gaz sont l'**oxygène** et l'**hydrogène**, ce dernier étant celui qui donne le plus de bulles.

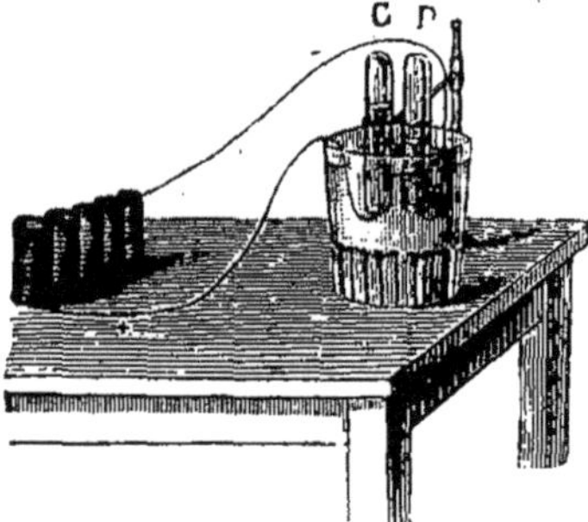

Fig. 9. — Il s'est formé en D deux volumes d'hydrogène, contre un volume d'oxygène en C.

Essayons de les recueillir. Pour cela je prends deux petits tubes de verre C, D (fig. 9), bouchés par un bout; je les remplis d'eau, et j'en coiffe les deux pôles. Le gaz monte dans chacun d'eux, mais il monte plus dans

---

1. Qu'arrive-t-il lorsqu'on plonge dans de l'eau légèrement salée les deux pôles d'une pile électrique? — **2.** Quel est le nom des deux gaz qui se forment?

le tube D, qui reçoit l'hydrogène, que dans le tube C, qui reçoit l'oxygène. 1. Il est facile de voir à peu près, et des mesures précises le prouveraient, qu'il s'est ainsi formé *deux fois plus d'hydrogène que d'oxygène*, ou, pour parler plus exactement, *deux volumes* d'hydrogène contre *un volume* d'oxygène.

Ces gaz sont le produit de la **décomposition de l'eau**. Avec une pile plus forte, nous arriverions à décomposer ainsi toute l'eau de notre verre; et cela ferait une jolie quantité de gaz, allez! Car on a trouvé que chaque centimètre cube d'eau donne $1^{lit},24$ d'hydrogène et $0^{lit},62$ d'oxygène.

199. L'hydrogène. — Pendant que nous causons, nos petits tubes se remplissent, surtout le tube à hydrogène. Je le retire de l'eau en le bouchant avec mon doigt, et je le tiens renversé, l'orifice en bas. Paul, allumez une allumette. Bon; regardez bien tous. Mais non, allons d'abord dans le cabinet noir (fig. 10). Nous y voilà. J'approche l'allumette de l'orifice du tube et j'ôte mon doigt. 2. Paf! un petit bruit, et une jolie petite flamme, très peu lumineuse, si peu, qu'à grand'peine l'aurions-nous vue dans la classe.

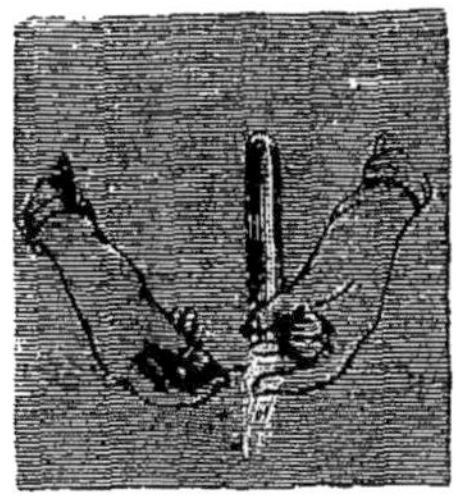

Fig. 10. — Paf! un petit bruit et une petite flamme bleuâtre. — L'hydrogène est donc un gaz *inflammable* et *explosible*.

3 L'hydrogène est, vous le voyez, un gaz *inflammable*. 4. Si, au lieu d'un petit tube, nous avions eu un grand flacon, nous aurions déterminé une *véritable explosion*. 5. Heureusement qu'il n'y a pas d'hydrogène dans l'air, car s'il y en avait, on ne pourrait pas faire de feu sans tout faire sauter.

6. C'est malheureusement ce qui arrive quelquefois dans les mines de charbon de terre, où un gaz, cousin germain de l'hydrogène, le *grisou*, se dégage de la houille 7. Par imprudence, les mineurs y mettent le feu, et il en résulte des acci-

---

1. Dans quelle proportion l'hydrogène et l'oxygène se trouvent-ils dans l'eau? — 2. Que se passe-t-il quand on approche une allumette enflammée d'un tube rempli d'hydrogène? — 3. Que dit-on d'un gaz qui s'enflamme ainsi à l'air? — 4. Que serait-il arrivé si ce tube avait été plus grand? — 5. A quel danger serait-on exposé s'il y avait de l'hydrogène dans l'air? — 6. A la présence de quel gaz sont dues les explosions qui ont lieu dans les mines? — 7. Par suite de quelle imprudence se produisent ces explosions?

dents terribles (fig. 11). **1.** Un autre cousin de l'hydrogène, le *gaz d'éclairage*, dont on se sert pour éclairer les rues des villes (fig. 12), est aussi fabriqué avec la houille; maintenu dans des réservoirs et des tuyaux, il nous rend

Fig. 11. — Le *grisou*, cousin germain de l'hydrogène, produit, quand on l'enflamme, des explosions terribles. Il se combine alors avec l'oxygène de l'air.

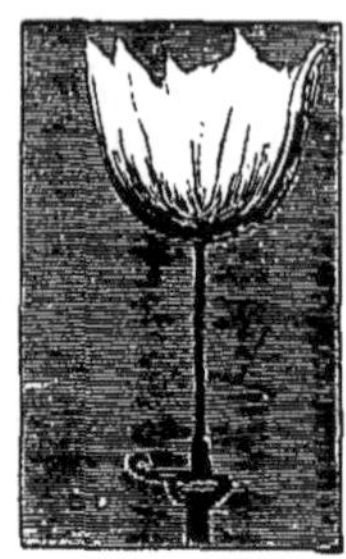

Fig. 12. — Le gaz d'éclairage, autre cousin de l'hydrogène, présente aussi des dangers d'explosion.

les plus grands services. **2.** Mais il présente les mêmes dangers d'explosion. **3.** Heureusement il sent très mauvais, et la moindre quantité dans l'air se trahit par son odeur. **4.** Au contraire l'*hydrogène pur* ne sent rien; le *grisou*, non plus, et c'est ce qui en fait le danger. Et dire qu'il y a des gens qui ont cherché un gaz d'éclairage ne sentant rien; mais ils voulaient donc mettre le feu partout!

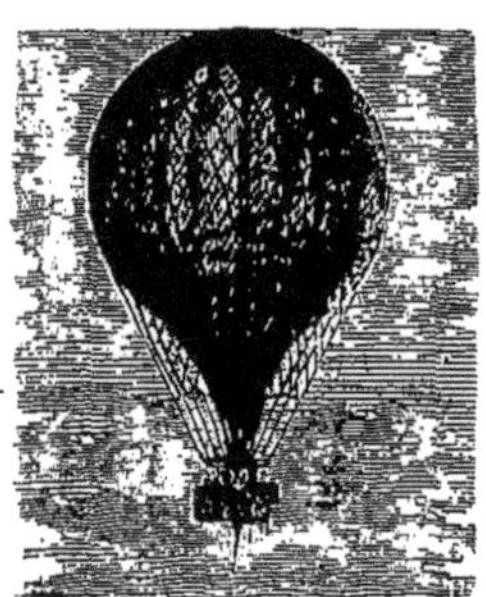

Fig. 13.— Les ballons sont gonflés avec le gaz d'éclairage, trois fois plus léger que l'air.

L'*hydrogène* a encore une qualité remarquable. **5.** Il est extraordinairement léger, il pèse **14 fois moins que l'air!** **6.** Aussi l'a-t-on d'abord employé pour

---

1. Citez un autre cousin de l'hydrogène. — Avec quoi le gaz d'éclairage est-il fabriqué? — **2.** Quel danger présente-t-il? — **3.** Comment est-on averti qu'il y a une fuite de gaz? — **4.** Qu'est-ce qui rend dangereuse la présence de l'hydrogène et du grisou? — **5.** Citez une qualité remarquable de l'hydrogène. — **6.** Comment a-t-on utilisé l'extrême légèreté de l'hydrogène?

gonfler les ballons (fig. 13). **1**. Mais comme il coûte très cher à préparer, on le remplace par le **gaz d'éclairage**. **2**. Celui-ci est plus lourd, ou, pour mieux dire, moins léger, puisqu'il pèse environ **trois fois moins** que l'air; il en résulte que pour pouvoir enlever le même poids, les ballons doivent être beaucoup plus gros que s'ils contenaient de l'hydrogène pur.

200. L'oxygène. — Mais en voilà assez sur l'hydrogène. Prenons notre autre tube C (fig. 9), qui est à peu près plein à son tour : c'est l'**oxygène**, avons-nous dit. Vous voyez qu'il n'a pas de couleur appréciable, pas plus que l'hydrogène ni que l'air. S'il y en avait assez pour que je puisse vous le faire flairer, vous ne lui trouveriez aucune odeur; mais nous en avons si peu qu'il faut l'économiser. Je vais aller tout droit à sa propriété principale.

Paul, allumez une allumette. Bien. Soufflez dessus maintenant, et donnez-la-moi vite, pendant que le bout est encore rouge. Je la plonge dans mon petit tube. **3**. Merveille! *l'allumette se rallume aussitôt*, et flambe comme auparavant (fig. 14)!

Fig. 14. — L'allumette se rallume dans l'oxygène. — Ce gaz entretient donc la *combustion.*

4. Voilà ce que fait l'oxygène! Il active, il ranime le feu, *il entretient la combustion*, comme disent les chimistes. C'est lui, car il y en a dans l'air, qui fait flamber nos foyers, qui fait luire nos lampes. **5**. Bien plus, **c'est lui qui nous fait vivre**, nous et tous les animaux et tous les végétaux; car tout être vivant respire, et... Mais n'anticipons pas, nous parlerons de cela plus tard[1].

Vous voyez bien la grande différence qu'il y a entre l'hydrogène et l'oxygène. **6**. L'hydrogène *brûle et s'enflamme*,

---

1. Par quel gaz le remplace-t-on. — **2**. Combien de fois le gaz d'éclairage pèse-t-il moins que l'air? — **3**. Qu'arrive-t-il quand on plonge dans un tube rempli d'oxygène une allumette encore rouge? — **4**. D'après cela, quelle est la propriété principale de l'oxygène? — **5**. Quel est le rôle de l'oxygène dans l'existence de l'homme, des animaux et des végétaux? — **6**. Quelle est la grande différence qu'il y a entre l'hydrogène et l'oxygène?

1. Voir *Physiologie animale*, p. 288; *Physiologie végétale*, p. 311.

mais ne peut rallumer l'allumette rouge qu'on y plonge; l'oxygène, au contraire, rallume celle-ci, mais *ne s'enflamme pas lui-même.*

1. Les chimistes disent que l'hydrogène est un corps **combustible**, comme le sont le bois, le charbon, l'huile, etc., et que l'oxygène est un corps **comburant.**

201. Synthèse* de l'eau. — Vous avez bien compris? Bon. Et maintenant je donne la parole à Jacques, qui me fait des signes depuis quelques minutes. Que me voulez-vous demander, mon enfant?

— Monsieur, vous dites que l'hydrogène s'enflamme, et vous ajoutez aussi que l'oxygène entretient le feu. 2. C'est donc l'*oxygène qui fait brûler l'hydrogène?* — Oui, mon enfant; *s'il n'y avait pas d'oxygène dans l'air, on essayerait en vain d'enflammer l'hydrogène.* 3. Et si l'on introduit une flammè au beau milieu d'un tube plein d'hydrogène, en prenant des précautions pour qu'il n'y ait pas d'inflammation quand elle y entre, *elle s'y éteint*, faute d'oxygène. — Monsieur, ce n'est pas cela qui m'embarrasse. Quand l'hydrogène a flambé, qu'est-ce qu'il devient?

— En effet, c'est le point difficile. 4. L'hydrogène, en brûlant, s'unit, *se combine* à l'oxygène, absolument comme tout à l'heure le soufre se combinait au fer. Après la combinaison, il n'y avait plus ni soufre, ni fer, n'est-ce pas, mais bien du *sulfure de fer?* 5. Eh bien, *après la combinaison de l'hydrogène et de l'oxygène, il n'y a plus ni hydrogène, ni oxygène.* Et qu'est-ce qu'il y a? Qu'est-ce qui va répondre? Personne? Voyons, nous avons **décomposé** l'eau en *hydrogène* et en *oxygène*, et maintenant nous **combinons** ensemble l'*hydrogène* et l'*oxygène*... Ah! Vous criez tous: « **De l'eau !** » Mais il fallait y penser plus tôt; habituez-vous donc à réfléchir!

6. Oui, on **reforme l'eau** en brûlant l'hydrogène. Et comme il y a de l'hydrogène dans presque tous les corps que nous brûlons, il se forme de l'eau quand ils brûlent. 7. J'allume

---

1. Par quels mots les chimistes expriment-ils ces propriétés particulières? — 2. Quel est le rôle de l'oxygène dans la combustion de l'hydrogène? — 3. Prouvez que c'est l'oxygène qui fait brûler l'hydrogène.— 4. Que forme l'hydrogène en brûlant? — 5. Que reste-t-il après la combinaison de l'hydrogène et de l'oxygène? — 6. Pourquoi se forme-t-il de l'eau dans la combustion des corps que nous brûlons? — 7. Prouvez-le par une expérience.

la lampe à alcool, et je place au-dessus une assiette froide (fig. 15). Vous voyez s'y former des gouttes : ce n'est pas de l'alcool qui distille, goûtez-y. Non, c'est de l'eau, formée par la *combustion* de l'hydrogène qui existe dans l'alcool.

Fig. 15.— L'eau qui se condense sous l'assiette est de l'eau formée par la combustion de l'hydrogène qui existe dans l'alcool.

C'est bien le moment de vous expliquer la signification du mot *hydrogène*. **1**. Il vient de deux mots grecs : *hydros*, eau, et *genesis*, naissance; il veut donc dire *corps qui donne naissance à l'eau*.

Vous voyez qu'on connaît la composition de l'eau de deux manières. D'abord, parce qu'on la *décompose* par la pile en deux gaz, dont l'un (l'hydrogène) est en volume double de l'autre (l'oxygène). Puis, parce qu'on la *recompose* en unissant soit par le feu, soit par d'autres moyens, juste deux volumes d'hydrogène avec un volume d'oxygène. **2**. Les chimistes appellent *analyse* la décomposition, et *synthèse* la recomposition.

Donc, si l'on introduit dans un tube un mélange d'hydrogène et d'oxygène, où il y ait deux fois plus en volume du premier que du second, et qu'on l'enflamme, il se formera de l'eau, et il n'y aura plus ni hydrogène, ni oxygène. Mais si j'avais mis trois fois plus d'hydrogène que d'oxygène, que serait-il arrivé, Pierre? — Monsieur, *il y aurait eu de l'hydrogène en trop*, qui serait resté. — Et combien? — Une fois. — Vous voulez dire un *volume*, très bien. De même, il serait resté de l'oxygène, si j'en avais mis dans le mélange primitif plus que la proportion voulue.

En un mot, l'eau est bien une *combinaison* d'hydrogène et d'oxygène, en *proportion définie*, comme toutes les combinaisons chimiques.

---

1. Quelle est la signification du mot *hydrogène*? — **2**. Comment les chimistes appellent-ils la décomposition des corps en leurs éléments simples? — Comment appellent-ils la recomposition des corps composés?

Composition de l'air.

202. Passons à l'*air* maintenant. Je vous ai déjà dit qu'il s'y trouve de l'**oxygène**. C'est lui qui enflammait tout à l'heure l'hydrogène pour faire de l'*eau*, et le soufre pour faire de l'*acide sulfureux*.

Mais il n'y est pas seul. La preuve, c'est que notre allumette soufflée, et seulement rouge, ne se rallumait pas dans l'air, tandis qu'elle se rallumait dans l'oxygène pur. **1**. C'est qu'en effet, il n'y a dans l'air qu'un **cinquième** à peu près d'oxygène; *le reste est un gaz qu'on appelle* **azote**.

203. L'azote. — Comment vous y prendriez-vous pour préparer cet azote, c'est-à-dire pour ôter l'oxygène de l'air? A vous, Paul.

— Monsieur, j'ajouterais de l'hydrogène à l'air; puis je mettrais le feu; l'hydrogène prendrait l'oxygène, comme vous nous l'avez dit, pour faire de l'eau, et on aurait l'azote.

— C'est très bien, très bien imaginé, mon enfant. Mais ce serait un procédé un peu difficile à exécuter, et très coûteux. Cependant nous pourrions le faire, si nous avions des instruments convenables. Jacques, vous paraissez avoir trouvé autre chose.

— Monsieur, j'allumerais du soufre sous une cloche; le soufre prendrait l'oxygène, et il resterait l'azote. C'est l'expérience que vous nous avez faite en commençant.

— Oui, mon enfant. Mais vous ne pourriez pas avoir ainsi de l'azote pur; le soufre ne brûlerait pas tout l'oxygène de l'air. On fait bien l'expérience comme cela; mais on emploie un autre corps, le *phosphore*.

204. Préparation de l'azote par le phosphore. — J'en ai là un petit morceau, et nous allons essayer.

Je suis obligé de le garder dans l'eau, comme vous voyez, parce qu'il est assez dangereux, et qu'il s'enflamme aussitôt qu'on le met à l'air. Aussi je m'empresse de le placer sur ce petit tesson de marmite, celui-ci sur un morceau de bois, le bois sur l'eau et le bocal par-dessus (fig. 16).

---

1. Quels sont les deux gaz qui entrent dans la composition de l'air? — Dans quelles proportions ces deux gaz sont-ils mélangés ?

Allons vite dans le cabinet noir. Vous voyez que le phosphore est lumineux dès qu'il est dans l'air, et vous reconnaissez cette lumière; c'est celle que laissent sur les murs les allumettes chimiques quand on les frotte, car les allumettes chimiques sont faites avec du phosphore mêlé à divers ingrédients. Vous voyez que le phosphore est bien nommé, puisque *phosphore* veut dire *porte-lumière.*

Fig. 16. — Ce qui reste après que le phosphore, en brûlant, a pris l'oxygène de l'air, est de l'*azote*.

Revenons dans la classe. Notre morceau de phosphore a émis beaucoup de vapeurs blanches, et le voilà tout à coup qui s'enflamme. Voyez comme c'est joli! 1. Qui dirait *qu'on tire un pareil corps des os des animaux!*

Comme en brûlant il donne beaucoup de chaleur, un peu d'air s'échappe, par dilatation, sous le bocal. Voici que le phosphore s'éteint; l'air se refroidit, l'eau remonte et s'arrête enfin. *Le gaz qui reste dans le bocal est de l'***azote**, avec encore un peu d'oxygène. Pour enlever les moindres traces de ce dernier gaz, on laisse le phosphore tant qu'il brille dans l'obscurité. Car cette lumière est une *combustion lente*, tandis que, tout à l'heure, il y avait *combustion vive.* Vous voyez qu'il y a divers degrés dans la combustion; mais au fond, cela revient toujours au même.

205. Composés oxygénés du phosphore. — Nous allons maintenant examiner l'azote. Mais auparavant, dites-moi, Paul, ce qu'est devenu le phosphore? — Monsieur, *il s'est combiné avec l'oxygène de l'air*, comme le soufre de tout à l'heure. — Bien. Et pourquoi faire? — Monsieur, le soufre faisait de l'acide sulfureux; le phosphore doit faire de l'acide *phosphoreux.* — Pas tout à fait, il fait de l'acide *phosphorique.*

— Mais, Monsieur, qu'est-ce que cela veut dire *ique* ou *eux?* Vous nous avez déjà parlé, en effet, d'acide *sulfurique* et d'acide *sulfureux.*

— Voici, mes enfants. Le soufre, le phosphore, et bien d'autres corps, peuvent se combiner avec l'oxygène pour

1. D'où tire-t-on le phosphore?

former *plusieurs acides*. Il a bien fallu donner à ceux-ci des noms différents, pour les reconnaître, et cependant ces noms devaient se ressembler, puisqu'ils sont composés des deux mêmes corps. **1**. Alors on donne la terminaison *eux* à celui des acides qui contient *le moins d'oxygène*, et la terminaison *ique* à celui qui en contient *le plus*.

Ainsi le phosphore, en brûlant vivement, forme de l'acide *phosphorique;* mais, quand il brûle lentement, c'est de l'acide *phosphoreux*, moins riche en oxygène.

206. Propriétés de l'azote. — Revenons à notre azote. Voici une souris que j'ai prise bien vivante, et que j'ai enfermée dans cette petite cage. Je passe rapidement la souris dans l'eau et l'introduis en plein azote (fig. 17). **2**. Aussitôt, vous le voyez, elle s'agite, tombe, bâille; la voilà morte, *asphyxiée*, comme on dit. *Ce n'est pas l'azote qui l'a tuée, c'est le manque d'oxygène.* **3**. L'azote n'est pas un poison, puisque nous en respirons beaucoup en respirant l'air, mais lui aussi mérite bien le nom qu'on lui a donné, et qui veut dire, en somme, *incapable de faire vivre* (*a*, qui exprime la négation, et *zoé*, vie).

Fig. 17. — Vous le voyez, la souris s'agite dans l'azote, bâille et meurt. Le manque d'oxygène l'a tuée.

Ainsi, *la vie s'éteint dans l'azote.*

La combustion s'y arrête aussi. Mais comment nous en assurer? Je ne puis pas passer une allumette enflammée dans l'eau, comme j'ai passé la souris, l'eau l'éteindrait. Il faut que j'aie de l'azote dans un petit tube, comme j'avais tout à l'heure les autres gaz.

Ça n'est pas bien difficile. Emportons notre terrine dans la cour, vers la pierre à eau. Plongeons-la dans l'eau, et laissons-la aller au fond, avec la cage et la souris. Vous, Jacques, soutenez dans l'eau le bocal plein d'azote C (fig. 18), l'ouverture en bas. Bien. Je prends mon petit tube,

---

1. A quel genre d'acide donne-t-on la terminaison *eux?* — Et la terminaison *ique?* — **2**. Qu'arrive-t-il quand on plonge un animal dans l'azote? — **3**. L'azote est-il donc un poison? — Prouvez-le. — Pourquoi alors la souris est-elle morte?

j'y adapte un entonnoir, je remplis d'eau tube et entonnoir, et j'enfonce le tout dans le bassin, l'entonnoir en bas (fig. 19).

Fig. 18. — Soutenez le bocal C, plein d'azote.

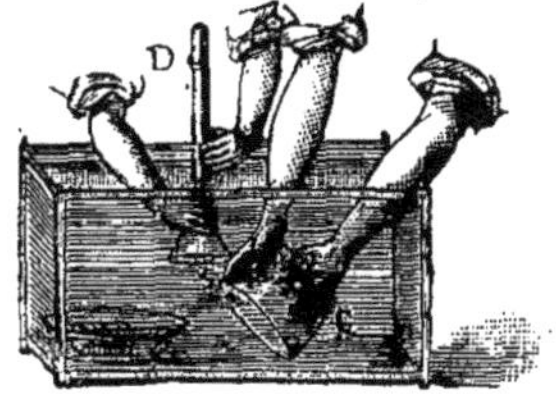

Fig. 19. — L'azote passe du bocal C dans l'entonnoir et remplit le tube D.

Maintenant, Jacques, inclinez votre bocal C avec précaution dans la direction de l'entonnoir. Voyez, l'azote *passe dans l'entonnoir et remplit le tube* D. C'est fait.

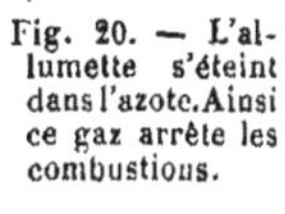

Fig. 20. — L'allumette s'éteint dans l'azote. Ainsi ce gaz arrête les combustions.

Maintenant, je bouche le tube avec mon doigt, je le retire de l'eau et le tiens renversé. Prenons cette fois une allumette bien enflammée et enfonçons-la dans le gaz (fig. 20). Voyez, *elle s'éteint aussitôt.*

Vous voilà convaincus maintenant que *l'azote arrête les combustions.*

207. L'air est un mélange et non une combinaison. — Il y a, vous ai-je dit, *quatre cinquièmes environ d'azote dans l'air.* Le chiffre exact est 79,2 p. 100, l'oxygène étant dans la proportion de 20,8 pour 100.

Cela fait un volume d'oxygène contre 3,80 d'azote, et, en poids, 1 d'oxygène contre 3,348 d'azote.

1. L'air est donc un simple *mélange* et non pas une *combinaison,* vous ai-je dit, et vous allez voir facilement pourquoi.

2. D'abord ces chiffres compliqués n'ont pas la *simplicité* des chiffres de combinaison. Pour l'eau il y a 2 volumes d'hydrogène et 1 volume d'oxygène, et en poids 1 d'hydrogène contre 8 d'oxygène. En poids encore, pour le sulfure de fer, 4 de soufre, 7 de fer; pour l'acide sulfureux, 1 de

---

1. L'air est-il un mélange ou une combinaison?

2. A quoi voyez-vous que c'est un mélange?

soufre, 1 d'oxygène ; pour l'acide sulfurique, 2 de soufre, 3 d'oxygène; pour l'acide phosphorique, 4 de phosphore, 5 d'oxygène; pour l'acide phosphoreux, 4 de phosphore, 3 d'oxygène. **1**. En un mot, comme je vous l'ai dit, dans toutes les **combinaisons**, les corps composants sont non seulement *en proportions définies*, mais en *rapports simples*. **2**. Les **mélanges**, au contraire, sont en *rapports quelconques*, et souvent les plus compliqués du monde.

En second lieu, on peut faire varier très aisément la composition de l'air. Si pendant que le phosphore brûlait, je l'avais fait tomber dans l'eau, il serait resté sous la cloche un air contenant moins d'oxygène que l'air pur, d'autant moins que l'expérience eût duré plus longtemps. Il n'y a donc pas là de *proportions définies* comme dans les combinaisons chimiques.

Enfin, l'air a, à la fois, les propriétés de l'oxygène et celles de l'azote. Il brûle les corps, à cause de l'oxygène, mais moins fort que l'oxygène, à cause de l'azote. Tandis que dans une combinaison, vous le savez bien, dans l'eau, par exemple, on ne retrouve plus aucune des propriétés ni de l'oxygène ni de l'hydrogène.

Encore une fois, vous le voyez, l'air est un *simple mélange* et non une *combinaison*.

Nous voici donc déjà un peu débrouillés en chimie, mes enfants. Nous savons ce que sont l'*air* et l'*eau*, et ce n'est pas une petite affaire. **3**. Nous connaissons l'*oxygène*, l'*hydrogène*, l'*azote*, trois des quatre corps simples qui sont gazeux. L'année prochaine, nous parlerons du quatrième, qui est le *chlore*.

Mais il ne faudrait pas chanter victoire! Que de corps restent à connaître! Et non seulement des corps simples, mais ceux qui sont formés par la combinaison de 2, 3, 4 corps simples et plus. Nous ne pouvons pas penser à apprendre tout cela, ni même une faible partie. Cependant, je veux vous dire encore diverses choses intéressantes, et qui vous seront utiles en maintes circonstances.

---

1. De quelle manière se comportent les corps composants dans une combinaison? — **2**. Dans un mélange? — **3**. Sur les quatre corps simples gazeux quels sont les trois que vous connaissez?

Le Carbone.

208. Je veux vous parler d'abord du *charbon*. **1.** Quand il est bien pur, c'est un corps simple, que les chimistes appellent le **carbone**.

209. Composition des matières végétales. — **2.** Il n'est pas un de vous qui ne sache qu'on tire le charbon des végétaux, du *bois*, chauffé d'une certaine manière, à l'étouffée, pour ainsi dire. Il y a donc du charbon dans les végétaux.

Il y en a dans toutes leurs parties, bois, feuilles, fleurs, etc. Et vous apprendrez avec surprise que le charbon y est combiné avec de l'hydrogène et de l'oxygène. **3.** *Ce sont ces trois corps*, **carbone, hydrogène, oxygène**, *qui, unis ensemble, forment presque toutes les matières végétales.*

Tenez, voici un morceau de sucre; c'est une matière

Fig. 21. — Sur la pelle rougie au feu, le sucre ne laisse plus que du charbon noir très pur (carbone).

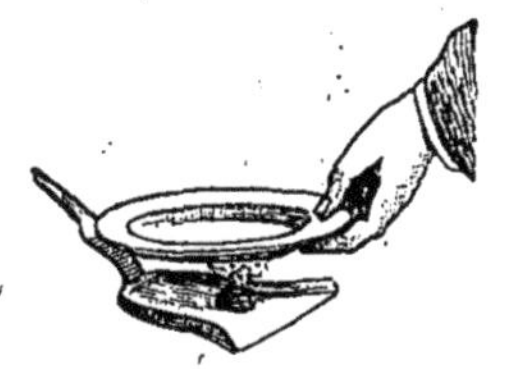

Fig. 22. — De l'eau, produite par la combinaison de l'oxygène et de l'hydrogène du sucre, se condense sur l'assiette.

produite par un végétal. **4.** Je le mets sur cette pelle rouge (fig. 21), et je l'empêche de flamber; il finit par ne plus laisser que du *charbon noir* très pur. **5.** Si, pendant l'opération, je place au-dessus du sucre une assiette froide (fig. 22), on voit de l'eau s'y condenser. Cette eau est produite par la combinaison *de l'oxygène et de l'hydrogène du sucre.*

6. La même chose a lieu pour l'amidon*, la gomme* ara-

---

1. Qu'est-ce que le carbone? — **2.** D'où tire-t-on le charbon? — **3.** Quels sont les trois corps qui forment les matières végétales? — **4.** Que devient un morceau de sucre sur une pelle rougie au feu, quand on l'empêche de s'enflammer? — **5.** Comment prouve-t-on que le sucre contient autre chose que du carbone? — **6.** Quelle est la composition de l'amidon? — De la gomme arabique? — De l'alcool? — Des huiles?

bique, l'alcool*, les huiles*, et pour presque toutes les substances formées par les végétaux.

Voyez, quelle variété de produits, rien qu'avec **trois corps simples** !

210. Composition des matières animales. — **1.** Il y a aussi du **charbon** dans les diverses parties du **corps** des animaux. **2.** Ce qu'on appelle le *noir animal*, n'est que du *charbon* obtenu en calcinant* des os en vases clos*.

3. C'est encore à l'hydrogène et à l'oxygène que le carbone est uni dans les *graisses animales*, comme dans les huiles végétales. **4.** Dans toutes les parties du corps autres que la graisse, dans la chair, dans le cerveau, etc., le carbone est en outre accompagné de l'azote. *C'est avec ces quatre corps simples combinés que sont constituées toutes les substances qui forment le corps des animaux.*

5. Trois sont gazeuses, nous le savons; la quatrième, le *carbone*, est un corps solide.

211. Diverses formes du carbone. — Revenons au carbone. Il compose, avons-nous dit, le *charbon de bois* et le *noir animal*. Lui connaissez-vous encore d'autres formes, Pierre? — Monsieur, le *charbon de terre* et le *coke*. — Ah! il faut s'entendre. Est-ce la même chose, le charbon de terre et le coke? — Non, monsieur; le charbon de terre est gras et luisant, le coke est tout sec. — Oui, ce sont là des différences apparentes, mais au fond? Vous, Henri, qui avez habité la ville, où l'on éclaire au gaz, savez-vous la différence qu'il y a entre la houille et le coke? — Oui, Monsieur; *le coke est ce qui reste, quand on a ôté du charbon de terre le gaz qui sert à l'éclairage.*

6. — En effet, mon enfant, quand on fait chauffer le charbon de terre, le gaz s'en va, et, avec lui, bien d'autres choses, *car c'est une merveille que tout ce qu'on tire de la houille :* de belles couleurs, des parfums, près de cent substances utiles, jusqu'à des choses bonnes à mettre dans les bonbons! **7.** Ainsi, le charbon de terre n'est pas du carbone

---

1. Où trouve-t-on encore du charbon ? — **2.** Qu'appelle-t-on *noir animal?* — **3.** Quelle est la composition des *graisses animales?* — **4.** Quel est le quatrième corps qui entre dans la constitution de la chair, du cerveau, etc.? — **5.** Sur les quatre corps simples qui forment le corps des animaux quels sont les trois corps gazeux? — Quel est le corps solide? — **6.** Que tire-t-on de la houille? — **7.** Que reste-t-il après qu'on a extrait le gaz du charbon de terre?

pur, tant s'en faut; *mais ce qui reste après qu'on l'a chauffé, le* **coke**, *est du carbone presque pur.*

Il y a encore d'autres formes du carbone. **1.** La *mine de plomb*, comme on dit à tort, dont sont faits vos crayons, est du carbone presque pur, qu'on trouve dans certaines mines; on l'appelle *graphite* ou *plombagine.*

2. Mais le plus curieux de tout cela, c'est que le **diamant est du carbone**. Je vous en ai dit quelques mots lorsque nous avons étudié les différents cristaux. Oui, cette belle pierre si brillante, si transparente, et si dure qu'elle raye tous les corps connus, *a la même composition chimique que ce vilain morceau de charbon*, noir et friable *, dont on a plein un sac pour 5 francs. Vous secouez la tête et vous me demandez des preuves; je vais vous en donner.

212. Produits de la combustion du carbone. — **3.** D'abord, quand on chauffe très fort le diamant, il se boursoufle et se transforme en une substance qui ressemble tout à fait au coke. Mais ce n'est là qu'une affaire de ressemblance extérieure, qui ne suffit pas pour prouver l'identité* chimique.

Voici un morceau de charbon, je le mets sur le feu; il rougit, se consume et disparaîtra, vous le savez tous, en ne laissant qu'un peu de cendres, qui sont des impuretés et n'ont rien à voir avec le carbone. Celui-ci a disparu, il a brûlé, et qu'est-il devenu, puisque rien ne se perd? Il a *brûlé*, c'est-à-dire *qu'il s'est combiné avec l'oxygène de l'air*, n'est-ce pas? Eh bien, du carbone et de l'oxygène, qu'est-ce que cela va faire, Paul? — Monsieur, cela fera un gaz, puisqu'on ne voit plus rien et que tout est parti par la cheminée. — Oui, mais ce gaz, comment l'appelez-vous? — Monsieur, ce sera de l'*acide carboneux* ou de l'*acide carbonique*, je ne sais pas lequel.

Eh bien, mon enfant, cela fera l'un ou l'autre, suivant que la combustion sera *lente* ou *vive*. **4.** *Quand le charbon brûle fort et vivement, il forme l'***acide carbonique**, dans lequel il y a 3 de carbone contre 8 d'oxygène. **5.** *Quand il brûle très lentement, il forme l'***acide carboneux**, dans lequel

---

1. Citez une autre forme de charbon. — **2.** Qu'est-ce que le diamant? — **3.** Donnez une première preuve que le diamant est du charbon.

4. Quel est le gaz qui se forme quand le charbon brûle fort et vivement? — **5.** Quand il brûle très lentement?

il y a 3 de carbone contre 4 d'oxygène seulement. **1.** Au lieu de dire *acide carboneux*, on dit **oxyde de carbone**, pour des raisons que je vous expliquerai plus tard. Ce nom se comprend tout seul, du reste : *oxyde* répond à *oxygène*.

2. Dans nos foyers, le charbon, en brûlant, donne un mélange d'*oxyde de carbone* et d'*acide carbonique*. **3.** Plus le tirage sera fort, plus le feu marchera bien, mieux l'oxydation * se fera, et moins il y aura d'oxyde de carbone.

Voilà, vous le comprenez bien, le vrai caractère chimique du carbone. Eh bien, que vous brûliez du coke, du noir animal, du graphite, du diamant, vous aurez toujours de l'acide carbonique ou de l'oxyde de carbone, ou un mélange des deux gaz, suivant le degré d'énergie de la combustion.

4. Et vous n'aurez, au moins pour le graphite et le diamant, pour lesquels il ne restera même pas de cendres, absolument que ces gaz, comme produits de combustion. *Donc tous ces corps sont du carbone*, et du carbone pur, surtout le *graphite* et le *diamant*.

L'*oxyde de carbone* et l'*acide carbonique*, qui se forment nécessairement dans nos cheminées et nos poêles, qui se dégagent de nos lampes, de nos bougies allumées, méritent que nous nous arrêtions un peu sur leur histoire.

213. L'oxyde de carbone. — Commençons par l'*oxyde de carbone*.

5. C'est un gaz sans couleur et sans odeur quand il est mêlé à l'air, ce qui est fort malheureux, parce que *c'est un poison extraordinairement violent.* **6.** Il suffit d'un *millième* de ce gaz dans l'air pour tuer rapidement ; un *dix-millième* donne déjà des **maux de tête**.

7. Vous voyez quel intérêt il y a pour notre santé à ce que tous les feux que nous faisons soient **très actifs**, *et à ce que les produits de la combustion * puissent s'échapper facilement au dehors*, par les tuyaux de nos cheminées. **8.** Dans

---

1. Quel est le vrai nom de l'acide carboneux ? — **2.** Dans nos foyers que forme le charbon en brûlant ? — **3.** Qu'arrive-t-il quand le feu marche bien ? — **4.** Donnez une seconde preuve que le diamant est du carbone pur. — **5.** Que savez-vous de l'oxyde de carbone ? — **6.** Quel effet produit un millième d'oxyde de carbone dans l'air ? — Quel effet produit un dix-millième ? — **7.** Comment devons-nous mener nos feux et disposer nos foyers ? — **8.** Que se dégage-t-il des fourneaux à charbon de bois ?

les fourneaux, où l'on fait du feu de charbon de bois, il se forme une grande proportion d'**oxyde de carbone**; de là les maux de tête, la pâleur et souvent des maladies graves.

1. *N'apportez jamais dans votre chambre, le soir, un réchaud avec du charbon allumé,* comme l'ont fait des imprudents; vous pourriez, comme disait un journal en rapportant un funeste accident arrivé de la sorte, vous « réveiller mort. »

214. L'acide carbonique. — L'oxyde de carbone peut s'enflammer et brûler, comme l'hydrogène, et il forme alors... quoi, Paul? — De l'*acide carbonique,* Monsieur. — Évidemment, puisque l'oxyde de carbone se combine à une nouvelle quantité d'oxygène emprunté à l'air. En brûlant ainsi, il donne une jolie flamme bleue, que vous pouvez voir dansant au-dessus de ce fourneau où j'ai allumé du charbon. Malheureusement, une grande partie de l'oxyde de carbone ne brûle pas et reste à l'état d'oxyde.

En définitive, dans la combustion, l'acide carbonique peut se former de deux façons : ou bien d'emblée, par combinaison directe du carbone avec beaucoup d'oxygène; ou bien en deux fois, par combustion de l'oxyde de carbone déjà formé. Tout cela se passe à la fois dans nos cheminées, et c'est ce qui nous donne de la chaleur.

L'*acide carbonique* est aussi un gaz incolore * et qui ne sent presque rien. 2. Il est bien moins dangereux que l'oxyde de carbone, puisqu'il en faut ajouter au moins 20 pour cent à l'air pour qu'il y ait danger d'empoisonnement. Mais il ne faut pas non plus jouer avec l'acide carbonique, et cela pour deux raisons.

D'abord je ne crois pas que ce serait avantageux pour la santé de rester quelque temps dans un endroit où il y aurait 4 ou 5 pour cent d'acide carbonique dans l'air. Mais ce n'est pas tout.

Quand il y a de l'acide carbonique dans une chambre, ce n'est pas un chimiste qui s'est amusé à l'apporter du dehors et à le mêler à l'air de la chambre. Non, il s'est formé sur place. 3. Et aux dépens de quoi? *De l'oxygène de l'air de la chambre,* bien évidemment.

---

1. Quelle précaution doit-on prendre? — 2. Combien faut-il d'acide carbonique dans l'air pour amener la mort? — Comparez à l'oxyde de carbone. — 3. Aux dépens de quoi se forme l'acide carbonique dans une chambre où l'on respire?

Or, l'acide carbonique est composé de telle sorte qu'il contient un volume d'oxygène égal à son propre volume. 1. Si donc il y a 10 pour cent d'acide carbonique dans l'air de la chambre, il y a en même temps 10 pour cent d'oxygène *en moins :* au lieu de 21 pour cent que doit contenir un air salubre*, il n'y en a plus que 11. Vous comprenez bien qu'un individu qui respirerait cet air courrait un double danger : être empoisonné par l'acide carbonique, être asphyxié par le manque d'oxygène. Nous pourrions très aisément en arriver là, rien qu'en fermant hermétiquement* les fenêtres, et en restant tous dans la classe. — Comment cela, dites-vous? — 2. Ah! c'est que nous aussi, *nous absorbons de l'oxygène et nous rendons de l'acide carbonique.* Notre corps **brûle** dans son intérieur comme le morceau de bois dans la cheminée; mais tout doucement, et cependant sans former d'oxyde de carbone. Mais n'anticipons* pas. Nous étudierons cela dans une prochaine leçon, quand nous parlerons de la *Physiologie animale.*

3. L'acide carbonique ne se forme pas seulement dans les foyers, dans les corps vivants. Dans certains pays, il sort de terre en quantité. Dans l'île de Java*, il est une vallée où il se dégage du sol, si bien que rien n'y vit, et que les oiseaux qui s'aventurent au-dessus, y tombent foudroyés. Il y a un lieu semblable dans le sud de l'Italie. Près de Naples*, à Pouzzoles, existe une grotte (fig. 23), où un homme peut se promener sans crainte, mais où un chien ne peut pénétrer sans périr empoisonné par l'acide carbonique, qui se dégage du sol. Pourquoi le chien périt-il, et pas l'homme? direz-vous. Cela tient à ce que l'acide carbonique est beaucoup plus lourd que l'air, et qu'il reste, par conséquent, en une couche peu épaisse, en contact avec le sol.

Fig. 23. — L'acide carbonique, répandu à ras de terre, tue le chien qui est de petite taille, mais n'atteint pas l'homme.

1. Qu'arrive-t-il quand il y a 10 pour cent d'acide carbonique dans une pièce? — 2. Que se passe-t-il dans la respiration? — 3. Citez des exemples de formation naturelle d'acide carbonique.

1. Il se forme de l'acide carbonique *dans la fermentation* de la bière**, *dans celle du vin**. C'est ce qui fait le danger de ces fabrications, quand elles ont lieu dans des vinées* fermées ou surtout dans des caves. Aussi, entendons-nous souvent parler d'accidents et de morts (fig. 24).

Fig. 24. — Il se forme de l'acide carbonique dans la fermentation de la bière, dans celle du vin. Ce gaz peut donner la mort.

2. Vous ne serez pas surpris, après tout cela, d'apprendre qu'il y a un peu d'acide carbonique dans l'air, en proportions variables, mais toujours inférieure à 1 pour mille.

215. Le carbonate de chaux. — **3.** L'acide carbonique, cependant, est extrêmement répandu dans la nature, mais à l'état de *combinaison*, et non à l'état libre.

Ceci est un peu plus difficile à comprendre; mais nous en viendrons à bout, parce que vous savez bien ce que c'est qu'une combinaison.

Je refais une expérience que j'ai déjà faite plusieurs fois. Voici un morceau de pierre calcaire*. **4.** Je le mets dans un verre, et je verse dessus du vinaigre fort (fig. 25). Vous voyez s'en dégager de nombreuses bulles de gaz; *ce gaz, c'est de l'acide carbonique que le vinaigre a chassé.*

Fig. 25. — Il se dégage de la pierre calcaire du gaz acide carbonique que le vinaigre a chassé.

A quoi était uni l'acide carbonique? A la *chaux*, nous le savons déjà. Si nous avions chauffé très fort et très longtemps notre pierre, l'acide carbonique serait parti, et il ne serait resté que la chaux, qui, mise dans le vinaigre, n'aurait plus donné de gaz.

---

1. Dans quelles circonstances se forme encore l'acide carbonique? — **2.** Dans quelle proportion l'acide carbonique est-il mélangé à l'air? — **3.** Sous quel état l'acide carbonique est-il extrêmement répandu dans la nature? — **4.** Comment prouve-t-on qu'une pierre calcaire contient de l'acide carbonique?

1. Les chimistes donnent à cette combinaison, à ce calcaire, le nom de *carbonate de chaux*, qui exprime bien que ce corps est composé d'*acide carbonique* et de *chaux*.

216. Synthèse du carbonate de chaux. — Avant d'en finir avec le carbonate de chaux, faisons pour lui comme nous avons fait pour l'eau. Nous l'avons décomposé par l'analyse, reformons-le par la synthèse.

Fig. 26. — Le liquide passe limpide; il y a cependant dedans un peu de chaux dissoute (eau de chaux).

Rien de plus facile. Jetons ce petit morceau de chaux dans un verre d'eau; mais faisons bien attention, parce que c'est de la chaux récemment faite, de la *chaux vive*, comme on dit, et elle va beaucoup échauffer notre eau. Voici maintenant tout calmé, et une partie de la chaux est dissoute. Pour la séparer du reste, qui est tombé au fond du verre, filtrons le tout à travers un peu de papier brouillard plié dans un entonnoir (fig. 26). Voyez comme le liquide passe limpide! Il y a cependant dedans un peu de chaux dissoute : c'est ce qu'on appelle de l'*eau de chaux*.

Pour former du carbonate de chaux avec notre eau de chaux, il faut y ajouter de l'acide carbonique. Mais comment faire? Comment feriez-vous, Paul? — Monsieur, je prendrais le soufflet, j'irais le remplir d'air dans le tuyau de la cheminée où se dégage l'acide carbonique provenant de la combustion du bois, et je soufflerais ensuite dans l'eau de chaux. — Fort bien, c'est très bien inventé. Mais si nous n'avions pas de soufflet? Que feriez-vous, Jacques? — Monsieur, j'ai entendu dire à papa que l'eau de seltz contient de l'acide carbonique; j'ajouterais de l'eau de seltz à notre eau. — De mieux en mieux. En effet, il y a de l'acide carbonique dans l'eau de seltz; c'est ce gaz qui s'en dégage quand on ouvre la bouteille. Mais si nous n'avions pas d'eau de seltz? Ah! je vois Pierre qui rit? — Mais, Monsieur, puisque *nous en faisons, nous, de l'acide carbonique, en respirant, il n'y a qu'à souffler dans l'eau de chaux*, ça n'est

1. Quel nom les chimistes donnent-ils à la combinaison d'acide carbonique et de chaux?

pas malin ! — Si, mon ami, c'est très malin, et c'est très bien. Pour votre récompense, faites vous-même l'expérience. Soufflez dans l'eau avec cette paille (fig. 27). Voyez-vous tous l'eau se troubler? La voici bientôt comme si on y avait ajouté du lait. **1.** Ce changement est produit par la présence du **carbonate de chaux,** *qui s'est formé au moyen de la chaux en dissolution dans l'eau, et de l'acide carbonique fabriqué par Pierre.* — **2.** Voilà la *synthèse* du carbonate de chaux.

Fig. 27. — L'eau de chaux se trouble. C'est que Pierre, en y soufflant de l'acide carbonique, a formé du carbonate de chaux.

Laissons-le déposer au fond du verre. A la fin de la leçon, nous décanterons* l'eau, puis nous ajouterons du vinaigre, et nous verrons se dégager à nouveau, en bulles, l'acide carbonique sorti des poumons de maître Pierre.

Oxydes, Acides, Sels.

217. Mais nous n'en avons pas fini encore avec notre *carbonate de chaux,* et il va nous apprendre encore bien des choses importantes. Il est, nous l'avons déjà dit plusieurs fois, composé d'*acide carbonique* et de *chaux.* L'acide carbonique, nous savons ce que c'est : 3 de carbone contre 8 d'oxygène. Mais la chaux, qu'est-ce que c'est? Est-ce un corps simple? Non; c'est un corps composé. Et composé de quoi ! **3.** D'**oxygène** encore et d'un corps simple, d'un métal, qu'il est très difficile d'en séparer, et qu'on appelle le **calcium**. **4.** La chaux est, disent les chimistes, un *oxyde de calcium.*

218. Des oxydes métalliques. — **5.** *L'oxygène se combine ainsi avec tous les métaux, pour former des* **oxydes**. Cela se fait plus ou moins facilement, plus ou moins vite; mais cela se fait toujours. **6.** Si nous avions là du *calcium* et que nous l'exposions à l'air, il en absorberait très rapidement

1. Que s'est-il passé lorsque Pierre a soufflé dans l'eau de chaux ? — **2.** Comment les chimistes appellent-ils cette recomposition du carbonate de chaux ? — **3.** De quoi est composée la chaux? — **4.** Quel nom les chimistes donnent-ils à la chaux ? — **5.** Quelle combinaison l'oxygène forme-t-il avec tous les métaux? — **6.** Que ferait le calcium exposé à l'air?

l'oxygène, jusqu'à ce qu'il soit transformé en *chaux*. **1**. Il y a mieux : jeté dans l'eau, il décomposerait aussitôt celle-ci, pour en prendre l'*oxygène*, en chassant l'hydrogène de sa combinaison. Voilà un métal qui s'oxyde aisément, qui est, comme on dit, très avide d'oxygène.

Considérons le **fer**. Nous pouvons, vous le savez tous, le laisser exposé à l'air, et il ne s'altère pas immédiatement. **2**. Cependant, à la longue si l'air est sec, en quelques jours si l'air est humide, il éprouve une altération ; il se *rouille*. Les chimistes disent : il *s'oxyde*. C'est qu'en effet, *il a emprunté à l'air de l'oxygène*, et la poudre jaune rougeâtre que vous connaissez, est le résultat de cette combinaison. **3**. La rouille est donc un *oxyde de fer*.

Prenons du **cuivre**. Il s'altérera plus lentement encore que le fer. Cependant, à la longue, dans l'air humide, il *s'oxydera* aussi, et formera un corps verdâtre appelé *vert-de-gris*, qui est un poison. **4**. Le vert-de-gris renferme de l'*oxyde de cuivre*.

5. Prenons du **mercure**, ce métal argenté, *liquide*, que je vous ai montré lorsque je vous ai expliqué la construction des baromètres. Nous pourrons le laisser presque indéfiniment à l'air sans qu'il s'oxyde. **6**. Mais si nous le faisions bouillir pendant plusieurs heures, nous le verrions se couvrir de paillettes rouges qui seraient de l'*oxyde de mercure*. C'est même en agissant ainsi que notre illustre chimiste *Lavoisier** a découvert l'oxygène de l'air.

7. Enfin, l'**argent**, lui, *ne s'oxyde jamais à l'air*, ne se rouille jamais, ni à froid, ni à chaud ; l'**or** non plus. Les chimistes arrivent néanmoins, et fort aisément, par des moyens détournés, à fabriquer de l'*oxyde d'or* et de l'*oxyde d'argent*.

Cette difficulté ou cette facilité à *s'oxyder* au contact de l'air, explique *comment il se fait qu'il est des métaux qu'on rencontre assez souvent à l'***état naturel** *dans les mines, tandis que d'autres ne s'y trouvent jamais qu'à l'état d'oxydes*, ou de combinaisons plus compliquées encore.

---

1. Que ferait le calcium dans l'eau? — **2**. Que ferait le fer exposé à l'air? — **3**. Qu'est-ce que la *rouille?* — **4**. Que devient le cuivre à l'air humide? — Qu'est-ce que le vert-de-gris? — **5**. Qu'est-ce que le mercure? — **6**. Dans quelles conditions le mercure s'oxyde-t-il? — **7**. Par quelle propriété l'argent et l'or se distinguent-ils?

1. Ainsi l'or, l'argent, le platine, le mercure, le cuivre existent fréquemment dans le sol à l'état métallique ou *natif*, c'est-à-dire *pur*. 2. Le *fer natif* est au contraire très rare. 3. Le zinc, l'étain, le plomb, sont toujours combinés, soit avec l'*oxygène*, soit avec le *soufre;* mais comme ils ne s'oxydent pas très vite, ne sont pas très avides d'oxygène, on leur enlève facilement celui avec lequel ils sont unis dans la nature.

4. Il en est tout autrement, et cela n'a rien d'extraordinaire, pour des métaux extrêmement avides d'oxygène, tels que le *calcium*. D'abord, jamais on ne les trouve à l'état natif. Puis, il est extrêmement difficile de leur arracher leur oxygène et de les obtenir à l'état métallique. Les feux, même les plus violents, n'y suffisent pas.

5. De temps immémorial*, les hommes connaissent la *chaux;* tandis qu'il a fallu arriver jusqu'à nos jours pour en extraire le *calcium*, en décomposant la chaux par une forte pile électrique. On a de même extrait le *potassium* de la *potasse*, le *sodium* de la *soude*, le *magnésium* de la *magnésie*, substances connues depuis longtemps des chimistes.

6. Enfin, d'une manière ou d'une autre, aisément ou difficilement, tous les *métaux* se combinent avec l'oxygène et forment des *oxydes*.

219. Les oxydes non métalliques. — 7. Mais l'**oxygène** se combine également, nous le savons déjà, avec des corps qui n'ont ni le poids, ni l'éclat, ni les autres qualités des métaux. 8. Ainsi, nous avons appris qu'il se combine avec le **carbone** pour former l'*oxyde de carbone* et l'acide *carbonique;*

9. Avec le **soufre**, pour former l'*acide sulfureux* et l'*acide sulfurique;*

10. Avec le **phosphore**, pour former l'*acide phosphoreux* et l'*acide phosphorique*.

11. Je vous dirai encore qu'il se combine avec l'**azote**, en

---

1. Citez des métaux qu'on rencontre fréquemment dans le sol à l'état *natif?* — 2. Citez un métal qu'on rencontre rarement à l'état natif? — 3. Dans quel état trouve-t-on le zinc, l'étain, le plomb? — 4. Qu'arrive-t-il pour les métaux extrêmement avides d'oxygène? — 5. Citez des métaux qu'on n'a pu extraire de leurs oxydes que dans ces derniers temps? — 6. En résumé, que forment tous les métaux en se combinant avec l'oxygène? — 7. L'oxygène ne se combine-t-il qu'avec les métaux? — 8. Quels composés forme-t-il avec le carbone? — 9. Avec le soufre? — 10. Avec le phosphore? — 11. Avec l'azote?

vraie combinaison, non pas en mélange comme dans l'air, pour former divers *oxydes d'azote*, dont les plus importants sont l'*acide azoteux* et surtout l'*acide azotique*, qu'on appelle dans le commerce *acide nitrique* ou *eau-forte*. 1. Ce dernier est un corps très dangereux, qui brûle horriblement et tache, comme vous voyez, les doigts en jaune.

220. Les acides, les bases, les sels. — Mais je vois que Paul et Jacques ont quelque chose à me demander. Parlez, Paul. — Monsieur, pourquoi, quand l'*oxygène* s'unit au *soufre*, dites-vous *acide sulfurique*, et quand il s'unit au fer, dites-vous *oxyde de fer?* Pourquoi ne dites-vous pas *acide ferrique?*

Mon enfant, vous auriez de la peine à comprendre cela cette année. 2. Contentez-vous de savoir que, le plus souvent, les composés de l'oxygène avec les métaux s'appellent **oxydes** ou **bases**, tandis que les composés que forme l'oxygène avec les corps non métalliques, s'appellent généralement **acides**.

3. Le corps composé par l'union d'un *acide* et d'une *base* s'appelle **sel.** 4. Ainsi l'acide carbonique est un *acide*, la chaux (oxyde de calcium) est une *base*, et le carbonate de chaux est un *sel.*

RÉSUMÉ. — La Chimie.

1. **Corps simples et corps composés** (p. 224). — On appelle *corps simples* ceux qu'on ne peut pas décomposer.

2. On appelle *corps composés* ceux dans lesquels il entre plusieurs corps simples **combinés** entre eux.

3. On connaît aujourd'hui 70 corps simples.

4. Tous les métaux en font partie.

5. La plupart des corps simples sont *solides ;* tels sont : l'or, l'argent, le fer, le cuivre, le zinc, le plomb, l'étain, le soufre, le charbon, le phosphore, l'arsenic.

6. Il y en a deux *liquides* dont l'un est le mercure.

7. Il y en a quatre *gazeux*, ce sont l'oxygène, l'hydrogène, l'azote et le chlore.

---

1. Que savez-vous de l'acide azotique, nitrique ou eau-forte? — 2. Quel nom donne-t-on en général aux composés de l'oxygène avec les *métaux?* — Aux composés de l'oxygène avec les corps non métalliques? — 3. Quel nom donne-t-on aux composés d'un *acide* et d'un *oxyde* ou *base?* — 4. Dites pourquoi le carbonate de chaux est un sel?

8. **Mélanges et combinaisons** (p. 227). — Il y a une grande différence entre un *mélange* et une *combinaison*.

9. Dans un **mélange**, la nature des corps n'est pas changée, et l'opération se fait dans des proportions *quelconques*. Un *mélange* est un phénomène purement *physique*.

10. Dans une **combinaison**, la nature des corps est changée et l'union des corps se fait dans des proportions *simples* et *définies*. Une combinaison est un phénomène *chimique*.

11. L'air est un *mélange*, l'eau est une *combinaison*.

12. **L'eau** (p. 229). — L'eau est une *combinaison* de deux gaz appelés : l'un, **hydrogène**, l'autre, **oxygène**.

On peut *décomposer* aisément l'eau par les piles, et l'on obtient deux fois plus d'hydrogène en volume que d'oxygène.

13. **L'hydrogène** (p. 231). — L'hydrogène est un gaz inflammable.

14. Si l'on enflamme un mélange d'*air* et d'*hydrogène*, il se produit une **explosion**, et on obtient de l'eau.

15. C'est ce qui arrive dans les mines de charbon de terre, où un « cousin » de l'hydrogène, le *grisou*, se dégage de la houille.

16. Le **gaz d'éclairage**, autre « cousin » de l'hydrogène, mélangé à l'air et enflammé, présente les mêmes dangers **d'explosion**.

17. L'hydrogène est 14 fois **plus léger** que l'air. On pourrait l'employer pour gonfler les ballons, mais, comme il coûte très cher à préparer, on le remplace par le *gaz d'éclairage*, qui pèse 3 fois moins que l'air.

18. **L'oxygène** (p. 233). — **L'oxygène** entretient la **combustion** ; en d'autres termes, c'est lui qui fait flamber le bois, luire nos lampes, etc.

19. C'est aussi **l'oxygène qui nous fait vivre**, nous et tous les animaux et tous les végétaux.

20. **L'air** (p. 236). — L'air est un *mélange* d'oxygène et d'azote, dans la proportion de 1 cinquième d'oxygène et de 4 cinquièmes d'azote.

On obtient l'azote pur en faisant absorber l'oxygène de l'air par du phosphore.

21. **L'azote** (p. 236). — **L'azote** pur n'entretient pas la combustion et arrête la vie.

22. **Le carbone** (p. 241). — Le **carbone** ou charbon pur, combiné avec l'hydrogène et l'oxygène, forme presque toutes les matières végétales.

23. C'est encore à l'hydrogène et à l'oxygène que le carbone est uni dans les *graisses animales* comme dans les huiles végétales.

24. Dans la chair, dans le cerveau, le carbone est, en outre, accompagné de l'azote.

25. Le *noir animal* n'est que du charbon obtenu en calcinant * des os en vases clos.

26. Ainsi, c'est avec quatre *corps simples combinés* (carbone, oxygène, hydrogène, azote), que sont constituées presque toutes les substances qui forment le corps des animaux.

27. Le **coke**, qui reste quand on a ôté le gaz du charbon de terre, est du carbone.

28. La *mine de plomb* ou *graphite*, le **diamant**, sont aussi d'autres formes du carbone.

29. **L'oxyde de carbone** (p. 244). — Quand le charbon brûle lentement, il s'unit à l'oxygène pour former un gaz qu'on appelle l'**oxyde de carbone**.

30. L'oxyde de carbone est un **poison très violent**. Il suffit d'un millième de ce gaz dans l'air pour tuer rapidement.

31. Dans les fourneaux de cuisine, où l'on brûle du charbon, dans les poêles, il se forme une grande proportion d'*oxyde de carbone*.

32. De là la nécessité d'avoir des cheminées qui « tirent » bien, et de ne jamais s'endormir dans une chambre où se trouve un réchaud allumé.

33. **L'acide carbonique** (p. 245). — Quand le charbon brûle fort et vivement, il s'unit à l'oxygène de l'air pour former un gaz qu'on appelle **acide carbonique**, qui contient deux fois plus d'oxygène que l'oxyde de carbone.

34. L'acide carbonique, quoique moins dangereux que l'oxyde de carbone, peut occasionner de graves malaises, même la mort.

35. L'homme, pendant la respiration, absorbe de l'oxygène et rend de l'*acide carbonique*.

36. Il se forme aussi de l'acide carbonique dans la fermentation de la *bière* et dans celle du *vin*. C'est la présence du gaz acide carbonique qui fait le danger de ces fabrications.

37. **Carbonate de chaux** (p. 247). — Le carbonate de chaux est une combinaison de gaz acide carbonique et de chaux.

38. La *craie* est un carbonate de chaux.

39. **Oxydes** (p. 249). — La chaux est un *oxyde de calcium*, c'est-à-dire une combinaison d'*oxygène* avec un métal : le *calcium*.

40. L'oxygène se combine ainsi avec tous les métaux pour former des *oxydes*.

41. Le fer *se rouille* à l'air humide ; la rouille est une combinaison du fer avec l'oxygène de l'air : c'est un *oxyde de fer*.

42. Le cuivre se couvre, à l'air humide, d'un corps verdâtre appelé **vert-de-gris**. C'est encore une combinaison du cuivre avec l'oxygène de l'air, un *oxyde de cuivre*.

43. L'argent et l'or ne s'oxydent *jamais* à l'air, ce qui fait qu'on les rencontre toujours à l'état naturel, à l'état *natif*, dans le sol.

44. Le fer, le zinc, l'étain, le plomb, au contraire, sont presque toujours combinés soit avec l'oxygène, soit avec le soufre.

45. La **chaux**, est un *oxyde de calcium*.

La **potasse** est un *oxyde de potassium*.

La **soude** est un *oxyde de sodium*.

La **magnésie** est un *oxyde de magnésium*.

46. **Acides**. — **Bases**. — **Sels** (p. 252). — L'acide *carbonique*, l'acide *sulfurique* (vitriol), l'acide *phosphorique*, l'acide *azotique*, appelé dans le commerce *acide nitrique* ou *eau-forte*, et généralement tous les composés de l'oxygène avec des corps non métalliques, sont des **acides**, comme leur nom l'indique.

47. La *chaux*, la *potasse*, la *soude*, la *magnésie*, sont des **bases**.

48. La combinaison d'un acide et d'une base s'appelle **sel**. Ainsi le carbonate de chaux (craie) est un *sel*, composé d'*acide* carbonique et d'*oxyde* de calcium.

SUJETS DE RÉDACTION.

1er devoir (p. 227). — Mélanges et combinaisons.

2e devoir (p. 229). — Composition de l'eau. — Analyse de l'eau par la pile. — Synthèse de l'eau (p. 234).

3e devoir (p. 231). — L'hydrogène, corps combustible et explosible. — Son poids par rapport à l'air. — Grisou. — Gaz d'éclairage.

4e devoir (p. 233). — L'oxygène. — Son rôle dans les combustions. — Sa présence dans l'eau: dans l'air.

5e devoir (p. 236). — L'air. — Sa composition. — L'azote. — Préparation de l'azote par le phosphore. — Propriétés de l'azote. (p. 238).

6e devoir (p. 234 et 239). — L'eau est une combinaison, l'air est un mélange.

7e devoir (p. 241). — Le carbone. — Sa présence dans les matières végétales et dans les matières animales. — Diverses formes du carbone.

8e devoir (p. 243). — Produits de la combustion du carbone. — Oxyde de carbone. — Acide carbonique.

9e devoir (p. 247). — Analyse du carbonate de chaux. — Synthèse.

10e devoir (p. 249). — Oxydes. — Sels. — Acides.

VI. — LA PHYSIOLOGIE ANIMALE

221. C'est très intéressant d'apprendre le nom des bêtes, des plantes, des pierres, les lieux où on les trouve, leurs ressemblances et leurs différences, leurs avantages et leurs inconvénients. C'est très intéressant de savoir comment les corps tombent, comment la lumière ricoche, comment se forme l'électricité. Mais ce qui est bien plus intéressant encore, *c'est de savoir comment nous vivons nous-mêmes,* et comment il nous a été possible d'observer, ou de produire tant de merveilles ; et, par la même occasion, de comprendre *comment vivent les animaux* qui nous entourent, car, au fond, c'est toujours la même chose. **1**. On appelle **Physiologie** (des mots grecs *physis*, nature, et *logos*, étude) la science qui s'occupe de ces problèmes de la vie.

Fig. 1. — Dans six mois, les petits poulets seront aussi gros que le père et la mère : *nutrition*.

222. Les trois problèmes de la physiologie. — 1° **La nutrition**. — Regardez dans la cour cette nichée de petits poulets (fig. 1). Chacun d'eux ne pèse pas 100 grammes ; dans quelques mois, ils seront aussi gros que père et mère, et pèseront bien 1 kilogramme de plus. Puis, ils resteront à peu près au même poids pendant leur vie entière.

Si je vous demandais comment il se fait qu'ils grandissent ainsi, où ils prennent le kilogramme de poids

---

1. Qu'appelle-t-on Physiologie ?

dont ils augmentent, vous ne seriez pas embarrassés pour me répondre que c'est dans le grain qu'ils mangent, dans leur *nourriture*. Très bien! Mais croyez-vous qu'en six mois ils n'auront mangé qu'un kilogramme de graines? Ah! la ménagère le sait bien : ils en auront avalé des boisseaux! Ce n'est donc que *la plus petite partie de la nourriture* qui reste dans leur corps, et leur profite. Bien plus, quand ils sont devenus grands, ils continuent à manger, bien entendu, *et cependant ils n'augmentent pas de poids*. Que devient donc le grain qu'ils mangent et à quoi leur sert-il d'en manger?

1. Voilà, mes enfants, le premier problème que rencontre la Physiologie : *Que devient et à quoi sert la nourriture que nous prenons, et pourquoi en prenons-nous?* Car il faut bien en prendre, sous peine de mourir de faim. 2. C'est le problème de la **nutrition**.

Fig. 2. — Ils ont eu peur : *sensation*. Les voyez-vous qui s'enfuient? *mouvement*.

223. 2° La sensation; 3° le mouvement. — Mais si important que soit le problème de la nutrition, ce n'est ni le plus curieux, ni le plus difficile de ceux que nous présente la vie des animaux.

Paul, ouvrez vivement la fenêtre, en criant après les poulets. *Les voyez-vous qui s'enfuient* (fig. 2)? Ils ont eu peur. Maintenant laissez-les se calmer une minute, et jetez-leur cette mie de pain. *Ils reviennent en courant*, tout joyeux, la maman en tête. Qu'est-ce que cela veut dire?

Cela veut dire, d'abord, qu'ils ont *entendu* le bruit que vous avez fait, et qu'ils ont *vu* vos gestes; en un mot, qu'ils ont *senti* qu'il y avait là quelqu'un ou quelque chose. Cela veut dire ensuite qu'ils ont *compris* que ce bruit et ces gestes étaient menaçants dans la première expérience, favorables

1. Quel est le premier problème que rencontre la physiologie? — 2. Quel nom lui donne-t-on?

dans la seconde. Cela veut dire enfin, qu'ayant compris, ils ont remué, c'est-à-dire *commandé à leurs pattes et à leurs ailes de se mouvoir*, de manière, soit à éviter le danger qu'ils croyaient courir, soit à profiter de l'avantage qui leur était offert.

1. Voilà donc deux autres problèmes. D'abord : *Comment les animaux peuvent-ils sentir, comprendre, commander?* c'est le problème de la **sensation** et de l'**intelligence. 2.** Ensuite : *Comment leurs volontés peuvent-elles être exécutées ?* Comment tout le corps, les pattes et les ailes, quand il y en a, obéissent-ils à l'ordre et produisent-ils le mouvement? c'est le problème du **mouvement**.

Voilà trois grands problèmes. Nous allons les examiner l'un après l'autre. Je commencerai par le *mouvement*, parce qu'il va nous faire faire l'histoire des *os*, du *squelette*, que nous avons besoin de connaître pour l'étude des deux autres problèmes.

I. — LE MOUVEMENT.

224. Les trois facteurs du mouvement. — Mettez-vous bien devant les tables, l'avant bras A à plat sur la table (fig. 3). Puis pliez l'avant-bras A sur le bras B (fig. 4). Bien : voilà un *mouvement*. Qu'est-ce qui s'est passé?

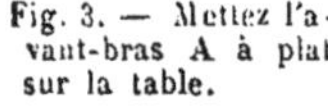

Fig. 3. — Mettez l'avant-bras A à plat sur la table.

Fig. 4. — Pliez l'avant-bras A sur le bras B.

3. Vous savez bien tous qu'il y a un *os* B (fig. 5) dans le bras et un autre *os* C (en réalité il y en a deux) dans l'avant-bras. Ces os se touchent en A, au coude, et sont là mobiles l'un sur l'autre. Votre mouvement a eu pour résultat de rapprocher l'os C de l'os B, absolument comme il

---

1. Quel est le second problème de la physiologie? — **2.** Quel est le troisième problème ? — **3.** Que sent-on de dur dans le bras et dans l'avant-bras ?

arriverait aux deux branches d'un compas. **1.** Ces os ont joué l'un sur l'autre au coude, en un endroit disposé pour cela, et qu'on appelle une *jointure* ou mieux une **articulation**.

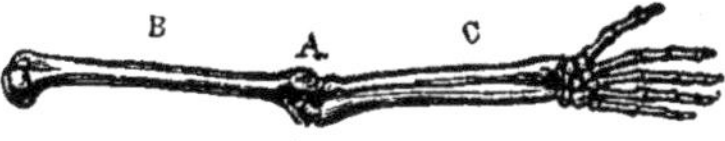

Fig. 5. — Les os C et B ont joué l'un sur l'autre à l'articulation A du coude.

Mais ces os, ce sont des corps durs comme des bâtons. S'ils étaient tout seuls, ils resteraient au bout l'un de l'autre, sans pouvoir bouger, comme les branches du compas. **2.** Il leur faut quelque chose de plus pour qu'ils puissent se mouvoir; ce quelque chose, c'est ce qu'on appelle un *muscle*.

Refaisons notre expérience de l'avant-bras ployant sur le bras ou, comme on dit en physiologie, *se fléchissant* sur le bras. Avec la main gauche, prenez le bras en son milieu, pendant le mouvement (fig. 6). Vous sentez bien, en A, quelque chose qui durcit et grossit sous votre main. C'est le muscle moteur* de l'avant-bras, le *fléchisseur* de l'avant-bras, qui entre en action.

Fig. 6. — Vous sentez en A quelque chose qui durcit et grossit : c'est le *muscle* fléchisseur de l'avant-bras.

3. Voilà donc, dans tout mouvement, trois parties à considérer : les *os*, les *articulations*, les *muscles*.

1° Les os ou le squelette.

4. Nous savons déjà qu'on appelle *squelette* (fig. 7) l'ensemble des os du corps des vertébrés, et que ce squelette est composé de trois grandes parties distinctes : la *colonne vertébrale* B, le *crâne* A, les *os* C, C, *des membres*.

225. Diverses formes des os. — **5.** Ces os sont très variés de formes : regardez ces os de poulet que j'ai

1. Quel nom donne-t-on à l'endroit où les os jouent l'un sur l'autre, au coude, par exemple? — **2.** Quel nom donne-t-on à l'organe qui fait mouvoir les os? — **3.** Quelles sont, d'après cela, les trois parties qu'il y a à considérer dans le mouvement? — **4.** Qu'appelle-t-on squelette? — Quelles sont les trois parties distinctes dont se compose le squelette? — **5.** Tous les os ont-ils la même forme?

mis hier de côté en dînant : en voici, A (fig. 8), qui sont longs et faits comme des bâtons ; d'autres, B, tout plats ; d'autres, C, courts et irréguliers. Mais, si différents qu'ils soient de formes, ils ont tous la même composition.

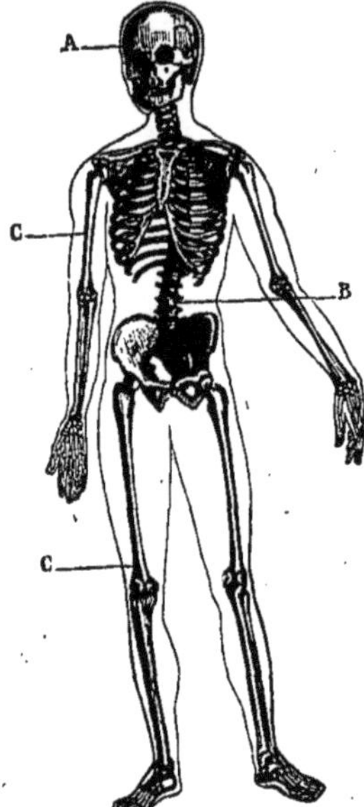

Fig. 7. — Squelette humain. A, crâne. — B, colonne vertébrale. C, os des membres.

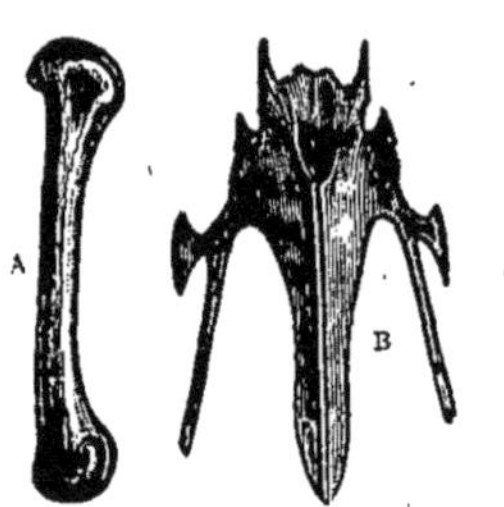

Fig. 8. — Os de poulet.

Fig. 9. — Les os contiennent du carbonate de chaux, du phosphate de chaux et une matière organique. — C'est des os qu'on tire le phosphore.

226. Composition des os. — Voyez, je mets un de ces os dans du vinaigre fort (fig. 9). Il en sort immédiatement des bulles de gaz : ce gaz est de l'acide carbonique. **1.** En effet, les os contiennent du *carbonate de chaux*. Ils contiennent aussi du *phosphate de chaux*, et *c'est des os qu'on tire le phosphore.*

Voici un os semblable, qui a séjourné pendant deux jours dans le vinaigre. **2.** Le *carbonate de chaux* et le *phosphate de chaux* se sont dissous ; il ne reste plus qu'une sorte de baguette souple et élastique. **3.** Je la place dans le feu : elle

1. Citez les deux sels de chaux contenus dans les os? — Quelle substance tire-t-on des os? — **2.** Que reste-t-il quand le carbonate et le phosphate de chaux se sont dissous dans le vinaigre? — **3.** Quel nom donne-t-on à cette matière ?

se brûle et disparaît entièrement : c'est ce qu'on appelle de la *matière organique*. **1**. *C'était la partie vivante de l'os.*

2. Il y a donc dans l'os deux choses, intimement unies l'une à l'autre : la matière **organique** et la matière **pierreuse minérale.**

Celle-ci n'a pas toujours existé dans l'os. **3**. *Dans le tout jeune âge, l'os ne contient pas de matières minérales;* il est d'abord complètement **mou**; puis la matière pierreuse apparaît par places. **4**. Ces os encore mous, comme ce fragment d'os de veau que je vous montre, s'appellent des **cartilages**.

227. Structure des os. — Coupons en travers cet os de lapin, qui est un os de la cuisse (fig. 10). **5**. Vous voyez

Fig. 10. — L'os est creux et contient la *moelle osseuse*, qui a la propriété de faire l'os.

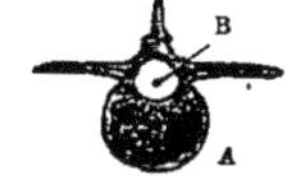

Fig. 11. — Vertèbre de lapin montrant le tissu spongieux A. (Pour le trou B, voir page 263, fig. 13.)

qu'il est *creux* et qu'il forme une sorte de canal. **6**. Dans ce canal se trouve une substance qu'on appelle la **moelle osseuse**. **7**. *C'est elle qui a la propriété de faire l'os;* et c'est grâce à elle que l'os se raccommode quand il est cassé, quand il y a *fracture*, comme disent les médecins.

Voici une vertèbre * de lapin (fig. 11); je la coupe aussi en travers. **8**. Il n'y a pas là de canal de la moelle; mais celle-ci existe tout de même, dans cette espèce de *réseau intérieur* A, qui ressemble à une éponge, d'où son nom de *tissu spongieux*.

228. Colonne vertébrale. — **9**. La colonne vertébrale AB (fig. 12) est formée par une suite de **vertèbres** A, empilées les unes au-dessus des autres. **10**. Chaque vertèbre (fig. 13) est composée d'une petite masse solide ou *corps* A, et

---

1. Quel rôle joue-t-elle dans l'os? — **2**. D'après cela, qu'y a-t-il dans l'os? — **3**. Quelle particularité les os présentent-ils dans le tout jeune âge? — **4**. Quel nom donne-t-on aux os encore mous? — **5**. Les os sont-ils pleins ou creux? — **6**. Qu'y a-t-il dans la cavité intérieure de l'os? — **7**. Quelle est la propriété de la moelle? — **8**. Par quoi le canal de la moelle est-il remplacé dans les vertèbres? — **9**. Comment la colonne vertébrale est-elle formée? — **10**. De quelles parties une vertèbre est-elle composée?

d'un *anneau* B, placé en arrière. — Remarquez que je dis « en arrière », parce que je parle de nous, qui nous tenons tout droits; s'il s'agissait d'un animal marchant à quatre pattes, il faudrait dire « au-dessus. »

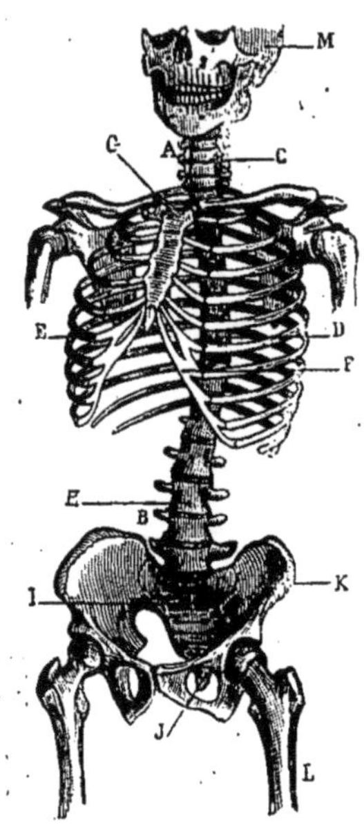

Fig. 12. — AB, colonne vertébrale, renfermant en arrière le canal vertébral.
E, côtes. F, cartilages costaux.
G, sternum. I, sacrum. J. coccyx.
K, os du bassin (hanche).
L, os de la cuisse (fémur).
C, région cervicale.
D, » dorsale.
B, » lombaire.
I, » sacrée.

1. Tous ces anneaux, placés l'un au-dessus de l'autre, forment un canal, qu'on appelle *canal vertébral.*

On distingue dans la colonne vertébrale plusieurs régions. **2.** Il y a d'abord le *cou*, ou *région cervicale* C, composée de sept vertèbres qui n'offrent rien de particulier. **3.** Puis le *dos*, ou *région dorsale* D, composée chez l'homme de douze vertèbres. **4.** Chacune de celles-ci porte, de chaque côté, un os spécial ou **côte** E, qui se dirige en avant, s'arrondit, et se réunit à la côte opposée par l'intermédiaire de *cartilages costaux* F et d'une série d'os G, appelée **sternum**, que vous sentez bien là, au-devant de la poitrine. Les deux dernières paires de côtes seules n'arrivent pas jusqu'au sternum. **5.** Les vertèbres dorsales, les côtes, les cartilages costaux, le sternum, forment donc une espèce de cage à claire-voie, plus large en bas qu'en haut, qu'on nomme vulgairement la *poitrine*, et scientifiquement le **thorax** (ce qui veut dire la même chose en grec).

---

1. Que forment tous les anneaux superposés des vertèbres? — **2.** Quel nom donne-t-on à la région du cou? — De combien de vertèbres est-elle composée? — **3.** Quel nom donne-t-on à la région du dos? — Combien compte-t-elle de vertèbres? — **4.** Quelle particularité importante présentent les vertèbres de la région dorsale? — De quelle manière chaque côte se réunit-elle à la côte opposée? — **5.** Que forment les vertèbres dorsales, les côtes, les cartilages costaux et le sternum?

1. Après la région dorsale, vient la *région lombaire* H, avec des vertèbres sans côtes, qui ressemblent à celles du cou C. **2.** Puis la *région sacrée* I, où cinq vertèbres sont soudées les unes aux autres pour former un seul os, le **sacrum**, sur lequel s'appuient les os K du membre inférieur.

Fig. 13.
Vertèbre vue de face. Vertèbre vue en dessus.
A, *corps* de la vertèbre.
B, anneau placé en arrière, formant, avec l'anneau des autres vertèbres, le *canal vertébral*, où se trouve la moelle épinière.

3. Enfin la *région caudale* J, qui, chez les animaux à longue queue, compte souvent un grand nombre de vertèbres, mais qui, chez l'homme, est réduite à deux ou trois petits os appelés *coccyx*.

229. Crâne. — **4.** Au-dessus de la colonne vertébrale

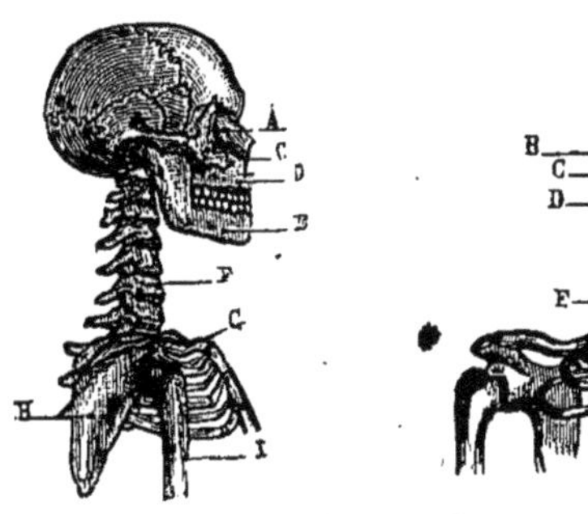

Fig. 14. — Le crâne.
A, B, orbites de l'œil.
C, fosses nasales.
D, mâchoire supérieure, fixe.
E, mâchoire inférieure, mobile.
F, vertèbres du cou.
G, clavicule.
H, omoplate.
I, humérus (os du bras).

se place le **crâne** (fig. 14). C'est une boîte osseuse, dont la cavité* se continue avec le canal vertébral. — (Voir p. 294).

Le crâne est composé d'un grand nombre d'os, dont nous apprendrons plus tard les noms. **5.** En avant, se trouvent des cavités ou **orbites** A, B pour loger les yeux; d'autres, C, qui sont les **fosses nasales**, et deux **mâchoires**

---

1. Quelle est la région qui vient après la région dorsale? — **2.** Quel nom donne-t-on aux cinq vertèbres soudées de la région sacrée? — Quels sont les os qui s'appuient sur le sacrum? — **3.** Quel nom donne-t-on aux trois petits os de la région caudale? — **4.** Qu'y a-t-il au-dessus de la colonne vertébrale? — **5.** Quelles sont les cavités qu'on remarque en avant du crâne?

D, E, garnies de dents entre lesquelles s'ouvre la *bouche*. 1. La mâchoire *supérieure* D est fixe, absolument soudée au crâne. 2. La mâchoire *inférieure* E, au contraire, est mobile *, et s'articule avec le crâne, comme vous le savez tous.

Voilà la partie fondamentale du squelette, qui, comme je vous l'ai dit, existe seule chez les serpents et chez certains poissons. Mais d'ordinaire, et notamment chez nous, aux vertèbres et au crâne il faut ajouter les **os des membres.**

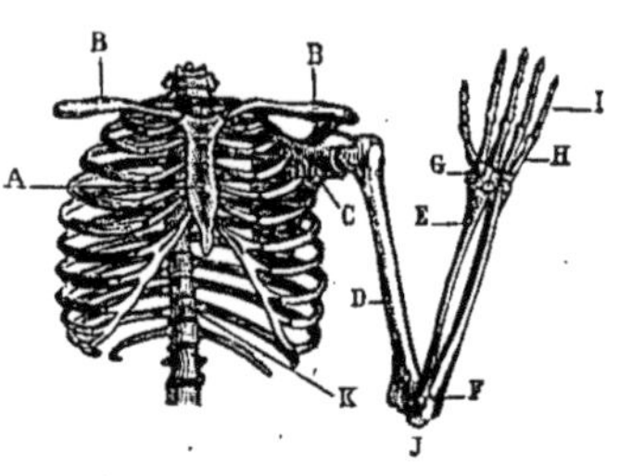

Fig. 15. — Membre supérieur (bras et avant-bras).
A, sternum (devant de la poitrine).
B, clavicule.
C, omoplate.
D, humérus (bras).
E, radius } avant-bras.
F, cubitus }
G, carpe (poignet).
H, métacarpe (paume).
I, phalanges (doigts).
J, coude (extrémité du cubitus).

230. Os des membres. — 3. Le *membre supérieur* (fig. 15) (*antérieur** chez les quadrupèdes *) est composé de plusieurs parties qu'on désigne, comme vous le savez, sous les noms de *bras* (de l'épaule au coude), *avant-bras*, *poignet*, *paume*, *doigts*. 4. Comme os, on appelle **humérus**, l'os D du bras; **radius** et **cubitus**, les os E, F, de l'avant-bras; **carpe**, les os G du poignet; **métacarpe**, les os H de la paume; **phalanges*** les os I des doigts. En réalité, les métacarpiens H (os de la paume) sont les premières phalanges, avec cette différence qu'elles ne sont pas libres comme celles des doigts; mais dans cette aile de chauve-souris, elles sont

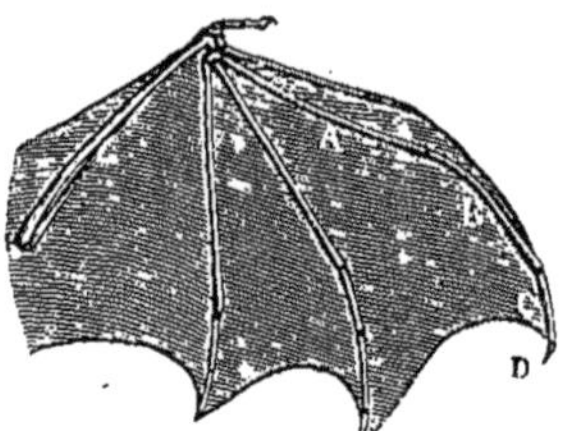

Fig. 16. — Extrémité de l'aile d'une chauve-souris, montrant les quatre phalanges A, B, C, D, des doigts.

---

1. La mâchoire supérieure est-elle fixe ou mobile? — 2. Et la mâchoire inférieure? — 3. Quel nom donne-t-on aux diverses parties du membre supérieur? — 4. Quel nom donne-t-on à l'os du bras? — Aux deux os de l'avant-bras? — Aux os du poignet? — Aux os de la paume? — Aux os des doigts?

libres, et chaque doigt paraît avoir quatre phalanges A, B, C, D (fig. 16).

1. Des deux os de l'avant-bras, il y en a un F, le *cubitus*, qui continue directement l'humérus D, son extrémité supérieure J formant le *coude*, d'où son nom de *cubitus* (mot latin qui signifie *coude*). Il emboîte solidement l'humérus D, et ne se prête qu'à des mouvements de compas. 2. L'autre os E, le *radius* (rayon), tourne autour du cubitus de la façon la plus curieuse, en entraînant avec lui le poignet et la main tout entière. Ce sont ces mouvements qui nous rendent tant de services dans la vie : aucun autre animal n'est si bien doué que nous sous ce rapport.

3. Le bras est relié au corps par deux os : l'**omoplate** C (voir à la page précédente), est un os plat, avec lequel s'articule l'humérus D; l'omoplate se dirige en arrière et s'applique sur le thorax, sans se souder nulle part; la **clavicule** B, au contraire, est placée comme un bâton transversal, qui, de l'omoplate C, avec laquelle elle s'articule, va au sternum A, où elle se fixe solidement.

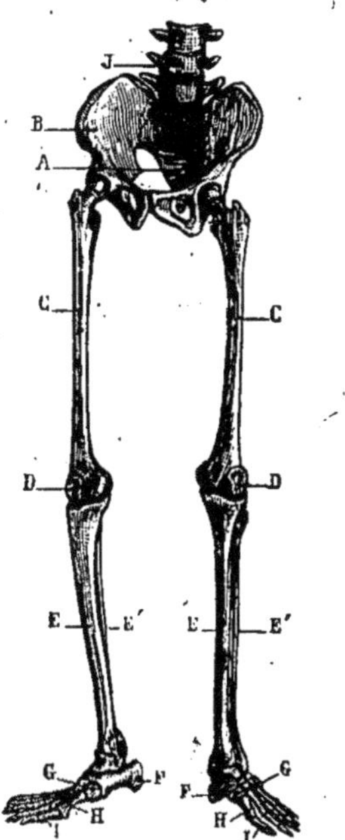

Fig. 17. — Membre inférieur (cuisse, jambe, pied).
A, sacrum (extrémité inférieure de la colonne vertébrale).
B, bassin (hanche).
C, fémur (cuisse).
D, rotule (genou).
E, tibia } jambe.
E', péroné }
F, G, tarse (coude-pied).
H, métatarse (plante).
I, phalanges (orteils).
J, vertèbres lombaires.

4. Dans le *membre inférieur* (fig. 17) on distingue la *cuisse*, la *jambe* (du genou au pied), le *coude-pied*, la *plante*, les *orteils*. 5. Comme os, on appelle **fémur**,

1. Que forme l'extrémité supérieure du cubitus ? — 2. Quelle particularité présente le radius? — 3. Par quels os le bras est-il relié au corps? — 4. Que distingue-t-on dans le membre inférieur? — 5. Quel nom donne-t-on à l'os de la cuisse? — Aux deux os de la jambe? — Aux os du coude-pied? — Aux os de la plante des pieds? — Aux os des orteils?

l'os C de la cuisse; **tibia** et **péroné**, les deux os E, E' de la jambe; **tarse**, les os F, G du coude-pied; **métatarse**, les os H de la plante; **phalanges**, les os I des orteils. Le tibia est le gros os E du devant de la jambe, celui qui soutient le corps en allant du tarse F au fémur C; le péroné E' est un os long et grêle*, qui n'a pas grande utilité.

1. Les deux fémurs C (celui de la cuisse gauche et celui de la cuisse droite) s'articulent sur une large et solide ceinture osseuse B, le **bassin** (hanche), qui, en arrière, se joint au sacrum A' (extrémité inférieure de la colonne vertébrale). Cela fait une base résistante, sur laquelle le corps repose d'aplomb.

Voilà pour les os; passons aux articulations.

2° Les Articulations.

231. 2. Les **articulations** *sont*, vous ai-je dit, *les endroits* D (fig. 18) *où se réunissent deux os ou plus, qui doivent jouer les uns sur les autres*. 3. Pour faciliter ces mouvements, chaque os est

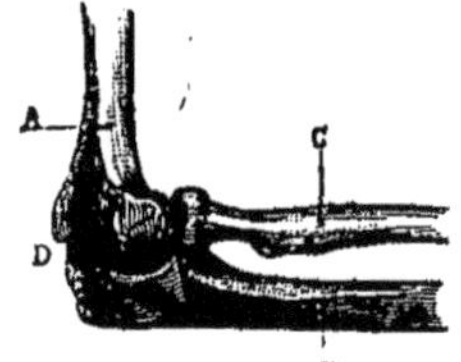

Fig. 18.
D, articulation. | B, cubitus.
A, humérus. | C, radius.

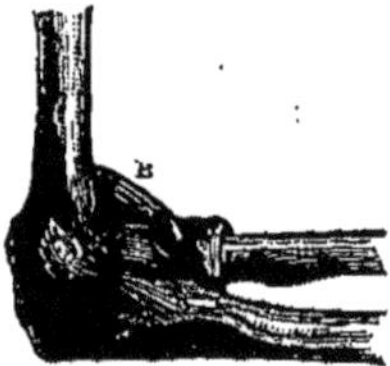

Fig. 19. — B, ligaments assurant la solidité de l'articulation.

revêtu d'une croûte luisante et polie, qu'humectent* incessamment quelques gouttes de liquide. 4. Pour assurer la solidité de l'articulation, des bandelettes ou **ligaments** B, (fig. 19) vont d'un os à l'autre.

5. Quand, à la suite d'un faux mouvement, ces ligaments sont distendus, ou même déchirés, on dit qu'il y a *entorse*. 6. Quand le faux mouvement a été si violent que les deux

---

1. Sur quoi s'articulent les deux fémurs? — A quel os le bassin se joint-il en arrière? — 2. Rappelez la définition de l'articulation. — 3. Par quoi est facilité le jeu des articulations? — 4. Comment la solidité de l'articulation est-elle assurée? — 5. Quand y a-t-il entorse? — 6. Quand y a-t-il luxation?

os sont séparés l'un de l'autre, et que l'articulation est ainsi détruite, on dit qu'il y a *luxation*, et il faut se hâter de remettre les choses en place.

Vous comprenez bien qu'il y a des articulations de formes très différentes, permettant des mouvements très différents. Mais ce sont là des détails dans lesquels nous ne pouvons entrer cette année.

3° Les Muscles.

232. Il est bien plus intéressant de nous occuper des **muscles**, qui forment la partie agissante dans la locomotion.

1. Ce que les physiologistes* appellent *muscles*, c'est ce qu'on désigne ordinairement sous le nom de *chair*, ou plus vulgairement sous celui de *viande*. **2.** Vous voyez bien maintenant ce que c'est : un amas de filaments rouges C (fig. 20), placés à côté les uns des autres et s'attachant de chaque bout à un os. **3.** Souvent, ces filaments ne se fixent pas directement sur l'os, mais s'attachent d'abord à des espèces de cordes blanches et fermes A, A, que les anatomistes * nomment des **tendons**. Le muscle agit alors par l'intermédiaire du tendon, comme un homme qui tire quelque chose non pas directement avec les mains, mais à l'aide d'une corde. Cela facilite souvent beaucoup la besogne.

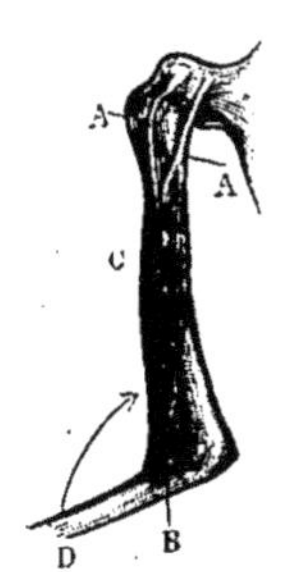

Fig. 20.— C, un des muscles du bras. A, A, tendons. Quand le muscle C se contracte, le cubitus D se relève.

233. Contractilité musculaire. — Les filaments des muscles ont une propriété bien singulière. **4.** Quand on les pique, coupe, brûle, frappe, quand on les irrite avec l'électricité, quand on les excite, en un mot, *ils se raccourcissent* ou mieux **se contractent**, comme disent les physiologistes. **5.** Bien évidemment, leurs deux bouts se rapprochent alors, et avec eux les os sur lesquels ils s'attachent.

---

1. Sous quels noms désigne-t-on les muscles dans le langage usuel ? — **2.** Donnez une définition des muscles ? — **3.** Comment s'attachent les muscles qui ne se fixent pas directement sur l'os ? — **4.** Quelle propriété particulière les muscles présentent-ils ? — **5.** Quelle est la conséquence de ce raccourcissement ?

C'est ce qui arrivait tout à l'heure à votre avant-bras. 1. Il y a là un muscle qui va du haut A de l'humérus à la naissance B du cubitus. Quand il se raccourcit, comme l'humérus est bien fixé à l'épaule, c'est le cubitus qui se relève dans le sens de la flèche, entraînant la main avec l'avant-bras. Naturellement, le muscle ne peut pas diminuer de longueur sans augmenter d'épaisseur, et c'est pour cela que vous le sentez grossir et durcir au devant du bras.

C'est très curieux à étudier de près, cette *contraction* des muscles. Tenez, voici un lapin qu'on vient de tuer à l'instant, pour le dîner de ce soir. On l'a déjà écorché, et il est encore tout chaud. Paul, allez vite chercher la pile électrique aux sous, que j'ai placée dans l'armoire, et demandez du vinaigre

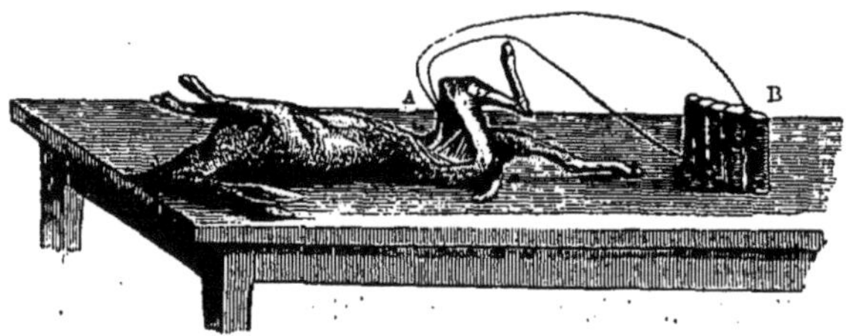

Fig. 21. — Je touche les deux bouts du muscle A avec les deux pôles de la pile B : voyez comme le muscle *se contracte* bien !

pour la faire marcher. Pendant ce temps, je gratte doucement un muscle, ou bien j'y mets un peu de sel, qui l'irrite ; aussitôt il se gonfle et *se contracte*, et fait remuer la patte à laquelle il s'attache. 2. Voici la pile prête : je touche les deux bouts du muscle A avec les deux pôles (fig. 21) ; voyez comme le muscle se contracte bien !

234. Nombre et variété des muscles. — Les autres muscles me donnent le même résultat, et vous voyez que je puis obtenir quantité de mouvements dans le cadavre de ce lapin, en excitant successivement les muscles.

C'est que ceux-ci sont extrêmement nombreux. En voici qui font mouvoir les pattes, fléchissent ou étendent les doigts ; en voici qui font tourner ou redressent la tête, qui courbent la colonne vertébrale, qui soulèvent les côtes, qui resserrent le ventre. Enfin, pour vous donner une idée

1. Montrez l'effet de la contractilité musculaire sur l'avant-bras ?

2. Comment peut-on faire contracter artificiellement un muscle ?

de leur nombre, je vous dirai qu'on en a compté et décrit plus d'un cent dans le corps de l'homme, chacun ayant son rôle et tirant de son côté.

Vous entendez bien que nous n'étudierons pas tous ces muscles ; c'est l'affaire des médecins et des chirurgiens *, qui ont besoin de bien connaître l'*anatomie*, c'est-à-dire la description de toutes les parties du corps. Peut-être cependant vous en dirai-je encore quelque chose l'année prochaine.

235. Rigidité cadavérique. — Du reste, regardez, voici que les muscles de notre lapin ne se contractent presque plus. Dans quelques minutes, ce sera fini, et ils seront tous raides, inexcitables. **1.** C'est là la **rigidité cadavérique**, dont est frappé tout animal mort. **2.** Quand elle cesse, c'est que le muscle va bientôt pourrir, *entrer en putréfaction*.

Locomotion.

236. Il y a toutes sortes de mouvements, qui tous s'exécutent grâce à des *muscles :* baisser et relever la tête, mettre la main à la bouche ou derrière le dos, ouvrir ou fermer les mâchoires, les lèvres, les yeux, etc.

Mais il en est qui sont particulièrement intéressants, parce qu'ils ont pour conséquence de nous permettre de nous déplacer, de marcher, de courir, etc. **3.** Ce sont, comme on dit, les mouvements de la **locomotion** (du latin *locus*, lieu, et *movere*, se mouvoir). Je veux vous dire quelques mots de ces mouvements.

237. Station. — **4.** Mais d'abord, il faut que je vous parle des actions musculaires nécessaires pour que nous nous **tenions debout**, pour la **station** (du latin *stare*, se tenir debout).

Cela a l'air d'étonner maître Pierre? — Oui, Monsieur, vous nous parlez de mouvement, et quand on se tient debout, on ne fait pas de mouvement, puisqu'on ne change pas de place. — Cela paraît vrai, et pourtant ce n'est pas vrai ; du

---

1. Quel phénomène remarque-t-on sur tout animal mort? — **2.** Lorsque la rigidité cesse, dans quel état le muscle ne tarde-t-il pas à entrer? — **3.** Quel nom donne-t-on aux mouvements qui nous permettent de marcher? — **4.** Quel nom donne-t-on aux actions musculaires qui nous permettent de nous tenir debout?

moins, si l'on ne fait pas de mouvements, on empêche qu'il s'en fasse. Tenez, mettez-vous debout là, devant moi. Croyez-vous que vous pourriez rester comme cela bien longtemps? — Oh! non, Monsieur, c'est très fatigant de se tenir debout, sans bouger. — Pourquoi est-ce fatigant? — Parce qu'il faut se tenir bien droit. — Et comment vous tenez-vous bien droit? En raidissant les jambes, le dos, le corps, n'est-ce pas? Et qu'arriverait-il si vous ne vous raidissiez pas? — Monsieur, mes jambes plieraient, et je tomberais par terre. — C'est ce qui arriverait, en effet, et ce serait bien un mouvement que de tomber par terre, un fâcheux mouvement même, que vous voulez empêcher. Comment y arrivez-vous? 1. *En contractant des muscles.* Suivez cela de près.

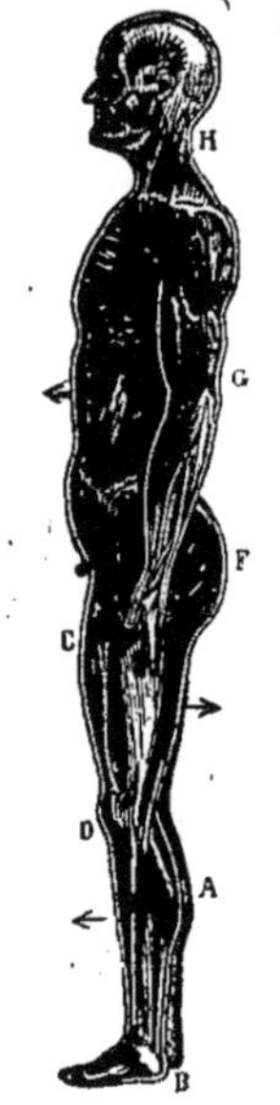

Fig. 22. — La station debout n'est pas un repos, tant s'en faut : on ne peut l'obtenir qu'en *contractant* des muscles.
A, muscle du mollet, qui empêche la jambe (du genou au pied) de tomber en avant.
C, muscle qui empêche la cuisse de fléchir en arrière.
F, muscles qui empêchent le corps de tomber en avant.
G, muscles des reins, qui soutiennent la colonne vertébrale.
H, muscles du cou, qui soutiennent la tête.

Voilà votre pied solidement à plat sur le sol. 2. Si vous vous laissez aller, la *jambe*, de D en B, se pliera en avant. Pour l'en empêcher, les muscles A du mollet (fig. 22), qui vont du tibia (os de devant de la jambe) au talon, se contractent vigoureusement : les sentez-vous durcir sous votre main? Bien, voilà la jambe fixée droite sur le pied. 3. Mais si vous vous laissez aller, la *cuisse* de D en C se fléchira en arrière. Aussitôt un énorme muscle C, placé en avant de la cuisse, et qui va du fémur au tibia, se contracte, et la redresse.

---

1. Comment arrive-t-on à se tenir droit? — 2. Parlez du muscle qui empêche la jambe, du genou au pied, de se plier en avant. — 3. Parlez du muscle qui empêche la cuisse de fléchir en arrière.

Ce muscle présente quelque chose de curieux. **1.** A sa partie inférieure D, il se termine par un gros *tendon*, ce qui n'est pas rare, comme nous l'avons vu; mais ce qu'il y a ici de particulier, c'est que dans le milieu de ce tendon existe un os, la **rotule**, qui s'appuie, en roulant, sur le fémur (os de la cuisse) et sur le tibia, et qui ferme en avant l'articulation du genou : vous faites aisément remuer la rotule avec les doigts.

Voilà pour la jambe et la cuisse. **2.** Maintenant le *corps* tomberait en avant, s'il n'était soutenu et maintenu droit par les gros muscles F, qui s'attachent en arrière au bassin (hanche). **3.** Enfin, les différentes parties de la *colonne vertébrale* et la *tête* sont soutenues et ramenées à la verticale par la contraction des muscles des reins G, et des muscles du cou H.

4. *Vous voyez que la station debout n'est pas un repos, tant s'en faut.* **5.** Aussi a-t-on bientôt fait d'avoir mal dans les mollets, les cuisses, les reins et la nuque *. Même assis, comme vous êtes là, vous n'êtes pas au repos, au moins pour la colonne vertébrale et la tête. C'est pour cela qu'on a inventé les dossiers des sièges, et c'est pour cela que vous vous couchez sur vos pupitres, au risque de devenir à moitié bossus.

238. Marche et course. — De la *station* à la *locomotion*, il est facile de passer. Pierre, qui êtes resté debout, penchez le corps en avant; bien, encore; bien, un peu plus... Ah! vous alliez tomber, et pour vous en empêcher, vous avez vivement avancé le pied gauche : vous avez fait un *pas*. Vous voilà d'aplomb, maintenant, sur les deux pieds écartés. Penchez-vous encore en avant, encore : nouvelle menace de chute, et cette fois, c'est le pied droit que vous passez rapidement au-devant du pied gauche : vous avez fait un second pas, vous avez **marché**. **6.** *La marche est donc une série de chutes en avant, chutes arrêtées juste à temps.*

Dans la marche, il reste toujours au moins un pied à terre, alternativement un et deux. Dans la *course*, les

---

1. Quelle particularité ce muscle présente-t-il? — **2.** Parlez du muscle qui empêche le corps de tomber en avant. — **3.** Parlez des muscles qui soutiennent la colonne vertébrale et la tête. — **4.** Que concluez-vous de tout cela? — **5.** Quelles sont les conséquences d'une station debout prolongée? — **6.** Qu'est-ce que la marche?

pieds se meuvent si vite qu'ils ne touchent jamais le sol tous les deux à la fois, et, qu'à des intervalles réguliers, le corps saute et est complètement en l'air. **1.** Ainsi, *la course est une série de sauts.*

Il y a beaucoup de variétés dans la locomotion des animaux. **2.** Les quadrupèdes ont la *marche*, le *trot*, le *galop*, etc.; les animaux aériens* ont le *vol;* les animaux aquatiques*, la *natation* (action de nager); les bêtes sans pattes, la *reptation* (action de ramper). **3.** Mais, si varié que ce soit dans la forme, *ce sont toujours des muscles qui se contractent et qui agissent sur des parties solides.* **4.** Chez les vertébrés*, ces parties solides sont les os; chez les invertébrés*, c'est d'ordinaire la peau durcie, comme chez les insectes; mais c'est toujours le *muscle* qui est la partie importante.

239. Mouvements volontaires et mouvements involontaires. — Tous les mouvements dont je viens de vous parler sont **volontaires.** **5.** Vous pouvez lever ou ne pas lever le bras, ouvrir ou ne pas ouvrir la bouche. *Cependant il y a des mouvements que vous pouvez produire à volonté, mais que vous ne pourriez pas empêcher.* **6.** Ainsi, vous pouvez battre de l'œil tant que vous voulez; mais je vous défie de garder l'œil ouvert si j'y touche, ou simplement si je menace d'y toucher; de même vous pouvez bien respirer plus vite, mais vous ne pourriez arrêter votre respiration. Mettez un morceau de pain dans votre bouche, et mâchez-le : c'est bien, vous en êtes le maître, mais quand il arrive dans le fond de la gorge, tout d'un coup il est saisi, entraîné, avalé, sans que vous y puissiez rien. Voilà une seconde catégorie de mouvements, qui sont tantôt *volontaires*, tantôt *involontaires.*

Il en est enfin de tout à fait **involontaires**, *que nous ne pouvons ni empêcher, ni produire, dont souvent même nous ne soupçonnons pas l'existence.* **7.** Ainsi, à moins de mettre la main sur notre cœur, *nous ne le sentons pas battre; nous ne nous doutons pas* que notre estomac et nos intestins se

---

1. Qu'est-ce que la course? — **2.** Citez les variétés de locomotion des animaux. — **3.** D'une manière générale comment se produisent les mouvements? — **4.** Par quoi les os sont-ils remplacés d'ordinaire chez les invertébrés? — **5.** Citez des mouvements volontaires. — **6.** Citez des mouvements que vous pouvez produire à volonté, mais que vous ne pouvez pas empêcher. — **7.** Citez des mouvements tout à fait involontaires.

contractent sur les aliments, et *nous essayerions en vain* d'accélérer les battements de notre cœur et les contractions de notre estomac.

Ces mouvements, que nous ne pouvons empêcher de se produire, sont des plus importants pour la conservation de notre existence. Si nous pouvions arrêter notre cœur ou notre respiration, nous péririons aussitôt, et mieux vaut que nous ne les ayons pas à notre disposition.

RÉSUMÉ. — LE MOUVEMENT.

1. Les trois problèmes de la physiologie sont : la **nutrition**, la **sensation**, le **mouvement**.

2. **Mouvement** (p. 258). — Il y a dans tout mouvement trois parties à considérer : les *os*, les *articulations*, les *muscles*.

3. **Os** (p. 259). — Le squelette est composé de trois grandes parties distinctes : la *colonne vertébrale*, le *crâne*, les *os des membres*.

4. Les os se composent d'une matière organique ou vivante appelée *cartilage*, et d'une matière pierreuse minérale formée de *carbonate de chaux* et de *phosphate de chaux*.

5. À l'intérieur des os se trouve la *moelle*, qui a la propriété de faire l'os.

6. **Colonne vertébrale** (p. 261). — La colonne vertébrale est formée par les *vertèbres*, composées d'un *corps* et d'un *anneau*.

7. Les anneaux superposés de toutes les vertèbres forment une sorte de tube, qu'on appelle le *canal vertébral*, canal qui communique avec l'intérieur du crâne.

8. Les vertèbres dorsales portent des *côtes*, réunies en avant par les *cartilages costaux* et le *sternum*. L'espèce de cage ainsi formée est le *thorax*.

9. A la partie inférieure de l'épine dorsale, cinq vertèbres, soudées ensemble forment un seul os, le *sacrum*, qui s'unit à l'os du *bassin* (hanche).

10. **Crâne** (p. 263). — Au-dessus de la colonne vertébrale se place le **crâne**.

11. On y voit les *orbites* des deux yeux, la cavité des *fosses nasales*, et, au-dessous, les deux *mâchoires* garnies de dents.

12. La mâchoire supérieure est *fixe*, soudée au crâne; la mâchoire inférieure peut s'abaisser et se relever.

13. **Os des membres** (p. 264). — Les os du membre supérieur sont : l'*humérus*, qui va de l'épaule au coude; le *radius* et le *cubitus*, qui vont du coude au poignet; le *carpe*, qui comprend les os du poignet; le *métacarpe*, qui comprend les os de la paume; les *phalanges*, qui sont les os des doigts.

14. **Le coude est formé par l'extrémité du cubitus.**

15. L'humérus (os du bras) s'articule sur l'*omoplate*, qui s'applique en arrière sur le thorax sans se souder nulle part.

L'omoplate est soutenue par la *clavicule*, qui va de l'omoplate au *sternum* (os du devant de la poitrine), où elle se fixe solidement.

16. Les os du membre inférieur sont : le *fémur*, qui va de la hanche au genou ; le *tibia* et le *péroné*, qui vont du genou au cou-de-pied ; le *tarse*, qui comprend les os du cou-de-pied ; le *métatarse*, qui comprend les os de la plante des pieds ; les *phalanges*, qui sont les os des orteils ou doigts de pied.

17. Au genou, se trouve en outre un os appelé *rotule*.

18. Les deux fémurs s'articulent sur l'os du *bassin* (hanche), lequel va se joindre au *sacrum* (extrémité inférieure de la colonne vertébrale).

19. Articulations (p. 266). — Les articulations sont les endroits où se réunissent des os qui doivent jouer l'un sur l'autre.

20. Pour assurer la solidité de l'articulation, des bandelettes ou *ligaments* vont d'un os à l'autre.

21. Quand ces ligaments sont distendus ou déchirés, il y a *entorse ;* quand les deux os sont déboîtés il y a *luxation*.

22. Muscles (p. 267). — Les **muscles**, appelés *chair* ou *viande* dans le langage vulgaire, sont des amas de filaments rouges, fixés aux os à leurs extrémités, et qui ont la propriété de *se contracter*, c'est-à-dire de se raccourcir.

Souvent les muscles, au lieu de se fixer directement aux os, s'y rattachent au moyen de *tendons*, sortes de cordes blanches et fermes.

23. Ce sont les muscles qui font mouvoir les bras, les jambes, la tête, les mâchoires, les lèvres, les joues, les yeux, etc.

24. Dans la *station* (action de se tenir debout), c'est grâce à la *contraction* des muscles que le corps ne fléchit pas en avant ou en arrière. La station debout n'est donc pas un repos.

25. Lever le bras, ouvrir la bouche, etc., sont des mouvements *volontaires ;* mais il existe des mouvements qui sont tantôt *volontaires* et tantôt *involontaires*, comme le clignement de l'œil, ou toujours *involontaires*, comme les battements du cœur ou les contractions de l'estomac.

[On trouvera, p. 307, des *Sujets de rédaction* d'un genre simple.]

II. — LA NUTRITION

240. Comment et pourquoi mangeons-nous ? Nous savons bien tous que nous prenons des aliments, que nous les *digérons*, que nous les *absorbons* en entier, sauf quelques impuretés inutiles qui sont rejetées au dehors.

Mais comment cela se passe-t-il, et puis à quoi cela sert-il? Voilà les graves questions auxquelles il faut absolument répondre.

1° Digestion.

241. Ce que tout le monde sait bien ici, comme dans beaucoup de leçons, c'est le commencement. Nous prenons les aliments, nous les mettons dans notre bouche; quand ils sont de petit volume ou liquides, nous les avalons aussitôt; lorsqu'ils sont trop gros, nous les mâchons pour les broyer.

242. **Dents**. — **1**. La *mastication** se fait à l'aide des **dents**, qui coupent et mâchent, et de la **langue**, organe musculeux très mobile, qui ramène les aliments sous les dents et les met en boule quand il s'agit de les avaler.

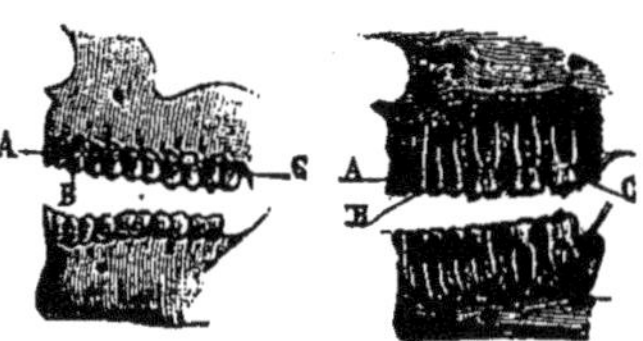

Fig. 23. — Mâchoire humaine montrant les dents couvertes par les gencives et découvertes. — A, incisives. — B, canines. — C, molaires.

2. Les *dents* sont de formes très variées (fig. 23) : elles sont tranchantes en avant, ce sont les *incisives* A ; pointues sur les côtés, ce sont les *canines* B ; broyeuses en arrière, ce sont les *molaires* C. **3**. J'ai — ou plutôt je devrais avoir — dans la bouche, à chaque mâchoire, 4 incisives, 2 canines, 10 molaires, soit en tout 32 dents. **4**. Vous autres, jusqu'à l'âge de sept ans environ, vous n'aviez que 20 dents, n'ayant que 4 molaires à chaque mâchoire. Puis tout cela est tombé, et votre *seconde dentition* commence.

Fig. 24. — Mâchoires de chat.

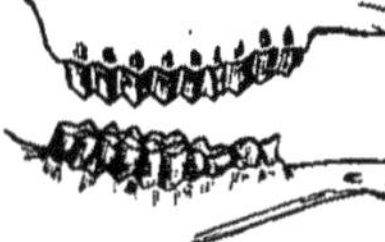
Fig. 25. — Mâchoires de mouton.

Fig. 26. — Mâchoires de lapin.

---

1. — Comment se fait la mastication? — **2**. Quelles sont les différentes espèces de dents? — **3**. Combien un adulte a-t-il dans chaque mâchoire d'incisives? — De canines? — De molaires? — **4**. Combien a-t-on de dents jusqu'à 7 ans? — D'où vient la différence?

Le nombre des dents et leurs formes varient beaucoup si l'on considère les divers groupes d'animaux, et nous savons déjà combien les dents du chat (fig. 24) diffèrent de celles du mouton (fig. 25) ou du lapin (fig. 26). Mais toutes les dents ont une composition identique. **1.** Elles

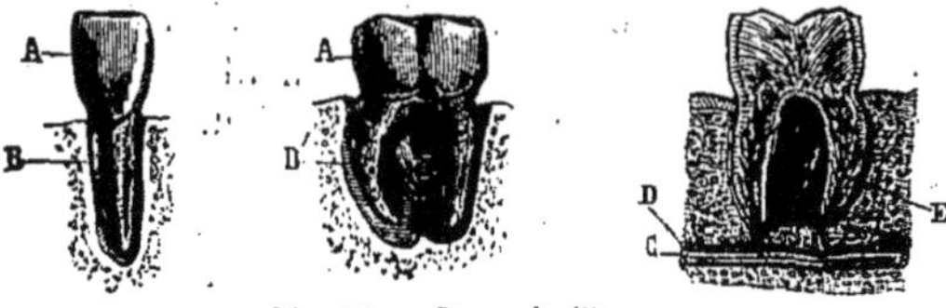

Fig. 27. — Dents de l'homme.
A, partie de la dent recouverte d'émail.
B, racine de la dent implantée dans un alvéole de la mâchoire.
C, veine. } vaisseaux sanguins.
D, artère. }
E, faisceau nerveux.

sont formées d'*ivoire*, et implantées par une ou plusieurs *racines* B, B' (fig. 27) dans des trous ou *alvéoles* de la mâchoire. **2.** La partie A, qui dépasse l'os, est recouverte d'*émail*, matière transparente plus dure que l'ivoire. **3.** Dans la dent est une cavité où se rendent des *vaisseaux sanguins* C, D, et des *nerfs*. **4.** Quand l'émail est détruit par une cause quelconque, l'ivoire se gâte très aisément, il s'y forme un trou, et la dent se *carie**; si le trou arrive jusqu'à la cavité où se trouvent les nerfs, cela occasionne de vives douleurs que presque tout le monde a appris à connaître.

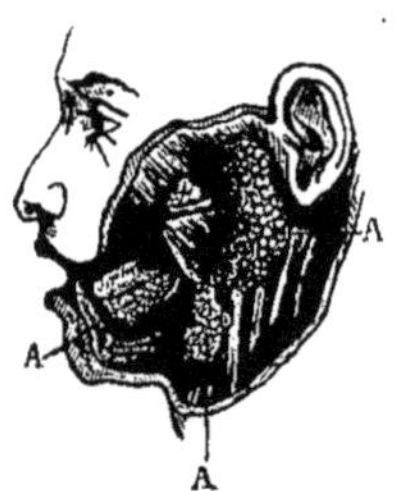

Fig. 28. — A, glandes salivaires.

243. Salive. — **5.** Le broyage des aliments est facilité par l'écoulement de la *salive*, liquide formé par les **glandes salivaires** A (fig. 28). **6.** Ce nom de *glandes* est donné en

1. De quelle matière sont formées les dents ? — Comment sont-elles implantées ? — **2.** De quelle matière est recouverte la partie des dents qui dépasse l'os ? — **3.** Que trouve-t-on dans la cavité de la dent ? — **4.** Dans quelles circonstances la carie des dents se produit-elle ? — Quand y a-t-il sensation douloureuse ? — **5.** Par quel liquide le broyage des aliments est-il facilité ? — **6.** A quels organes donne-t-on le nom de glandes en physiologie ? — Citez quelques glandes.

physiologie à des organes qui *sécrètent*, c'est-à-dire qui fabriquent et qui rejettent des liquides particuliers : ainsi les larmes sont formées par les *glandes lacrymales*, la sueur par les *glandes sudoripares*, etc. 1. La salive arrive dans la bouche par plusieurs trous dont quelques-uns sont placés sous la langue, près de la racine, et sont faciles à voir.

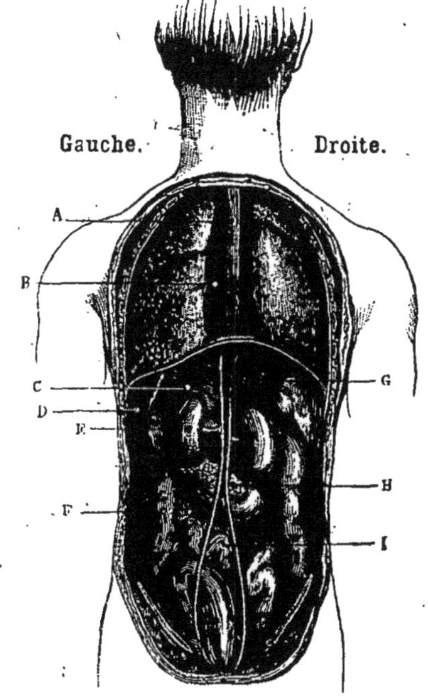

Fig. 29. — Les organes de la poitrine et de l'abdomen, séparés par le diaphragme, vus de dos.

A, tuyau où passe la nourriture (œsophage).
B, cœur.
C, estomac.
D, rate.
E, rein.
F, gros intestin.
G, foie.
H, pancréas.
I, intestin grêle.

244. Déglutition. — 2. Quand les aliments sont bien broyés, roulés et insalivés, la langue les conduit dans l'arrière-gorge, et là, tout à coup, il se fait un mouvement, et les voilà avalés. Cette opération est la *déglutition*.

245. Tube digestif. — 3. Les aliments descendent alors dans un tuyau A (fig. 29), appelé **œsophage**, placé le long de la colonne vertébrale; ils traversent ainsi toute la poitrine et arrivent dans l'**estomac** C. 4. Ce tuyau est naturellement très long chez les animaux à long cou, et l'on y voit aisément passer les aliments chez un cheval ou une oie.

---

1. Comment la salive arrive-t-elle dans la bouche? — 2. Qu'est-ce que la déglutition? — 3. Que deviennent les aliments dès qu'ils sont avalés? — 4. Que remarque-t-on chez les animaux à long cou?

1. L'estomac est une espèce de sac qui, chez l'homme, peut avoir deux litres de capacité. 2. De là, les matières alimentaires entrent dans l'**intestin grêle** I, sorte de tube un peu plus gros que le pouce, extrêmement recourbé, et enfin dans le **gros intestin** F, qui conduit au dehors les résidus inutiles.

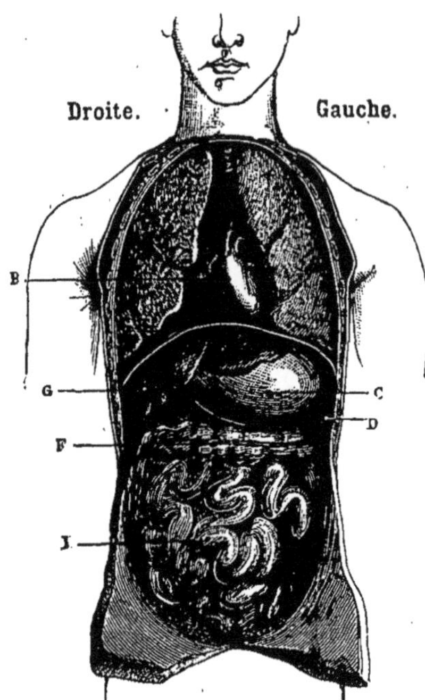

Fig. 30. — Les organes de la poitrine et de l'abdomen, séparés par le diaphragme, vus de face.

B, cœur. — C, estomac. — D, rate. — F, gros intestin. — G, foie. — I, intestin grêle.

3. Ces tubes sont entourés de fibres musculaires qui, en se contractant, forcent les aliments à cheminer de l'une à l'autre extrémité du *tube digestif*, c'est-à-dire de la bouche au gros intestin.

246. Sucs digestifs. — Mais ce n'est pas là le plus curieux ni le plus important dans la digestion.

4. Les aliments ne font pas que cheminer dans le tube digestif, *ils s'y* **transforment**, *sous l'influence de liquides ou* **sucs** *qu'y versent des glandes.*

5. Le premier de ces sucs est la **salive**. Quel est celui de vous qui ne s'est pas amusé à mâcher longtemps un peu de

1. Quelle est la capacité de l'estomac chez l'homme? — 2. Où entrent les aliments au sortir de l'estomac? — 3. Le tube digestif se compose-t-il de tubes inertes? — 4. Les aliments ne font-ils que cheminer dans le tube digestif? — 5. Citez un des sucs digestifs.

mie de pain? Et pourquoi ? Parce qu'au bout d'un certain temps, la mie prend un goût sucré. 1. C'est qu'en effet *la salive transforme le pain en* **sucre,** *la farine en sucre,* que cette farine vienne du blé, de la pomme de terre, des haricots, de n'importe quoi.

2. Les parois de l'estomac C sont pleines de petites glandes qui versent par gouttes une grande quantité d'un suc très acide appelé **suc gastrique** (de *gaster*, estomac). 3. *Le suc gastrique dissout la viande, le blanc d'œuf, et en général toutes les matières animales.*

4. Du reste, tout le long de l'intestin grêle I se trouvent des glandes qui, à la fois, transforment en sucre et dissolvent toute la farine et toute la viande qui a échappé à la salive et au suc gastrique. 5. Ces glandes sont très petites, sauf une, H, qui est grosse presque comme le poing, et qu'on appelle le **pancréas.**

6. Il y a aussi une énorme glande G, le **foie,** située à droite du corps, qui déverse dans l'intestin le liquide vert et amer qu'elle produit, la *bile.* On ne sait pas bien à quoi sert la bile dans les actes digestifs.

247. But de la digestion. — 7. Vous voyez qu'en définitive, *la digestion a pour but de* **dissoudre** *les aliments.*

2° Absorption.

248. Le sang distributeur des aliments. — Pourquoi toutes ces dissolutions? 8. *C'est parce qu'il faut que les aliments, afin de nous nourrir,* **traversent les parois** *de l'intestin et entrent dans le sang.* Si les aliments restaient solides, ils ne pourraient pas passer.

9. Tant que l'aliment est dans le tube digestif, il ne nous sert pas à grand'chose : c'est presque comme s'il était dans le creux de la main. *Car la peau qui revêt notre corps rentre, à partir des lèvres, dans le tube digestif, et le tapisse*

1. Quel est l'effet de la salive? — 2. Citez un autre suc sécrété par l'estomac. — 3. Quel est l'effet du suc gastrique? — 4. Quel est le rôle des glandes qui se trouvent tout le long de l'intestin grêle? — 5. Citez parmi ces glandes, une glande presque aussi grosse que le poing. — 6. Quelle est la fonction du *foie*, autre grosse glande? — 7. Quel est, en définitive, le but de la digestion ? — 8. Pourquoi toutes ces dissolutions ? — 9. L'aliment produit-il un effet utile tant qu'il reste dans le tube digestif ?

également. **1.** Seulement elle change d'aspect, et devient molle : on l'appelle alors une **muqueuse**.

2. Il faut donc que l'aliment dissous **entre dans le sang**, qui le portera dans tout le corps. Car il y a du sang dans toutes les parties du corps, vous le savez bien : essayez de vous piquer n'importe où, avec la plus fine aiguille possible, et vous aurez une gouttelette de sang.

3° Sang et circulation.

249. Sang. — Si je vous demandais : Qu'est-ce que le sang? Vous me répondriez tous : c'est un liquide rouge. En effet, cela paraît être ainsi. **3.** Mais, en réalité, *le sang est un liquide jaunâtre, dans lequel flottent en nombre extraordinaire de tout petits globules rouges* (fig. 31). Dans un millimètre cube de sang il y en a 3 à 4 millions. Si petits qu'ils soient, ils sont tellement nombreux que si l'on mettait au bout l'un de l'autre tous ceux que renferme le corps d'un homme (lequel contient 5 à 6 litres de sang), ils formeraient une chaîne capable de faire 4 fois le tour de la terre!

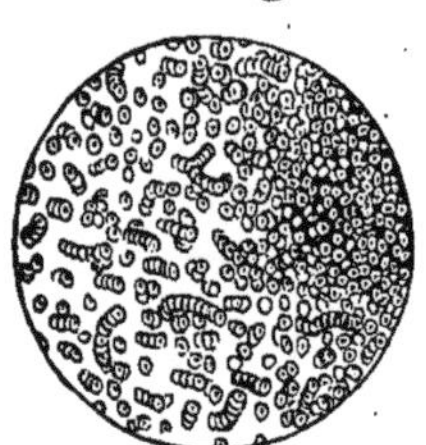

Fig. 31. — Gouttelette de sang et ses globules (vus au microscope).

250. Circulation. — Le sang est contenu dans des tubes ou vaisseaux dont la distribution dans le corps est extrêmement compliquée. **4.** Dans la poitrine, un peu sur le côté gauche, se trouve le **cœur** B (p. 278), espèce de poche, ou mieux de *muscle creux*, qui régulièrement se contracte et pousse le sang dont il est rempli. **5.** Le sang y est amené par des **veines** ; il en sort par des **artères**. Veines et artères sont tout naturellement de plus en plus nom-

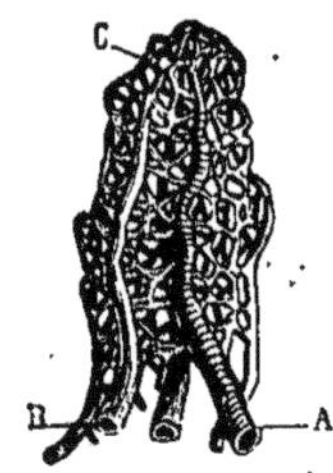

Fig. 32. — Ramifications d'une artère (vues au microscope).

A, artère.
B, veine.
C, vaisseaux capillaires.

1. Quel nom donne-t-on à la peau qui tapisse intérieurement la bouche, etc.? — **2.** A quelle condition l'aliment sert-il à notre nourriture? — **3.** Qu'est-ce que le sang? — **4.** Quelle est la fonction du cœur? — **5.** Par quoi le sang est-il amené dans le cœur? — Par quoi en sort-il?

breuses et de plus en plus petites à mesure qu'on s'éloigne du cœur (fig. 32). **1**. Elles se terminent par des tubes très fins, appelés **vaisseaux capillaires**, ainsi nommés du latin *capillus*, cheveu, quoiqu'ils soient infiniment plus fins que des cheveux. **2**. *Ces vaisseaux capillaires font ainsi communiquer les artères avec les veines* (fig. 33), et c'est ce qui permet ce qu'on appelle la **circulation du sang**. **3**. Le sang court avec une grande rapidité du cœur aux artères, des artères aux capillaires, des capillaires aux veines et de là au cœur : tout ce tour se fait en une demi-minute.

4. Les **veines** ont des *parois molles*, ce qui fait que lorsqu'on les ouvre, comme dans la *saignée*, elles tendent à s'affaisser aussitôt, fermant ainsi d'elles-mêmes l'ouverture produite : aussi leurs blessures, à moins qu'il ne s'agisse des grosses veines du pli de la cuisse, du creux du bras ou du cou, ne sont pas graves. **5**. Au contraire, les **artères** sont *raides comme des tuyaux*, et quand un accident en coupe une, le sang sort avec une telle force qu'il peut jaillir jusqu'à trois mètres de distance : de là des *hémorragies* (des mots grecs *héma*, sang, et *rhago*, couler) qui seraient bientôt mortelles si l'on ne liait l'artère ouverte.

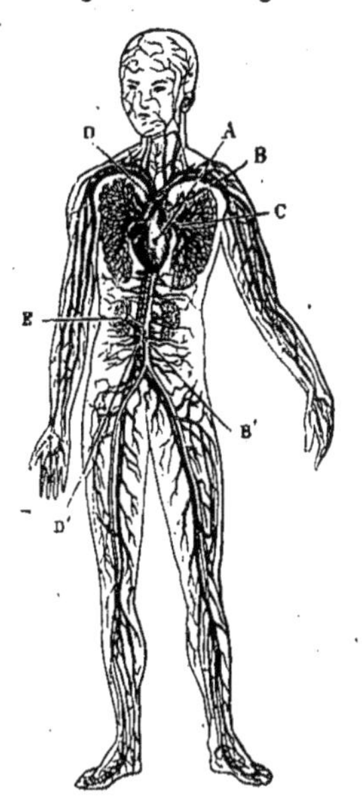

Fig. 33. — Circulation du sang.
A, cœur.
B, crosse de l'artère aorte.
B', artère aorte abdominale.
C, artère pulmonaire.
D, veine cave supérieure.
D', veine cave inférieure.
E, veines et artères rénales.

6. Cette *structure* des artères fait que le sang lancé par le cœur (ordinairement une fois par seconde), y produit des *chocs* qu'on peut sentir aisément

---

1. Comment se terminent les veines et les artères? — 2. Quel est le rôle des vaisseaux capillaires ? — 3. Quelle est la marche du sang? — Combien de temps ce circuit dure-t-il? — 4. Quelle est la nature des parois des veines ? — 5. Quelle est la nature des parois des artères ? — 6. Que résulte-t-il de la raideur des artères? — Quel nom donne-t-on à ces chocs?

lorsque les artères sont voisines de la peau, comme à la tempe et au poignet : c'est ce que les médecins appellent le *pouls**.

1. De ce qui précède, retenez bien ceci : *qu'il y a une* **circulation**, *due aux contractions régulières d'un* **cœur**, *contractions qui amènent le sang des* **veines** *et le lancent dans des* **artères.**

Je m'en tiendrai là cette année.

4° Combustions organiques.

251. 2. Je vous ai déjà dit que c'est dans le **sang** que pénètrent, par un mécanisme fort curieux, mécanisme que je vous expliquerai plus tard, les matières alimentaires devenues liquides. 3. Alors le sang les emporte et *va en déposer une partie dans toutes les régions du corps*, partout où il en est besoin ; *l'autre partie*, la plus considérable de beaucoup, se détruit, ou pour mieux dire, *se consume, se brûle dans le sang lui-même*.

Ce que je vous dis paraît vous étonner beaucoup. D'abord, pensez-vous, c'est bien la peine d'introduire des aliments dans le sang pour qu'ils s'y détruisent! Ensuite, comment peuvent-ils s'y brûler? Qu'est-ce qui les brûle? Il n'y a pas de feu dans le corps.

Si, mes enfants, *il y a du feu dans le corps ;* pas un feu bien fort, à coup sûr, mais un petit feu doux, sans flamme et sans fumée. 4. Et la preuve, *c'est que nous avons, nous, les mammifères et les oiseaux*, je vous l'ai déjà dit et fait constater, *une chaleur intérieure de* 39 *à* 40°, bien supérieure à celle de l'air qui nous entoure. En plein hiver, dans les régions glacées du Nord, par des froids de 50° au-dessous de zéro, où le mercure gèle dans le thermomètre, *les hommes ont toujours* **la même température.** Il leur faut donc un *feu* intérieur, qui leur donne de la chaleur.

Mais, me direz-vous, ce feu, qu'est-ce qui le produit? Qu'est-ce qui le produit dans le poêle, ami Jacques? — Monsieur, c'est le bois qu'on y met. — Certes; mais est-ce le

---

1. Qu'y a-t-il d'important à savoir dans tout ce qui précède? — 2. Où pénètrent les matières alimentaires devenues liquides? — 3. Que fait le sang d'une partie de ces matières? — Que devient l'autre partie ? — 4. Qu'est-ce qui prouve qu'une partie des aliments se brûle dans le corps ?

bois tout seul? Ah! vous ne me répondez pas. Et vous, Paul? — Monsieur, il faut de l'air pour brûler le bois; si l'on ferme la petite porte du poêle, le feu s'arrête. — Fort bien. Et qu'est-ce qui fait ainsi brûler le bois? Voyons, rappelez-vous votre chimie. — **1.** Monsieur, *c'est l'oxygène de l'air.* — De mieux en mieux. Et qu'est-ce qui se produit alors, et s'en va, avec la fumée, dans le tuyau de la cheminée? — **2.** *De l'acide carbonique* et quelquefois de l'oxyde de carbone. — C'est parfait.

Eh bien, mes enfants, c'est ce qui se passe dans le corps. **3.** *Les aliments s'y brûlent, grâce à l'***oxygène** *de l'air, et il s'y produit de l'***acide carbonique**, mais jamais d'oxyde de carbone. Examinons cela d'un peu près; la chose en vaut la peine.

5° Respiration.

252. D'abord, par où entre l'air, Jacques? — Par la bouche, Monsieur. — Et vous, Paul? — Par le nez, Monsieur. — Vous avez raison tous les deux, quand il s'agit de l'homme et de quelques autres espèces. **4.** Mais la vraie voie respiratoire est le *nez* : le cheval, par exemple, ne respire que par le nez, jamais par la bouche.

Et où va l'air, qui entre ainsi par le nez ou par la bouche? — Dans la poitrine, Monsieur. — **5.** Cela est vrai; mais il vaut mieux dire : dans les **poumons**.

253. Poumons. — **6.** Les **poumons**, vous les connaissez bien tous : c'est le *mou*, qu'on donne à manger aux chats. On prétend qu'ils adorent cela; moi, je vous réponds qu'ils aiment mieux la viande, et ils ont bien raison; car le mou est une espèce d'éponge dure, difficile à mâcher, où il n'y a que de l'air.

Tenez, puisque nous avons encore là notre lapin, nous allons ouvrir sa poitrine et examiner ses poumons en place. La ménagère ne sera pas contente; mais il faut savoir faire quelques sacrifices pour la science.

Avec une paire de ciseaux je coupe les côtes à droite et à gauche, et voilà la poitrine ouverte. Vous voyez le cœur A

---

1. Qu'est-ce qui fait brûler le bois dans un poêle? — **2.** Qu'est-ce qui se produit alors? — **3.** Appliquez à notre corps ces phénomènes de combustion. — **4.** Quelle est la vraie voie de la respiration? — **5.** Où va l'air que nous respirons? — **6.** Quel est le nom vulgaire qu'on donne aux poumons?

(fig. 34), puis, de chaque côté, les poumons B et C, tout mous et affaissés.

Regardez ici, le long du cou, ce tuyau D, renforcé de place en place par des anneaux solides. **1.** Il vient du fond de la gorge, et communique avec les poumons : c'est lui qui leur amène l'air, et on l'appelle la **trachée**. Voyez : j'y fais un petit trou, j'y introduis une forte paille, et je souffle. Aussitôt les poumons se gonflent et se remplissent d'air. Je cesse de souffler, ils se ratatinent, s'affaissent, et chassent presque

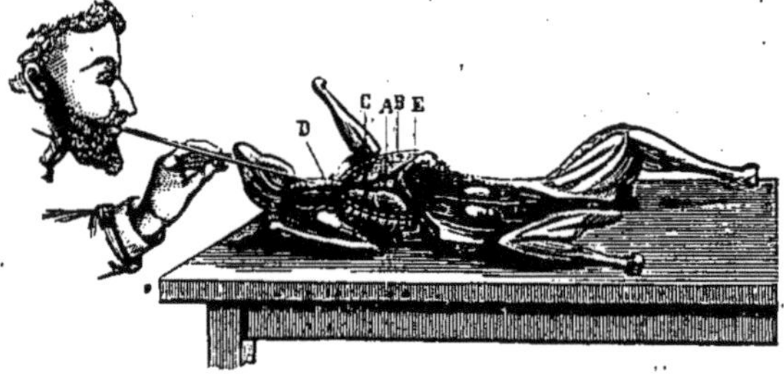

Fig. 34. — Je souffle par la trachée D, aussitôt les poumons B C se gonflent et se remplissent d'air.

A, cœur. — B, C, poumons. — D, trachée. — E, diaphragme.

tout l'air qu'ils contenaient, et qui les rendait comme transparents.

2. Les poumons sont donc des organes *creux* ; mais ce ne sont pas des poches simples. **3.** J'en couperai un tout à l'heure, et vous verrez qu'il ressemble, comme je vous l'ai dit, à une éponge pleine d'air. **4.** C'est qu'il est formé par une multitude de tubes appelés **bronches**, qui se terminent en culs-de-sac et qui sont tellement enchevêtrés les uns dans les autres qu'on a eu de la peine à s'y reconnaître.

254. Le Larynx. — Tels sont les organes où pénètre l'air. **5.** Mais avant de chercher comment il s'y introduit, je veux vous dire quelque chose du **larynx**, et de la **voix**, qui s'y produit. **6.** Le larynx, que nous sentons si aisément sous le doigt en avant du cou, en A (fig. 35), est formé par le

---

1. Quel nom donne-t-on au tuyau qui va du fond de la gorge aux poumons ? — **2.** Les poumons sont-ils des organes creux ou pleins ? — **3.** A quoi peut-on les comparer ? — **4.** Quel nom donne-t-on aux tubes dont les poumons sont formés ? — **5.** Où se produit la voix ? — **6.** Où est situé le larynx ? — Par quoi est-il formé ?

renflement de la trachée, dont les deux premiers anneaux se développent et se déforment.

1. A l'intérieur, se trouvent deux replis tendus A, B, (fig. 36), appelés *cordes vocales*, qui résonnent quand l'air les frappe fortement, et produisent les sons de la voix. 2. Ceux-ci sont ensuite modifiés par leur passage dans la gorge, par le

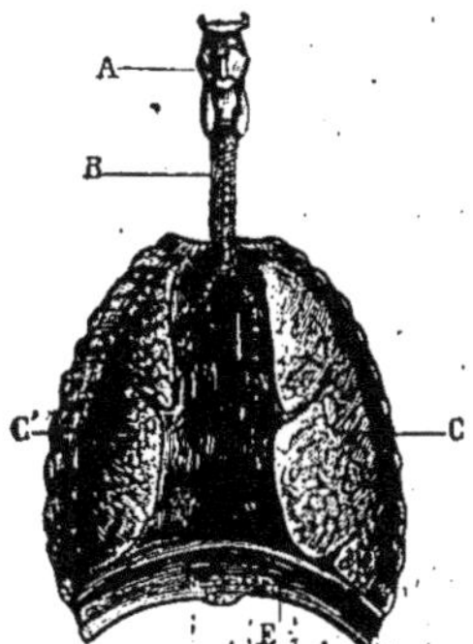

Fig. 35. — Notre appareil respiratoire.
A, larynx (appareil de la voix).
B, trachée (où passe l'air).
C, C', poumons, poches creuses qui reçoivent l'air.
E, diaphragme (muscle mince et plat qui sépare la poitrine de l'abdomen).

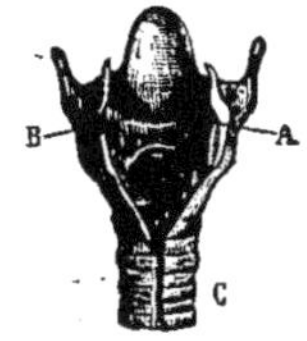

Fig. 36. — Larynx fendu dans la longueur, pour montrer les cordes vocales A et B.
C, trachée.

jeu de la langue, des joues, des lèvres, et alors, devenus *articulés*, comme on dit, ils constituent la parole.

255. Mouvements respiratoires. — Revenons maintenant à l'entrée de l'air dans les poumons. Comment y pénètre-t-il? Tout à l'heure je soufflais de l'air avec une paille par la trachée du lapin. Mais, bien entendu, personne ne veut faire sur vous la même expérience.

Fig. 37. — Mouvements respiratoires. Il y a d'abord l'*inspiration* (les côtes se soulèvent), puis l'*expiration* (les côtes s'affaissent)

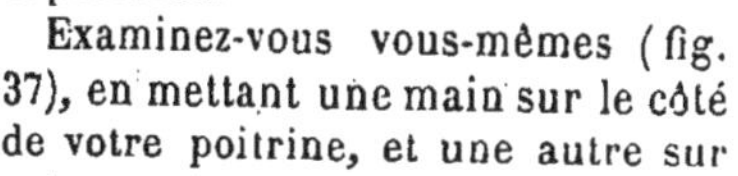

Examinez-vous vous-mêmes (fig. 37), en mettant une main sur le côté de votre poitrine, et une autre sur votre ventre, ou, pour parler un langage plus relevé, sur votre *abdomen*. Vous voyez bien, et vous le savez déjà, que

---

1. Par quoi sont produits les sons de la voix? — 2. Par le jeu de quels organes les sons sont-ils articulés?

régulièrement, une quinzaine de fois par minute, vous respirez, vous faites des *mouvements respiratoires*. Et vous savez bien aussi que chacun de ces mouvements est double : il y a d'abord l'**inspiration**, puis l'**expiration**.

1. Dans l'*inspiration*, vous sentez que vos côtes se soulèvent, que votre poitrine s'élargit, que votre abdomen se gonfle et vient en avant, en même temps que l'*air entre* par le nez et va dans les poumons. 2. Dans l'*expiration*, c'est le contraire : les côtes s'affaissent, l'abdomen s'aplatit, la poitrine diminue, et l'*air sort*, chassé comme par un soufflet.

Comme par un soufflet ! C'est bien la vérité. L'air est attiré dans la poitrine comme dans un soufflet, et il en est chassé de même. 3. Voici un soufflet (fig. 38) : je mets un bouchon dans le trou B qui prend ordinairement l'air au dehors ; puis, alternativement j'écarte et je rapproche les deux planchettes : l'air entre et sort par le tuyau A, *absolument comme par la trachée pour la poitrine.*

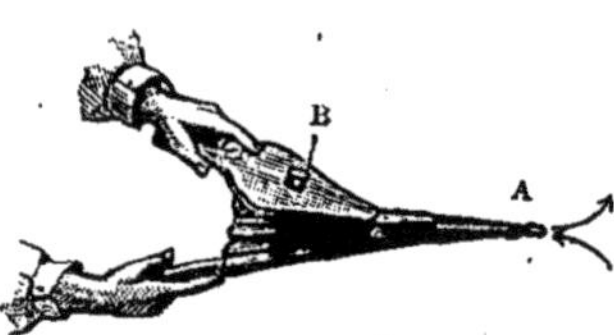

Fig. 38. — L'air entre et sort par le tuyau A, absolument comme il entre dans la poitrine et en sort par la trachée.

Seulement, dans notre corps, au lieu de planchettes, il y a des côtes réunies par des muscles et recouvertes par la peau, et formant l'espèce de cage appelée thorax. Voyez-vous, en bas, sur notre lapin, ce qui ferme la cage (page 284) ? 4. C'est un muscle E, mince et plat, tendu en travers, qui sépare la *poitrine*, où sont les poumons et le cœur, d'avec l'*abdomen*, où sont l'estomac, les intestins, le pancréas, le foie.

5. Ce muscle, on l'appelle **diaphragme**. Au repos, il forme une sorte de voûte E (fig. 35). Quand il se contracte, la voûte s'aplatit ; et, bien évidemment, la cavité* de la poitrine devient plus grande. C'est alors qu'a lieu le gonflement de l'abdomen, parce que le diaphragme repousse les intestins

---

1. Que sent-on pendant l'inspiration du côté des côtes ? — Du côté de l'abdomen ? — Que fait l'air ? — 2. Que sent-on dans l'expiration ? — Que devient l'air ? — 3. Expliquez sur un soufflet le jeu de la respiration. — 4. Par quoi est fermée, à la partie inférieure, la cage de la poitrine ? — Qu'y a-t-il dans la poitrine ? — Qu'y a-t-il dans l'abdomen ? — 5. Comment appelle-t-on le muscle qui sépare la poitrine de l'abdomen ?

en s'abaissant; c'est alors aussi que l'air entre dans la poitrine par la trachée, comme il entrait tout à l'heure par le tuyau du soufflet. En même temps, d'autres muscles soulèvent les côtes (fig. 39), et agrandissent encore d'autant la poitrine. Ainsi se fait l'inspiration.

Quant à l'expiration, c'est bien plus simple. Tout se relâche, diaphragme et muscles élévateurs des côtes; les poumons, qui sont très élastiques, se vident comme je vous l'ai montré tout à l'heure sur le lapin, et en se vidant ils attirent à eux les côtes qui s'affaissent (fig. 40) et le diaphragme qui remonte. Tout naturellement, l'air sort, au moins en grande partie; la poitrine se rétrécit, et le ventre s'aplatit.

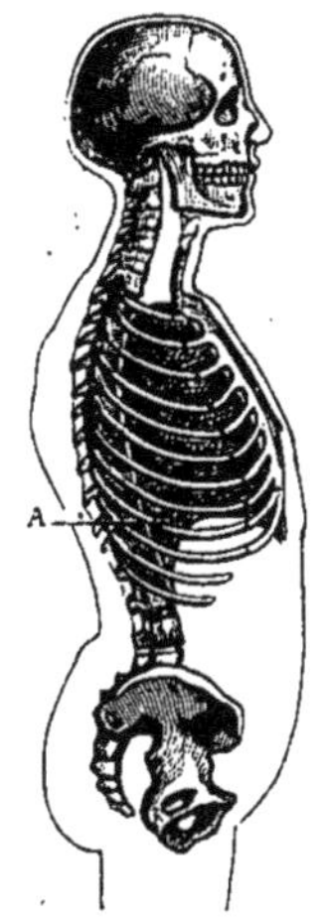

Fig. 39. — A l'inspiration, les côtes A se soulèvent.

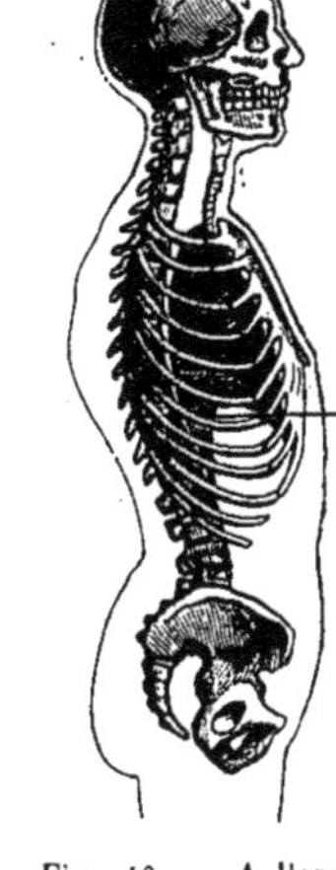

Fig. 40. — A l'expiration, les côtes B s'affaissent.

Vous voyez que le *mécanisme de la respiration,* comme on dit, n'est pas bien difficile à comprendre. Cependant, tout n'est pas aussi simple que je suis forcé de vous le dire cette année, et nous aurons à y revenir plus tard, quand nous aurons fait un peu plus de physique.

256. **Production de la chaleur.** — Voilà donc comment l'air, et par suite l'oxygène, pénètre dans notre corps. Mais vous voulez parler, Paul?

— Monsieur, vous disiez tout à l'heure que l'air, que l'oxygène, brûle les aliments, dans le corps, comme il brûle le bois dans le poêle. Mais les aliments sont entrés dans le sang, et l'air ne va pas bien loin, puisqu'il s'arrête dans la poitrine. Comment peut-il brûler ce qui est dans le sang? — Mon enfant, j'allais vous expliquer cela; mais j'aime mieux que l'idée de cette question vous vienne à vous-même. On se l'est posée depuis longtemps; mais on n'y a convenablement répondu que tout récemment.

Je vous ai dit que le sang va partout, circule partout. 1. Donc *il va dans le poumon, et tellement même, que tout le sang du corps y passe en une demi-minute.* 2. On croyait jusqu'à ces dernières années que l'oxygène de l'air brûlait les matériaux du sang *pendant la traversée même des poumons,* et que c'était là qu'était le poêle qui nous fournit la chaleur. 3. Mais on a calculé ensuite que si toute la chaleur du corps se formait là, *le poumon serait* **cuit** *et même* **réduit en cendres!** 4. Et puis, on a constaté que *le sang qui sort du poumon est moins chaud que celui qui y entre,* et c'est le contraire qui devrait avoir lieu, si le feu intérieur se faisait dans le poumon.

257. Oxygène des globules. — Les choses se passent d'une façon bien plus curieuse. Je vous ai dit qu'il y a dans le sang des myriades de petits corps rouges, ou *globules,* auxquels le sang doit sa couleur. 5. Eh bien, *ces globules, en traversant les poumons,* **s'emparent de l'oxygène** *de l'air et* **l'emportent** *avec eux.* Puis, ils s'enfuient, pour ainsi dire, dans les profondeurs du corps, jusque dans les vaisseaux capillaires, et là *ils abandonnent une grande partie de cet oxygène aux organes qu'ils traversent,* et qui en sont encore plus avides qu'eux : c'est comme une poule qui va prendre au dehors du grain, pour l'apporter dans sa cage à ses poussins.

6. Ainsi, *c'est* **dans tout le corps** *que se fait la consommation d'oxygène,* et, par suite, *c'est* **dans tout le corps** *que se fait la production de la chaleur.*

258. Acide carbonique. — 7. La consommation d'oxygène a, bien entendu, pour conséquence la fabrication d'*acide carbonique.* 8. Cet acide se dissout dans le sang qui l'emporte dans les poumons, où il se mêle à l'air, et finalement il est expulsé au dehors à chaque expiration.

---

1. Par où passe tout le sang du corps? — 2. Où a-t-on cru longtemps que se faisait la combustion des matériaux du sang? — 3. Quelles seraient les conséquences de ce système? — 4. Quelle autre observation a-t-on faite sur la température du sang au sortir des poumons? — 5. Quel est le rôle des globules du sang? — 6. Dans ces conditions où se fait la consommation de l'oxygène? — 7. Quel est le gaz qui est produit par la consommation de l'oxygène? — 8. Que devient cet acide carbonique?

259. Air expiré. — **1.** Aussi, comme vous devez bien le penser, *l'air qui sort du poumon n'est pas de l'air pur.* En entrant, il contenait *un cinquième* d'oxygène ; en sortant, il n'en contient plus qu'environ *un sixième*, et la différence est de l'acide carbonique. **2.** Vous devinez bien qu'il ne serait pas sain de respirer à nouveau cet air ; et c'est pour cette raison qu'il faut ouvrir les fenêtres, ou *ventiler**, comme on dit, par un moyen quelconque, les pièces où nous vivons.

3. Si l'on maintient un animal quelconque dans une boîte fermée, il y périra fatalement, après avoir épuisé l'oxygène de l'air. Il périra plus ou moins vite, selon qu'il respirera plus ou moins et consommera plus ou moins d'oxygène : une grenouille y vivra beaucoup plus longtemps qu'un oiseau ; mais toujours elle y périra. **4.** Elle sera alors ce qu'on appelle *asphyxiée.* L'asphyxie arrive très vite sous l'eau, parce qu'on n'a plus à sa disposition que l'air déjà entré dans les poumons, et il est bien vite épuisé.

Nous allons maintenant quitter cette partie très difficile, très aride de la physiologie, pour arriver aux *sensations* et à la *volonté*, ce qui est bien plus intéressant. Mais auparavant quelqu'un a-t-il une question à me poser ? Paul ?

260. Animaux à sang froid. — Monsieur, il y a quelque chose que je ne comprends pas. Vous nous parlez de la chaleur produite ; je comprends cela pour les mammifères et les oiseaux, qui ont le *sang chaud ;* mais les reptiles, les poissons, et tous les petits animaux invertébrés* qui ont le *sang froid,* est-ce qu'ils produisent de la chaleur ?

— **5.** Oui, mon enfant, puisqu'ils respirent, consomment de l'oxygène, et fabriquent de l'acide carbonique. **6.** Mais cette production de chaleur est si faible que les animaux à sang froid n'arrivent pas à dépasser la température du dehors. Ils sont froids quand il fait froid, chauds quand il fait chaud. Aussi quand il fait froid, ils s'engourdissent et

---

1. Quelle est la nature de l'air qui sort de nos poumons ? — **2.** Pourquoi est-il utile de ventiler les pièces où nous vivons ? — **3.** Pourquoi un animal qu'on maintient dans une boîte fermée périt-il fatalement ? — **4.** Par quel mot désigne-t-on ce genre de mort ? — **5.** Les animaux à sang froid produisent-ils de la chaleur ? — **6.** Pourquoi les animaux à sang froid ne dépassent-ils pas la température du dehors ?

ne peuvent remuer; mais ils sont presque aussi vifs que des mammifères ou des oiseaux quand il fait chaud : voyez un lézard au soleil. Pour la même raison, ils ne mangent pas en hiver, puisqu'ils usent très peu, respirant à peine; mais en été, ils brûlent leur substance et ils mangent presque autant que des animaux à sang chaud.

Du reste, la question que vous me posez est extrêmement difficile. J'y réponds seulement en vous disant que tous les animaux respirent, même ceux qui paraissent ne pas produire de chaleur.

261. Animaux aquatiques. — Est-ce fini? Non? A vous, Jacques.— Mais, Monsieur, comment font pour respirer les animaux qui vivent dans l'eau, comme les baleines ou les poissons? Et qu'est-ce qu'ils peuvent bien respirer?

Fig. 41. — Dès que l'eau commence à chauffer, vous voyez de petites bulles monter à la surface : *c'est de l'air dissous dans l'eau.*

— D'abord, mon enfant, il ne faut pas confondre la baleine avec les poissons. Une baleine, je vous l'ai dit, est un mammifère, un animal à sang chaud. Elle vit dans l'eau, c'est vrai; mais elle respire l'air et vient pour cela à la surface de temps en temps.

1. Quant aux poissons et aux vrais animaux aquatiques, ce qu'ils respirent, c'est l'air *dissous* dans l'eau. Il y a de l'air dans l'eau, et je vais vous en donner la preuve. Je mets cette terrine pleine d'eau sur le poêle (fig. 41). **2.** Aussitôt que l'eau commence à chauffer, vous voyez de petites bulles partir du fond de la terrine et monter à la surface; or nous sommes loin de l'ébullition : *ce sont donc des bulles d'air*, non de la vapeur.

3. *C'est cet air que respirent les poissons;* la preuve en est qu'un poisson meurt très vite dans de l'eau qui a bouilli et dont on a ainsi chassé l'air.

Mais les animaux aquatiques n'ont pas de *poumons*, c'est-à-dire d'organes creux où l'air entre pour aller au-devant du

1. Comment les poissons font-ils pour respirer? — **2.** Comment prouveriez-vous qu'il y a de l'air dissous dans l'eau? — **3.** Pourquoi un poisson meurt-il très vite dans l'eau qui a bouilli?

sang. 1. Ils ont au contraire, comme les poissons, des *ouïes*, ou mieux des **branchies** (fig. 42), c'est-à-dire des filaments flottants, où le sang va au-devant de l'air dissous dans l'eau. Regardez mon poisson rouge. 2. Vous le voyez régulièrement ouvrir la bouche et soulever les ouïes; il fait ainsi passer sur ses branchies l'air dissous dans l'eau, comme vous faites circuler dans vos poumons, en aspirant et expirant, l'air de notre atmosphère. Cela est très simple.

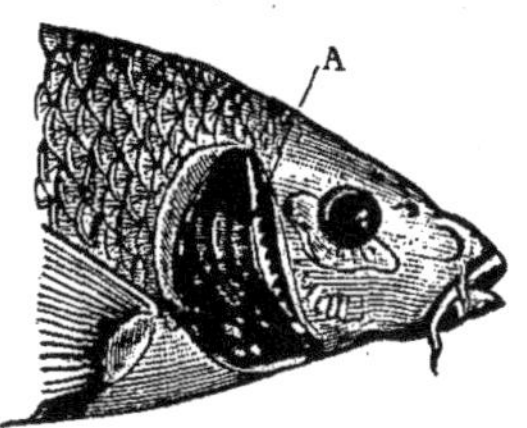

Fig. 42. — A, branchies. Les poissons font passer sur leurs *branchies* l'air dissous dans l'eau, et le mettent ainsi en contact avec leur sang.

RÉSUMÉ. — LA NUTRITION.

1. Dans la **nutrition**, il y a deux fonctions à considérer: 1° la **digestion**, qui a pour but de *dissoudre* les aliments, afin qu'ils puissent traverser les intestins et entrer dans le sang; 2° l'**absorption**, qui se fait par le sang.

2. **Digestion** (p. 275). — **La digestion** a lieu dans le tube digestif, avec le concours des *dents* et des *sucs digestifs*.

3. **Dents** (p. 275). — L'action de mâcher les aliments ou *mastication* se fait avec les *dents* et la *langue*.

4. L'homme adulte a 32 dents, soit 16 dents à chaque mâchoire : 4 incisives, 2 canines et 10 molaires. — Les enfants, jusqu'à 7 ans, n'ont que 20 dents; la différence porte sur les molaires.

5. Les dents sont formées d'*ivoire*, recouvert d'*émail* dans la partie extérieure. Elles sont implantées par une ou plusieurs racines dans des trous de la mâchoire ou *alvéoles*. Dans la dent est une cavité où se rendent des *vaisseaux sanguins* et des *nerfs*.

6. **Salive** (p. 276). — Le broyage des aliments est facilité par l'écoulement de la *salive*, liquide formé par les *glandes salivaires*; les larmes le sont par les *glandes lacrymales* et la sueur par les *glandes sudoripares*.

7. **Tube digestif** (p. 277). — Les aliments descendent alors, à travers toute la poitrine, par un tuyau appelé *œsophage*, et arrivent dans l'*estomac*.

---

1. Qu'est-ce qui remplace les poumons chez les poissons? — 2. Pourquoi les poissons ouvrent-ils régulièrement la bouche puis les branchies?

8. De là, les matières alimentaires entrent dans l'*intestin grêle*, puis enfin dans le *gros intestin*.

9. L'ensemble de tous ces conduits a reçu le nom de *tube digestif*.

10. Sucs digestifs (p. 278). — Les aliments ne font pas que cheminer dans le tube digestif, ils s'y **transforment** sous l'influence de liquides ou *sucs* qu'y versent les glandes.

11. Le premier de ces sucs est la *salive*, qui transforme la farine en *sucre*.

12. Le *suc gastrique*, sécrété par l'estomac, dissout la viande, le blanc d'œuf et en général toutes les matières animales.

13. Les aliments qui ont échappé à la salive et au suc gastrique sont dissous par les glandes de l'intestin grêle, dont la plus grosse est le *pancréas*.

14. Le *foie*, autre énorme glande, située à droite du corps, déverse dans l'intestin la *bile*, dont on ne connaît pas encore très exactement le rôle.

15. Absorption (p. 279). — Les aliments, rendus liquides, traversent les parois de l'intestin et entrent dans le sang. Le sang va les porter dans tout le corps : c'est ce qu'on appelle l'**absorption.**

16. Sang (p. 280). — Le sang est un liquide *jaunâtre*, dans lequel flottent en nombre extraordinaire de tout petits globules *rouges*.

17. Circulation (p. 280). — Le sang est lancé dans tout le corps par un muscle creux appelé *cœur*, qui se contracte régulièrement. A chaque *contraction* ou « battement » correspond un lancement du sang.

18. Le sang est amené dans le cœur par les *veines*, tubes à parois molles; il en sort par les *artères*, tubes raides comme des tuyaux.

19. Veines et artères se terminent par des tubes très fins, appelés *vaisseaux capillaires*, qui communiquent entre eux et permettent au sang de passer des artères dans les veines, autrement dit de *circuler*.

20. Ainsi le sang court du cœur aux artères, des artères aux capillaires, des capillaires aux veines et de là au cœur, et tout cela par la poussée des battements du cœur. C'est ce qu'on appelle la **circulation**.

21. Le *pouls*, qu'on sent aisément au poignet et à la tempe, est produit par le choc du sang sur les artères qui, à ces endroits sont voisines de la peau.

22. Combustions organiques (p. 282). — Le sang emporte les matières alimentaires et va en déposer une partie dans toutes les régions du corps; l'autre partie, la plus considérable de beaucoup, se *consume* dans le sang lui-même.

23. Cette combustion entretient dans notre corps une chaleur de 39 à 40°.

24. Elle se fait grâce à l'*oxygène* contenu dans l'air que nous respirons; il se produit de l'*acide carbonique* que nous rejetons au dehors.

25. **Respiration** (p. 283). — L'air que nous respirons passe par un tube appelé *trachée* et pénètre dans les **poumons**.

26. Les poumons sont des organes creux; ils sont formés par une multitude de tubes appelés *bronches*.

27. Une quinzaine de fois par minute, la poitrine, fermée en bas par le *diaphragme*, s'élargit, appelant ainsi l'air extérieur, qui y entre aussitôt : c'est l'*inspiration*. Puis la poitrine se rétrécit, et l'air sort : c'est l'*expiration*.

28. Par suite de la circulation, tout le sang du corps *traverse les poumons* en une demi-minute; dès lors, les globules du sang s'emparent de l'oxygène de l'air au moment de chaque inspiration, et l'emportent avec eux jusque dans les capillaires. Là, ils abandonnent une grande partie de cet oxygène aux organes qu'ils traversent.

29. Ainsi c'est dans tout le corps, et non pas seulement dans les poumons, que se fait la consommation d'oxygène, et, par suite, c'est dans tout le corps que se fait la production de la chaleur.

30. Un animal privé d'air périt *asphyxié*.

31. L'air qui sort de nos poumons n'est pas de l'air pur, puisqu'il contient de l'acide carbonique: c'est pour cette raison qu'il est utile de renouveler l'air des pièces où nous séjournons.

32. Les animaux à sang froid consomment aussi de l'oxygène, puisqu'ils respirent; mais la production de chaleur qui en résulte est si faible que ces animaux n'arrivent pas à dépasser la température du dehors.

33. Les poissons respirent, à l'aide de leurs *branchies*, l'oxygène dissous dans l'eau.

[On trouvera, p. 307, des *Sujets de rédaction* d'un genre simple.]

III. — SENSATIONS ET INTELLIGENCE.

262. Vous vous rappelez bien la petite expérience dans laquelle vous faisiez peur aux poulets en ouvrant la fenêtre. Avec quoi ont-ils perçu le bruit de la fenêtre? Avec leurs oreilles, n'est-ce pas? Et la présence du terrible Paul, qui les a tant effrayés? Avec leurs yeux. Avec quoi se sont-ils enfuis? Avec les muscles de leurs pattes. Et avec quoi ont-ils compris qu'ils étaient menacés, et ont-ils commandé le mouvement protecteur? Ah! vous ne savez pas. Eh bien, je vais vous le dire, c'est avec leur **cerveau**.

Mais le cerveau est dans la cavité du crâne, l'œil est dans l'orbite, l'oreille dans un trou du crâne, les muscles des pattes sont tout là-bas, bien loin du cerveau. Qu'est-ce qui fait communiquer l'*œil* et l'*oreille* avec le *cerveau*, et le *cerveau* avec les *muscles?*

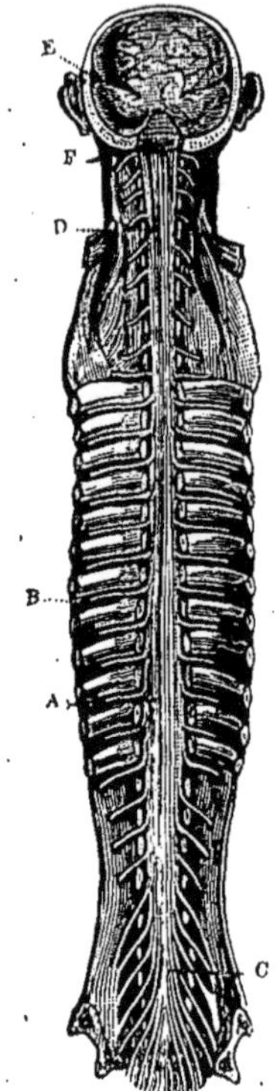

Fig. 43. — A, canal de la moelle épinière.
B, nerf qui naît au niveau de chaque vertèbre et qui se distribue dans les diverses régions du corps proprement dit et des membres.
D C, moelle épinière, d'où naissent les nerfs du corps et des membres. Elle est renfermée dans le canal vertébral.
E, cerveau.
F, moelle allongée, d'où naissent les nerfs de la face et de la tête, ainsi que ceux qui président aux mouvements du cœur et de la respiration.

263. Les nerfs. — **1.** *La communication se fait par ce que les physiologistes appellent des* **nerfs. 2.** Ces nerfs, ce sont des espèces de fils excessivement fins, qui se rencontrent dans toutes les parties du corps. **3.** Les uns apportent au cerveau *les sensations qui viennent du* **dehors**, et ils sont si nombreux que vous ne pouvez piquer un point quelconque de votre peau avec la fine pointe d'une aiguille sans en blesser un, et sans éprouver une sensation de douleur; les autres emportent du cerveau *les ordres de* **mouvement** et vont les transmettre aux muscles de tout le corps.

---

1. Par l'intermédiaire de quoi l'œil, l'oreille, les muscles communiquent-ils avec le cerveau? — **2.** Que sont ces nerfs? — **3.** Il y a deux catégories de nerfs, quelles sont-elles?

1. On appelle les premiers *nerfs de sensibilité* ou **nerfs sensibles**, et les seconds *nerfs de mouvement* ou **nerfs moteurs.**

264. La moelle épinière. — Les nerfs n'aboutissent pas directement au cerveau. 2. Tous ceux qui existent dans le corps et dans les membres viennent d'abord de la **moelle épinière** (fig. 43). 3. C'est une sorte de cordon DC, blanc en dehors, gris au centre, qui se trouve dans le canal de la colonne vertébrale, canal qu'on nomme ordinairement pour cette raison *canal médullaire* (du latin *medulla*, moelle).

4. Au niveau de chaque intervalle des vertèbres, naît, à droite et à gauche, un nerf B, qui se distribue dans les diverses régions du corps.

En C, à la région lombaire, la moelle se termine en pointe. 5. En haut, en F, elle pénètre dans le crâne, s'élargit et forme ce qu'on appelle la **moelle allongée**. 6. *Les nerfs de la face et de la tête naissent de cette moelle allongée, et aussi ceux qui président aux mouvements du cœur et de la respiration.* Vous comprenez alors pourquoi une blessure de la moelle allongée est si dangereuse et occasionne si vite la mort. 7. Elle arrête la **circulation** et la **respiration**. Aussi c'est cette moelle allongée que piquent les cuisinières avec une épingle pour tuer raide un poulet, et qu'elles blessent, quand elles donnent le fameux *coup du lapin*, derrière les oreilles de la pauvre bête.

265. Le cerveau. — 8. Presque toute la cavité du crâne est remplie par le **cerveau.**

C'est une grosse masse grise en dessus, blanche en dedans, et qui, chez l'homme et beaucoup de mammifères, est couverte de plis appelés *circonvolutions.*

9. *C'est dans le cerveau que réside l'***intelligence**, *c'est là que se forment les* **sensations** *et les* **idées**, *c'est de là que part la* **volonté**. Plus les animaux sont intelligents, plus ils ont

---

1. Quel nom donne-t-on aux nerfs de la première catégorie ? — Aux nerfs de la seconde catégorie? — 2. D'où partent tous les nerfs qui existent dans le corps et dans les membres ? — 3. Où est placée la moelle épinière ? — 4. A quels endroits de la colonne vertébrale naissent les nerfs du corps ? — 5. Quel nom donne-t-on à la moelle épinière à l'endroit où elle pénètre dans le crâne? — 6. Quels sont les nerfs qui naissent de la moelle allongée? — 7. Pourquoi une blessure faite à la moelle allongée est-elle mortelle? — 8. Par quoi est remplie la cavité du crâne? — 9. De quelle faculté le cerveau est-il le siège ?

de cerveau. Quand le cerveau d'un homme pèse **moins de 1 000 grammes**, cet homme est un idiot. 1. Blessez le cerveau, l'intelligence se trouble et l'individu devient fou ou imbécile, comme il arrive à la suite de plusieurs espèces de maladies. Cependant un cerveau blessé peut se guérir, sans que l'intelligence soit sérieusement atteinte.

Otez le cerveau, toute trace d'intelligence disparaît. 2. Quand on fait cette expérience avec soin sur certains animaux, sans toucher à la moelle allongée, ils continuent à vivre, mais, au point de vue de l'*intelligence* et de la *volonté*, ils n'existent plus. Les oiseaux, les reptiles et les poissons supportent parfaitement cette opération. *Le cerveau enlevé*, un oiseau restera indéfiniment sur son perchoir, et y mourra de faim, sans avoir l'idée de s'en aller chercher sa nourriture; mais si on lui met celle-ci dans le bec, il l'avale et la digère. Si on le jette en l'air, il ouvre les ailes et vole devant lui jusqu'à ce qu'il se heurte à quelque objet ou tombe épuisé de fatigue. On en a conservé ainsi de vivants pendant des mois, en ayant soin de leur mettre à manger dans le fond du cou. Ils n'ont jamais, pendant tout ce temps, donné le moindre signe d'intelligence ni de volonté.

Passons maintenant aux sensations.

266. Sensations tactiles*. — Il y a d'abord la *sensation générale du* **contact**, qui nous indique qu'un corps touche notre corps. 3. Elle a lieu par toute la peau, par la muqueuse de la bouche, par celle du nez, de l'œil, de l'oreille, etc. 4. Partout, à cette surface, aboutissent les extrémités des *nerfs de sensibilité*, qui, lorsqu'on les excite, emportent cette excitation à la *moelle épinière* et de là au *cerveau*, comme un fil de télégraphie électrique transmet une dépêche.

5. En même temps que ces nerfs nous avertissent qu'un corps nous touche, ils nous disent s'il est *plus chaud* ou *plus froid* que notre corps, et à quel degré : ils nous donnent donc la *sensation de la* **température**.

On exprime ordinairement tout cela, sensation de con-

---

1. Qu'arrive-t-il quand le cerveau est blessé? — 2. Qu'arrive-t-il quand on ôte le cerveau de certains animaux? — 3. Par quels points de notre corps a lieu la sensation du contact? — 4. A la présence de quoi est due la sensibilité de notre peau? — 5. Quelle autre espèce de sensation nous donnent les nerfs qui aboutissent à notre peau?

tact et sensation de température, par le nom général de **toucher.**

Il n'y a vraiment de toucher que lorsque **notre intelligence entre en action** pour se servir de la sensibilité de notre peau. 1. Le plus ordinairement, c'est avec la **main** que nous touchons. Cette espèce de compas à cinq branches, que *seul l'homme possède,* est un instrument merveilleux, non seulement pour empoigner fortement ou manier délicatement, mais pour toucher complètement un corps, et nous renseigner sur lui. Voilà une pomme, là, sur la table. Je la touche avec la peau de mon avant-bras (fig. 44).

Fig. 44. — Avec l'avant-bras, il faudrait du temps pour savoir qu'une pomme est un corps rond, poli, assez résistant.

Fig. 45. — Il me suffit de la prendre un instant dans ma main pour savoir tout cela.

Croyez bien que si j'avais les yeux fermés et que je ne sache pas ce que c'est qu'une pomme, il me faudrait quelque temps pour savoir que c'est un corps rond, poli, assez résistant. Or, il me suffit de la prendre un instant dans ma main (fig. 45) pour savoir tout cela, parce que je touche la pomme par un grand nombre de points de sa surface.

267. Sensations gustatives*. — 2. Dans la bouche, il y a une variété de toucher qu'on appelle le **goût**. 3. Les substances qu'on met dans la bouche, si elles sont capables de fondre, de se dissoudre, nous donnent des impressions particulières, qu'on désigne sous le nom de *saveurs.* Tout le monde les connaît, et l'on parle couramment de saveurs salées, sucrées, amères, aigres, âpres, etc. Il y a des gens qui passent leur vie à satisfaire ce sens. L'art de la cuisine a été inventé pour lui donner contentement dans les limites permises; et cela avec raison, car l'expérience a prouvé que ce qui est agréable à manger se digère aisément.

---

1. Avec quoi exerçons-nous le plus ordinairement le sens du toucher? — 2. Citez une variété de toucher dont le siège est dans la bouche? — 3. Quel nom donne-t-on aux impressions que nous fournit le goût?

268. Sensations à distance. — Mais en laissant de côté les notions fort limitées que nous donne le sens du *goût*, vous voyez que le *toucher* nous renseigne sur la forme des corps, leur dureté, leur poli, leur température et quelques autres qualités.

C'est beaucoup, sans doute, mais si nous n'avions que cela, nous serions bien incomplets. **1.** Heureusement, nous sommes renseignés *à distance*, sur la présence des corps, par l'**odorat**, par l'**ouïe**, et surtout par la **vue**, qui, à elle seule, pourrait presque tout remplacer.

269. Sensations de l'odorat. — **2.** L'*odorat* a pour organe le *nez*, ou, pour mieux dire, les *fosses nasales*.

Fig. 46. — Coupe du nez, vu de face.
A, B, fosses nasales.
C, cloison verticale.

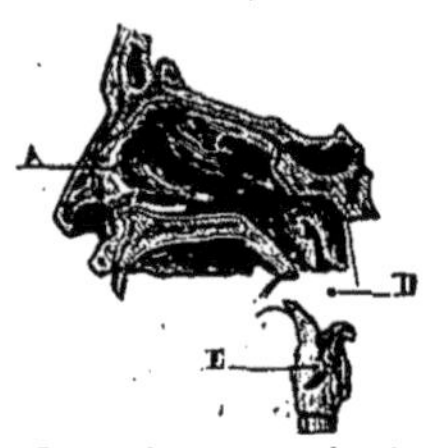

Coupe du nez, vu de côté.
D, arrière-gorge.
E, ouverture du larynx.

3. Ce sont deux cavités A, B (fig. 46), séparées par une cloison verticale C; ces cavités traversent la face, et vont déboucher dans l'arrière-gorge D, en face de l'ouverture du larynx E. L'air aspiré pour les besoins de la respiration passe régulièrement par là. Il y a même des mammifères, je vous l'ai déjà dit, qui ne respirent absolument que par le nez, et si l'on bouchait les narines d'un cheval, on le tuerait très vite par asphyxie, par privation d'air.

L'odorat nous avertit à chaque mouvement inspiratoire du voisinage de certains corps qui, pour des raisons absolument inconnues, sont capables de l'impressionner, et, comme on dit, sont *odorants*. Malheureusement, bien des gaz vénéneux n'ont aucune odeur, et nous pouvons nous empoisonner en les respirant sans nous en douter.

270. Sensations auditives. — **4.** L'*ouïe* nous ren-

1. Citez les sens qui nous renseignent *à distance* sur la présence des corps? — **2.** Quel est l'organe de l'odorat? — **3.** Qu'appelle-t-on *fosses nasales?* — **4.** Sur quoi nous renseigne l'ouïe?

seigne, comme vous le savez, sur l'existence des *vibrations* dites *sonores*. Elle nous apprend de plus à les mesurer et à les apprécier, car on arrive, par l'exercice et quand on est bien doué, à distinguer des sons singulièrement voisins les uns des autres pour le nombre des vibrations. Nous avons déjà vu, en physique, que notre oreille ne perçoit un son que si les vibrations sont au moins au nombre de trente-deux par seconde : c'est là le son *le plus bas* que nous puissions entendre; *le plus haut* est produit par 76 000 vibrations par seconde.*

Les vibrations venant du dehors peuvent être transmises au **nerf auditif*** de deux manières distinctes.

Quand il s'agit des vibrations d'un corps solide, nous pouvons les entendre en appliquant ce corps sur les parois mêmes du crâne.

Venez ici, Paul, et bouchez-vous bien les oreilles avec

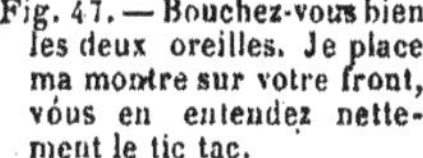

Fig. 47. — Bouchez-vous bien les deux oreilles. Je place ma montre sur votre front, vous en entendez nettement le tic tac.

Fig. 48. — Prenez la montre entre vos dents, vous entendez encore fort bien.

Fig. 49. — Je place ma montre sur la règle plate : vous l'entendez encore.

les deux mains (fig. 47). Je place ma montre sur votre front, vous en entendez nettement le tic tac. Ouvrez la bouche, et prenez le boîtier légèrement entre les dents (fig. 48), vous entendrez encore fort bien. Prenez entre les dents ma règle plate (fig. 49); je place dessus ma montre : même résultat.

Dans cette dernière expérience, les vibrations sonores produites par l'échappement de la montre ont ébranlé successivement le boîtier, la règle, les dents, les os du crâne, le liquide de l'oreille, les terminaisons du nerf auditif, et de là ont été au cerveau.

Mais cette transmission directe est fort rare. Dans l'immense majorité des cas, le son est produit par les vibrations d'un corps séparé de nous par l'*air*. Ce sont donc les vibrations communiquées par l'air à l'ouïe qu'il faut recueillir et entendre. La chose se complique alors beaucoup.

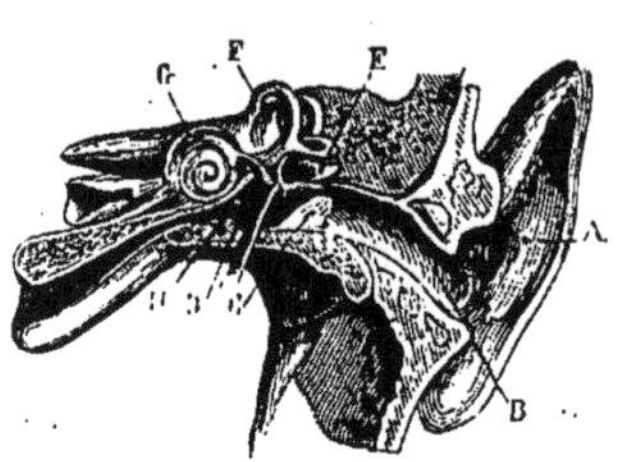

Fig. 50. — Appareil de l'audition.

A, pavillon.
B, tube auditif.
C, membrane du tympan.
D, cavité pleine de liquide.
E, chaine de petits osselets.
F, canaux semi-circulaires.
G, colimaçon dans lequel s'épanouit le nerf auditif.
H, membrane de la cavité pleine de liquide.

271. 1. L'oreille se compose d'abord d'un *pavillon* A (fig. 50), sorte de cornet très développé et très mobile chez les animaux à ouïe fine, et qui ramasse le plus possible de vibrations. Voyez un cheval (fig. 51), comme il tourne l'oreille du côté du bruit pour mieux entendre! Notre pavillon, à nous, est peu développé et à peu près immobile: il nous est utile cependant, et nous le tournons aussi, — mais avec toute la tête, — quand le son est trop faible : au besoin, nous y ajoutons notre main enroulée, qui fait du pavillon un véritable cornet.

Fig. 51. — Le cheval tourne l'oreille du côté du bruit.

2. Du pavillon, les vibrations sont rassemblées et cheminent dans un tuyau tortueux B, le *tube auditif*, long, chez nous, de quelques centimètres. 3. Au fond, en C, les vibrations rencontrent une peau mince, tendue en travers du tube auditif, qu'elle ferme comme la membrane d'un mirliton : c'est la *membrane du tympan*. Celle-ci entre en vibration à son tour.

1. Quel nom donne-t-on à la partie extérieure de l'oreille? — 2. Quel nom donne-t-on au tuyau qui fait suite au pavillon? — 3. Qu'est-ce que les vibrations rencontrent au fond du tube auditif? — Quel nom donne-t-on à cette membrane?

Ici, la chose devient bien curieuse. Il y a encore une distance de plus d'un centimètre entre la membrane du tympan et la cavité D pleine de liquide qu'il faut ébranler. Cette cavité osseuse présente une ouverture fermée par une seconde membrane tendue H.

1. Or, entre cette membrane et la membrane du tympan, se trouve une chaîne de petits osselets E, dont les extrémités appuient sur les deux membranes. Grâce à cette disposition, les vibrations de la membrane du tympan sont transmises à la membrane de la cavité, puis au liquide et enfin au nerf G.

2. En résumé, voici le chemin des vibrations : air, membrane du tympan, osselets, membrane de la cavité, liquide de la cavité, nerf! Ainsi les vibrations ont lieu successivement dans des gaz, des solides, des liquides. Voyez quelle complication! Et encore je vous ai fait grâce de bien des détails intéressants, et sur lesquels nous reviendrons peut-être l'année prochaine.

272. Sensations visuelles. — Arrivons enfin à l'*œil,* organe des *sensations visuelles*. C'est aussi un organe très délicat. Mais il est plus facile d'en comprendre le mécanisme que celui de l'oreille, et je vais vous en montrer très aisément les parties principales, en me servant de cet œil de bœuf (fig. 52).

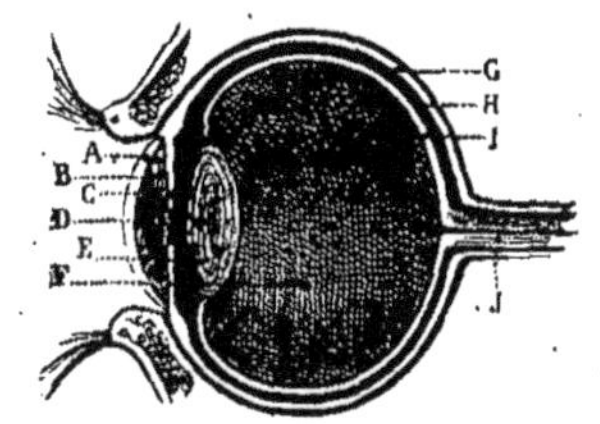

Fig. 52. — L'œil, organe des sensations visuelles. — Coupe d'un œil de bœuf.

A, cornée transparente.
B, chambre antérieure pleine de liquide (humeur aqueuse).
C, iris.
D, pupille.
E, cristallin.
F, liquide gluant (humeur vitrée)
G, coque de l'œil (sclérotique).
H, choroïde.
I, rétine.
J, nerf optique.

Vous voyez qu'il ressemble un peu à un œuf qui aurait une coque assez dure, mais non calcaire. 3. A l'extrémité de cette coque, en J, voyez ce cordon blanc; c'est le **nerf optique**, le nerf qui devra emporter au cerveau la connaissance des

1. Qu'y a-t-il entre le tympan et la cavité pleine de liquide qu'il faut ébranler? — 2. Indiquez, en résumé, le chemin que suivent les vibrations. — 3. Où aboutit le nerf optique?

impressions faites dans l'œil par la lumière; il pénètre, comme vous voyez, dans l'œil, et nous allons voir ce qu'il devient.

1. La coque de l'œil G, elle, est opaque*; mais, à sa partie antérieure A, elle devient transparente, pour laisser entrer la lumière. 2. On appelle **cornée** cette partie transparente que vous connaissez bien.

3. La lumière traverse la cornée A; mais avant d'entrer dans le fond de l'œil, et après avoir traversé une petite chambre B, pleine de liquide, elle rencontre une espèce de rideau C, appelé **iris**, tendu et percé d'un trou D, appelé **pupille**. Venez ici, près de la fenêtre, Henri; vous autres, mettez-vous autour de nous pour regarder avec soin. Henri a les yeux bleus (fig. 53), comme on dit, c'est-à-dire que le

Fig. 53. — C, iris; D, pupille large à l'obscurité.

Fig. 54. — C, iris; D, pupille rétrécie à la lumière.

rideau de ses yeux, l'*iris*, est peu foncé en couleur. A son centre, en D, voyez-vous ce trou tout noir? 4. C'est la *pupille*; c'est par là que la lumière va enfin entrer dans l'œil.

Mais attendez un peu; je ferme avec les doigts, pendant quelques instants, un des yeux d'Henri, puis brusquement je l'ouvre. Voyez-vous ce qui se passe? Le petit trou, qui était *très large* (fig. 53) au moment où j'ai rouvert l'œil, s'est *rétréci* très vite quand la lumière est arrivée (fig. 54). Le voilà bien petit, maintenant, presque un point; allons dans le fond de la classe, à l'ombre : voyez, il redevient très large. Qu'est-ce que cela veut dire? Oh! c'est bien simple. 5. *Quand il y a peu de lumière, la pupille s'élargit* pour en recueillir le plus possible; *quand il y a beaucoup de*

---

1. Le globe de l'œil est-il partout opaque? — 2. Quel nom donne-t-on à cette partie transparente? — 3. Que rencontre la lumière après avoir traversé la cornée? — Quel nom donne-t-on au trou dont est percé l'iris? — 4. Par quoi la lumière entre-t-elle dans l'œil? — 5. Pourquoi la pupille est-elle large dans un demi-jour, et rétrécie en pleine lumière?

lumière, elle se rétrécit pour n'en laisser passer que la quantité nécessaire, et ne pas fatiguer, ne pas *éblouir* le nerf optique.

Bon! voilà la lumière entrée dans l'œil; comme nous ne pouvons pas l'y suivre, c'est le moment de prendre l'œil de notre bœuf (fig. 52). Je l'ouvre en long avec mon couteau. **1**. Vous voyez que le globe de l'œil est rempli en F d'une espèce de liquide gluant, bien transparent. Vous reconnaissez bien la cornée A, puis le rideau C de l'iris. **2**. Enfin, juste derrière la pupille D, regardez ce joli corps solide E, transparent, fait absolument comme une lentille grossissante : on l'appelle le **cristallin**.

Le fond de l'œil est tapissé par une membrane grisâtre I, facile à déchirer. **3**. C'est la **rétine**, qui n'est autre chose que la terminaison du nerf optique, après qu'il est entré dans l'œil. **4**. C'est elle que la lumière doit impressionner; c'est sur elle que doivent se former les images des corps qui nous entourent.

Comment cela se fera-t-il? Ah! si vous vous rappelez

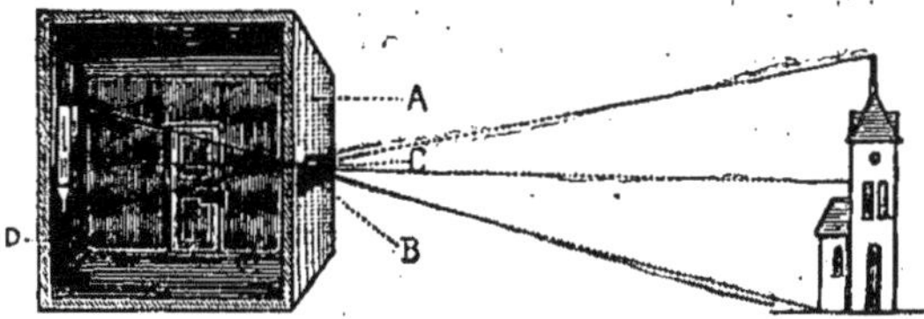

Fig. 55. — Chambre obscure.

Le volet A, c'est l'iris.
Le trou B du volet, c'est la pupille.
La lentille C, c'est le cristallin.
La feuille de papier D, c'est la rétine.

bien notre expérience de la *chambre obscure*, vous le comprendrez tout de suite. Mais il vaut mieux la refaire. Allons dans le cabinet noir (fig. 55). Voici un petit trou B, par lequel entre un rayon lumineux. Je place, près du trou, ma lentille de verre C, et par derrière, en D, je tends une feuille de papier. En tâtonnant, il arrive un moment où l'on voit sur le papier l'image de l'église qui est située dehors. Vous savez cela.

---

1. De quoi est rempli le globe de l'œil? — **2**. Que trouve-t-on juste derrière la pupille? — **3**. Qu'est-ce que la rétine qui tapisse le fond de l'œil? — **4**. Quel est le rôle de la rétine?

1. Eh bien, le volet A, c'est l'*iris*; le trou B du volet, c'est la *pupille*; la lentille C, c'est le *cristallin*; la feuille de papier D, c'est la *rétine*. Voilà l'explication de la vision, réduite, bien entendu, à sa plus simple expression.

273. Myopes et presbytes. — Tout à l'heure, avec ma feuille de papier, il a fallu me mettre à une certaine distance du volet pour avoir une *image bien nette;* quand j'étais plus près ou plus loin, l'image était un peu confuse.

Or, il y a des gens qui ont l'œil un peu trop court ou un peu trop long, et alors l'image ne se fait pas nettement sur la rétine. 2. On appelle les premiers *myopes*, les seconds *presbytes*. 3. On corrige les défauts de leur vue à l'aide de lunettes, portant, pour les myopes, des lentilles *concaves**, qui éloignent l'image, et pour les presbytes, des lentilles *convexes** qui la rapprochent.

Le sens de la vue est le plus précieux de tous. C'est lui qui nous renseigne sur la forme, la distance, les dimensions des corps. Il nous donne aussi la notion des couleurs.

274. Erreurs des sensations. — Tout cela est admirable, à coup sûr. Mais il ne faut rien exagérer, et il s'en faut de beaucoup que l'œil soit un instrument parfait. Bien au contraire, il nous induirait souvent en erreur si nous ne rectifiions* par le raisonnement les sensations fausses qu'il nous apporte. Il y en a même que nous ne pouvons pas du tout corriger : je vous en citerai une.

Vous vous rappelez bien les couleurs du *spectre solaire* : violet, indigo, bleu, vert, jaune, orangé, rouge. Eh bien, prenons le vert, par exemple. Nous pouvons obtenir un même vert, une même sensation verte, soit en examinant ce vert du spectre tout seul, soit en mêlant du bleu avec du jaune, pris dans une certaine proportion. De même, on peut fabriquer du violet avec un mélange de rouge et de bleu, de l'orangé avec un mélange de rouge et de jaune. L'œil s'y trompe absolument, et nous trompe par conséquent, nous faisant confondre des couleurs *simples* avec des couleurs *composées*.

---

1. Comparez les différentes pièces d'une chambre noire avec les différentes parties de notre œil. — 2. Quel nom donne-t-on aux gens qui ne voient bien que les objets placés près de l'œil? — A ceux qui ne voient bien que les objets éloignés? — 3. Avec quelles lentilles corrige-t-on la myopie? — La presbytie?

275. Raisonnement. — Si nous n'avions que l'œil, nous nous tromperions sur bien d'autres choses! Mais l'ouïe, le toucher surtout, nous aident à rectifier nos erreurs. Et en somme, nous arrivons à avoir, par ces diverses sensasions qui renseignent notre cerveau, une idée assez exacte de ce qui se passe autour de nous. Là-dessus, il se fait dans notre cerveau un raisonnement qui nous amène à nous servir de tout ce qui peut nous être utile, à éviter ce qui peut nous nuire, à arranger les choses de manière à perfectionner beaucoup la nature, à l'aide de mille inventions et industries. Un chien a les sens aussi vifs que les nôtres; il flaire même infiniment mieux, et cependant, il ne sait pas se servir de tout cela pour améliorer sa situation, pour progresser, *parce qu'il n'a pas assez d'intelligence.* Il y a des gens qui disent : c'est parce qu'il n'a pas de mains et parce qu'il ne parle pas. Il aurait dix mains qu'il ne saurait pas s'en servir comme nous. Et s'il ne parle pas, c'est qu'il est trop bête pour imaginer les mots. Les idiots ont des mains, et souvent ils sont incapables de parler. *Ce n'est pas la main ni la langue qui font l'homme : c'est la grande intelligence dont son cerveau est l'organe.*

RÉSUMÉ. — SENSATIONS ET INTELLIGENCE.

1. Nerfs (p. 294). — Les *nerfs* sont des espèces de fils excessivement fins, qui se rencontrent dans toutes les parties du corps.

2. Les uns apportent au cerveau les sensations qui viennent du dehors : ce sont les *nerfs de sensibilité* ou *nerfs sensibles.*

3. Les autres emportent du cerveau les ordres de mouvement et vont les transmettre aux muscles de tout le corps : ce sont les *nerfs de mouvement* ou *nerfs moteurs.*

4. Moelle épinière (p. 295). — La **moelle épinière** est une sorte de cordon blanc qui se trouve dans le canal de la colonne vertébrale, formé par les anneaux des vertèbres superposées.

5. A l'endroit où la moelle épinière pénètre dans le crâne, elle s'élargit et forme la **moelle allongée.**

6. Les nerfs du corps aboutissent à la moelle épinière; les nerfs de la tête ainsi que ceux qui président aux mouvements du *cœur* et de la *respiration* aboutissent à la moelle allongée.

Les blessures faites à la moelle allongée sont mortelles.

7. Le cerveau (p. 295). — Presque toute la cavité du crâne est remplie par le **cerveau.**

8. C'est dans le cerveau que réside l'*intelligence*; c'est là que se forment les *sensations* et les *idées*, c'est de là que part la *volonté*.

9. Les blessures au cerveau entraînent l'affaiblissement de l'intelligence.

10. Un oiseau peut vivre sans cerveau, si on a soin de pourvoir à sa nourriture; il meurt dès qu'on pique ou blesse la moelle allongée.

11. **Sensations tactiles** (p. 296). — La sensation générale du *contact* nous indique qu'un corps touche notre corps.

12. Elle a lieu par toute la peau et particulièrement par la main.

13. Les sensations tactiles sont transmises à la moelle épinière et de là au cerveau par les *nerfs de sensibilité*, dont les extrémités aboutissent à la surface interne de notre peau.

14. Les nerfs nous donnent aussi la sensation de la *température* des corps.

15. Dans la bouche existe une variété de toucher qu'on appelle le *goût*, qui nous donne l'impression des *saveurs*.

16. **Sensations à distance** (p. 298).— Les sensations tactiles ne nous renseignent que sur les corps que nous touchons; l'*odorat*, l'*ouïe*, et surtout la *vue*, nous renseignent sur les corps placés à distance.

17. L'*odorat* a pour organe le *nez*, ou, pour mieux dire, les *fosses nasales*, qui vont déboucher dans l'arrière-gorge, en face de l'ouverture du larynx.

18. L'*ouïe* nous renseigne sur l'existence des vibrations dites *sonores*.

19. **L'oreille** (p. 298). — Les vibrations, rassemblées par le *pavillon* de l'oreille, pénètrent dans le *tube auditif*, au fond duquel elles rencontrent la *membrane du tympan*, qu'elles mettent en mouvement. Les vibrations de la membrane du tympan sont transmises par une série de *petits osselets* à une *seconde membrane*, qui ferme une cavité remplie de liquide. Ce liquide transmet les vibrations au *nerf auditif*, qui va les porter au *cerveau*.

20. **L'œil** (p. 301). — L'*œil* est un globe qui n'est transparent qu'à sa partie antérieure appelée *cornée*. Derrière la cornée vient un rideau tendu appelé *iris*, qui, coloré, suivant les individus, en bleu, en gris ou en noir, donne aux yeux leur couleur. Ce rideau est percé d'un trou, appelé *pupille*, par lequel la lumière entre dans l'œil, après avoir traversé une sorte de lentille grossissante appelée *cristallin*, placée derrière la pupille. La lumière traverse alors le liquide transparent qui remplit le globe de l'œil, et va impressionner le *nerf optique*, qui sous le nom de *rétine*, tapisse le fond de l'œil.

21. **Raisonnement** (p. 305). — Si nous n'avions que l'œil et les autres sens pour nous renseigner, nous nous tromperions sur bien des choses. Mais notre cerveau est là, qui, renseigné par les sens, raisonne et nous amène à nous servir des choses utiles, à éviter les choses nuisibles.

22. Ce n'est ni la main ni la langue qui font l'homme, c'est l'intelligence et le cerveau.

SUJETS DE RÉDACTION.

1er devoir (p. 260). — Composition et structure des os. — A quoi sert la moelle des os.

2e devoir (p. 261). — Ce qu'est une vertèbre. — Les différentes régions de la colonne vertébrale. — Ce que portent les vertèbres de la région dorsale. — Comment les côtes se réunissent en avant. — Les cinq vertèbres soudées du sacrum. — Quel est l'os qui s'appuie sur le sacrum.

3e devoir (p. 263). — Par quoi est supporté le crâne. — L'intérieur du crâne communique avec le canal vertébral. — Les trous du crâne. — Les deux mâchoires.

4e devoir (p. 264). — Les os du membre supérieur et de la main. — Avec quel os s'articule l'humérus. — Avec quels os s'articule l'omoplate, — la clavicule.

5e devoir (p. 265). — Les os du membre inférieur. — Sur quel os s'articule le fémur. — A quel os se joint le bassin.

6e devoir (p. 266). — Qu'est-ce qu'une articulation? — Par quoi est assurée la solidité de l'articulation. — Quand il y a entorse, — luxation.

7e devoir (p. 267). — A quoi servent les muscles. — Comment les muscles se rattachent souvent aux os. — Contractilité musculaire. — Muscle de l'avant-bras.

8e devoir (p. 269). — Montrer que nous ne pouvons nous tenir debout que grâce à l'action des muscles.

9e devoir (p. 272). — Mouvements volontaires et mouvements involontaires.

10e devoir (p. 275). — Les dents, leur nom et leur nombre. — Différentes parties de la dent.

11e devoir (p. 277). — Le chemin que suivent les aliments à travers le tube digestif, de la bouche au gros intestin.

12e devoir (p. 278). — Rôle de la salive, — du suc gastrique, — des sucs intestinaux, — du suc pancréatique. — Le foie. — But de la digestion.

13e devoir (p. 280). — Ce qu'est le sang. — Par quel organe il est lancé. — Artères. — Veines. — Capillaires. — Circulation.

14e devoir (p. 282). — Où pénètrent les aliments rendus

liquides par la digestion. — Ce qu'ils deviennent. — Pourquoi nous avons une température constante de 39° environ.

15e devoir (p. 283). — Comment l'air entre dans notre corps. — Poumons. — Mouvements respiratoires.

16e devoir (p. 287). — De quelle manière se fait dans notre corps la consommation de l'oxygène de l'air. — Production d'acide carbonique.

17e devoir (p. 290). — Comment les poissons respirent.

18e devoir (p. 293). — Cerveau. — Moelle épinière. — Moelle allongée. — Ce qu'un oiseau devient sans cerveau.

19e devoir (p. 296). — Le toucher. — Le goût. — Sensations à distance.

20e devoir (p. 298). — Le nez.

21e devoir (p. 298). — L'oreille.

22e devoir (p. 301). — L'œil.

VII. — LA PHYSIOLOGIE VÉGÉTALE

276. Les actes de la vie sont les mêmes chez tous les animaux. — Nous savons comment vivent les animaux, comment et pourquoi ils mangent et respirent, comment ils se meuvent, comment ils sentent et veulent. Je dis « les animaux », quoique je ne vous aie guère parlé que des vertébrés, et même que de l'homme, parce que, au fond, c'est partout la même chose. Quand un hanneton vole, il fait mouvoir son aile par la contraction de muscles, comme nous faisons pour notre bras ou pour notre œil. Sans doute, il n'a pas d'os sur lesquels ses muscles puissent prendre un point d'appui ; mais sa peau durcie lui rend le même service. Quand un limaçon rentre la corne qu'on touche, c'est parce qu'il sent le contact du doigt par l'intermédiaire d'un nerf, absolument comme nous. Quand un papillon que vous essayez de saisir vous regarde et s'enfuit, il raisonne en son petit cerveau, comme faisaient les poulets qui prenaient peur de Paul. Qu'un animal ait quatre ou six pattes, ou pas du tout ; qu'il se nourrisse d'herbes ou de viande ; qu'il se cache en quelque trou, au fond des eaux, ou qu'il vole en pleine lumière, au-dessus des nuages, il s'agit toujours pour lui de manger juste autant qu'il rend, de sentir, de se mouvoir et de vouloir : c'est toujours une affaire d'estomac, de muscles, de nerfs, de cerveau.

Il faut maintenant que nous nous occupions de savoir *comment vivent les* **végétaux**. Cela semble moins intéressant que pour les animaux, parce que les végétaux ne se meuvent pas et n'ont pas de sensibilité ni de volonté, par conséquent pas de muscles, de nerfs, de cerveau, d'organes des sens. Mais ils se nourrissent, ils grandissent, et, à ce point de vue, ils sont, je vais vous le montrer, encore plus curieux à étudier que les animaux.

Si vous voulez, nous allons commencer par ce qu'il y a de plus étonnant peut-être, par le *développement*.

277. Germination. — Je reprends un haricot (fig. 1), pour vous montrer à nouveau les parties dont se compose cette graine. Otons la peau d'abord, qui n'a pas grande importance. Vous voyez les deux masses charnues* et farineuses A, B, les *cotylédons* ; entre eux, se trouve la petite plante C avec sa radicule, sa tigelle et sa gemmule.

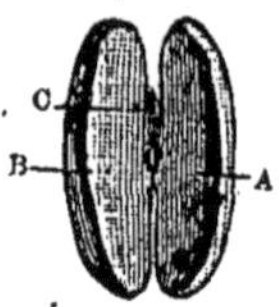

Fig. 1.
A, B, cotylédons.
C, petite plante.

Voici un autre haricot (fig. 2). Chez celui-ci, la radicule A déborde les cotylédons D, E, de deux centimètres; la tigelle B est sortie aussi, et la gemmule C a commencé à déployer de petites feuilles. Ce haricot a **germé**.

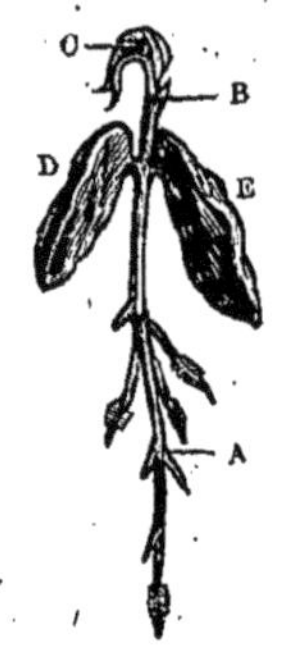

Fig. 2. — Haricot qui a germé grâce : 1° à l'humidité ; 2° à la chaleur ; 3° à l'oxygène de l'air.
A, radicule.
B, tigelle.
C, gemmule.
D, E, cotylédons.

278. Conditions de la germination. — Vous me demandez ce que j'ai fait pour obtenir ce résultat? J'ai tout simplement, il y a quelques jours, mis mon haricot dans un pot, avec de la brique pilée et humide. L'humidité a soulevé la peau du haricot, imbibé la jeune plante, qui dormait pour ainsi dire à sec, et l'a réveillée. La plante s'est mise alors à pousser. 1. **L'humidité** *est donc une condition indispensable de la* **germination**. 2. Aussi, quand on veut conserver des graines pendant longtemps, il faut avoir soin de les garder bien *au sec*, de peur qu'elles ne se mettent à germer : chacun sait cela.

Mais n'allez pas croire que l'humidité suffise pour la germination. Si nous étions en hiver, et si mon haricot, même mouillé, était seulement à la température de *deux* ou *trois degrés* au-dessus de zéro, il n'aurait pas germé ; à *dix degrés*, la germination aurait été lente. Nous sommes en été, et le thermomètre* de la classe marque vingt degrés : la germination a été très rapide. 3. Ainsi, outre l'humidité,

1. Quelle est la condition indispensable de la germination? — 2. Quelle précaution doit-on prendre si l'on veut conserver des graines sans qu'elles germent? — 3. L'humidité suffit-elle pour la germination? — Que faut-il encore?

il faut un certain degré de **chaleur** *pour faire germer les graines*, et plus il fait chaud, plus elles germent vite : bien entendu, il ne faudrait cependant pas les faire cuire !

Ce n'est pas tout : *le haricot a germé parce qu'il était* **dans l'air.** Si je l'avais plongé sous l'eau, il n'aurait pas germé, même avec de la chaleur. **1.** Il lui faut de l'air. **2.** Et, vous le pensez bien, *ce qu'il lui faut dans l'air, c'est l'***oxygène.** L'azote, il n'en a que faire ; mais l'oxygène, il l'absorbe, *il le respire*, et il rend, comme ferait un animal, de *l'acide carbonique.*

Fig. 3. — La flamme s'éteint aussitôt, parce que l'oxygène du flacon a été absorbé par la graine qui a germé.

Tenez, voici un flacon bien bouché (fig. 3), où j'ai mis germer des grains d'orge. Ils ont poussé, puis ils sont morts *quand la provision d'oxygène du flacon a été épuisée.* En voici la preuve. J'allume un brin de paille et je l'enfonce dans le flacon : la flamme s'éteint aussitôt, parce qu'il n'y a plus d'oxygène. Si j'avais un petit outillage de chimie, je vous montrerais aisément qu'il y a, à la place, de l'acide carbonique.

3. Ainsi, *une graine* **qui germe** *consomme de l'oxygène, et rend de l'acide carbonique ; elle respire tout comme un animal.*

Mais l'acide carbonique est produit par l'union de l'oxygène avec du **carbone** par la combustion* du carbone. Où la graine prend-elle le **carbone** qu'elle brûle ainsi ?

279. Consommation de carbone pendant la germination. — Regardez les cotylédons de mon haricot germé. Ils sont flasques, ridés, à moitié vides, au lieu d'être pleins et rebondis comme auparavant. **4.** *Ce sont eux qui ont fourni le carbone.* Il y avait là de la farine, de l'amidon, riche en carbone ; celui-ci a presque complètement disparu, si bien que le haricot ne serait plus bon à manger du tout.

280. Végétation* à l'obscurité et végétation à la lumière. — Cette consommation de carbone peut

1. Que faut-il encore à un haricot qui germe ? — **2.** Que prend-il dans l'air, l'oxygène ou l'azote ? — **3.** En résumé, que fait une plante qui germe ? — **4.** Qu'est-ce qui a fourni à la jeune plante le carbone qu'elle a brûlé avec l'oxygène de l'air ?

durer très longtemps. Voici un autre haricot (fig. 4), que j'ai semé comme l'autre, il y a une quinzaine de jours, dans de la brique pilée et humide; seulement, au lieu de le laisser à la lumière, je l'ai gardé *à l'obscurité*, dans une armoire. **1.** Il a poussé tout jaune, comme vous voyez : il est *étiolé*. Or, sa tige a bien 60 centimètres de hauteur. **2.** Eh bien, si

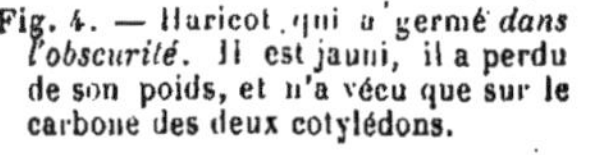

Fig. 4. — Haricot qui a germé *dans l'obscurité*. Il est jauni, il a perdu de son poids, et n'a vécu que sur le carbone des deux cotylédons.

Fig. 5. — Haricot qui a germé *en pleine lumière*. Il est vert, son poids a augmenté : il a vécu sur le carbone qu'il a pris à l'acide carbonique de l'air.

je faisais dessécher ce qui reste du haricot, ainsi que la tige jaune et les feuilles qu'il a poussées, je vous montrerais que le tout pèse *beaucoup moins* que ne pèse un simple haricot desséché, mais qui n'a pas germé. Les cotylédons sont, du reste, complètement secs et épuisés.

Autre chose maintenant. Voici un second haricot (fig. 5) semé en même temps que le premier, dans un pot semblable, plein aussi de brique pilée et humide. **3.** Celui-ci a été exposé *en pleine lumière;* sa tige est verte, ses feuilles sont larges et vertes. **4.** Desséché, il pèserait *beaucoup plus* qu'un simple haricot également desséché.

Ainsi, la pousse du premier haricot, qui a été placée à l'ombre, est *jaune*, et le tout, haricot, tige et feuilles, *a*

---

1. Qu'arrive-t-il à un haricot qui pousse dans l'obscurité? — **2.** Que constate-t-on dans le poids d'un haricot qui a germé dans ces conditions, comparé au poids d'un haricot qui n'a pas germé? — **3.** Qu'arrive-t-il à un haricot qui pousse en pleine lumière? — **4.** Que constaterait-on si on le pesait?

diminué de poids; au contraire, la pousse du second, qui est restée à la lumière, est *verte*, et le tout *a augmenté de poids.*

281. La lumière fait augmenter de poids. — *Ainsi la lumière fait* **verdir** *et* **augmenter le poids.** Mais où la plante a-t-elle pris ce qui l'a fait augmenter de poids *en matières sèches?* car je ne compte pas l'eau, s'entend. L'a-t-elle pris dans la terre ou dans l'air?

De la façon dont l'expérience a été faite, ce n'est pas la terre qui a pu fournir quelque chose. Le pot était plein de brique pilée; il eût pu être plein de porcelaine ou de verre pilé, peu importe. La plante n'a trouvé là-dedans rien à prendre, et il serait facile de montrer que la brique n'a pas perdu de son poids.

1. Mais alors c'est donc dans l'air?

Oui. Mais qu'a-t-elle pris dans l'air? Ah! cela est bien curieux, et a été bien difficile à découvrir. 2. Eh bien, *la plante pour végéter*, a pris l'***acide carbonique** *contenu dans l'air, car il y en a toujours, l'a décomposé, a* **gardé le carbone** *et* **rendu l'oxygène.** Je vais vous le prouver tout de suite.

282. Absorption de l'acide carbonique de l'air. — Au siècle dernier, un chimiste nommé Priestley* avait mis deux souris sous une cloche ; naturellement celles-ci avaient fini par y mourir asphyxiées, ayant consommé presque tout l'oxygène de l'air, et ayant formé de l'acide carbonique. Il eut ensuite l'idée, je ne sais trop pour quelle raison, d'introduire dans cet air une plante munie de ses feuilles. *Celle-ci n'y mourut pas*, comme avaient fait les souris, au contraire, elle parut s'y bien porter : cela était déjà assez intéressant. Mais voici le plus étonnant. Au bout de quelques jours, Priestley retira la plante, et remit une nouvelle souris. Or, celle-ci *vécut* dans cet air qui avait été mortel à ses semblables; elle ne mourut que dans le laps de temps ordinaire, asphyxiée à son tour. Ainsi la plante avait *purifié*, rendu *respirable* l'air altéré par les animaux.

Qui fut étonné? ce fut Priestley. Et il y avait de quoi! D'autant plus que dans ce temps-là, on ne savait pas bien ce que c'était que l'air, l'acide carbonique, l'oxygène. Tout cela dut lui paraître bien obscur.

---

1. Où la plante a-t-elle pris ce qui l'a fait augmenter de poids en matières sèches? — 2. Qu'a-t-elle pris dans l'air?

Aujourd'hui on y voit très clair là-dedans, grâce à la chimie. On sait, comme je vous l'ai dit, que *les plantes absorbent l'acide carbonique, le décomposent en gardant le carbone, et laissent échapper l'oxygène.* Ainsi tout s'explique dans l'expérience de Priestley. Les souris avaient consommé l'oxygène de l'air de la cloche, et avaient en outre empoisonné cet air de l'acide carbonique produit par leur respiration : un animal n'y pouvait plus vivre. La plante *a repris l'acide carbonique, a gardé le carbone et restitué l'oxygène*, en telle sorte que l'air est redevenu respirable.

283. Rôle des parties vertes et de la lumière. — En examinant les choses de près, on s'est aperçu qu'il faut deux conditions pour que la plante fasse cette œuvre de purification de l'air. 1. 1° **Il faut qu'elle soit verte**; car ce sont seulement ses parties vertes qui décomposent ainsi l'acide carbonique ; 2° *il faut que la plante soit exposée* **au soleil,** ou tout au moins **à la lumière.** Sous cette condition, la décomposition de l'acide carbonique est d'autant plus rapide qu'il y a plus de lumière; elle cesse complètement à l'obscurité.

284. Expérience. — Je me suis engagé à vous prouver tout ce que je viens de vous dire. Nous allons, en effet, faire une expérience. Voici un grand bocal en verre blanc, bien transparent (fig. 6); il est rempli d'eau de la fontaine, que j'y ai mise il y a quelques heures pour qu'elle ne soit pas trop froide. Pierre, allez chercher dans le tonneau d'arrosage du jardin, une poignée de ces longs filaments verts qui sont attachés aux parois*, et qu'on nomme des *conferves*. — Bon. Je les applique sur le bord de mon bocal, et les voici qui flottent dans l'eau.

Fig. 6. — Sous l'influence de la lumière, les *conferves* vertes ont décomposé l'acide carbonique de l'eau, ont pris le carbone et dégagé de l'oxygène.

Nous sommes ici à l'ombre ; portons notre bocal *en plein soleil*, et attendons un instant. Voyez-vous maintenant se former en quantité, sur les brins verts, de petites bulles de

1. Quelles conditions doit remplir une plante pour décomposer l'acide carbonique de l'air et restituer l'oxygène?

gaz? En choquant légèrement le bocal, elles se détachent et montent à la surface. *Ce gaz, c'est de l'oxygène pur, que la plante verte, sous l'action de la lumière, a formé en décomposant l'acide carbonique qui était dissous dans l'eau*, car toutes les eaux en contiennent.

Maintenant, agitons bien les brins verts, pour en détacher toutes les bulles d'oxygène, et recouvrons le bocal avec une boîte opaque*, de manière à plonger le tout dans l'obscurité. Nous enlèverons la boîte à la fin de la classe, et nous verrons *qu'il ne se sera pas formé de nouvelles bulles d'oxygène, parce que la plante était restée à l'ombre.*

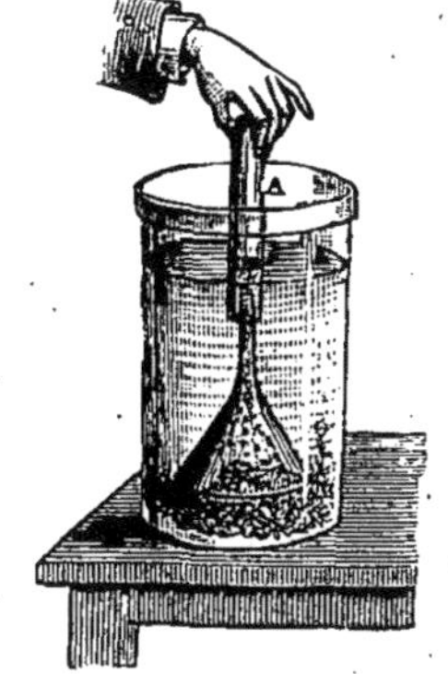

Fig. 7. — *Potamogeton* dégageant de l'oxygène avec abondance.

Si j'avais eu le temps d'aller jusqu'à la rivière y chercher une plante aquatique* nommée *Potamogeton*, vous auriez vu un bien autre spectacle. A la lumière, l'oxygène se serait dégagé en telle quantité que j'aurais pu en recueillir avec un entonnoir dans un tube (fig. 7) et rallumer une allumette, comme nous l'avons fait en chimie. Ce sera pour une autre fois.

Ainsi, *deux conditions sont nécessaires pour la purification de l'air :* **matière verte** et **lumière.**

285. **Parties non vertes des plantes**. — Mais, allez-vous me dire : Qu'arrive-t-il pour les plantes qui ne sont pas vertes, et qu'arrive-t-il pour les plantes vertes elles-mêmes quand il n'y a pas de lumière, pendant la nuit, par exemple?

1. Cela est très simple. Les plantes qui ne sont pas vertes, comme les *champignons*, et les parties **non vertes** des végétaux ordinaires : *fleurs, fruits, racines, bois*, se comportent à l'égard de l'**air absolument comme les animaux** : *elles se brûlent, autrement dit, elles consomment l'oxygène de l'air et fabriquent de l'acide carbonique*, et cela,

---

1. Que se passe-t-il pour les plantes qui ne sont pas vertes, comme les champignons, et pour les parties non vertes des plantes?

qu'elles soient exposées à la lumière ou placées dans l'obscurité.

1. Quant aux parties **vertes**, *elles n'agissent pas pendant la nuit.*

286. Résumé. — Après tout ce que je vous ai dit, il faut que quelqu'un me prouve qu'il a compris. Voyons, Paul? Que fait pendant le jour une plante verte? — Monsieur, elle purifie l'air, *elle prend le carbone de l'acide carbonique, et rejette l'oxygène.* — Bien ; mais quelles sont les parties de la plante qui font cela? — Ses feuilles vertes et son écorce verte. — Oui ; mais la racine et la masse du bois, que font-elles pendant ce temps? — Je crois qu'elles font comme les animaux : *elles prennent l'oxygène de l'air et forment de l'acide carbonique.* — C'est bien cela.

Il se passe donc, à la fois, dans un même végétal vert, exposé à la lumière, deux phénomènes inverses : production d'acide carbonique par les parties non vertes, destruction de l'acide carbonique par les parties vertes. Mais ce dernier phénomène étant infiniment plus énergique que le premier, la plante, en définitive, non seulement ne verse pas d'acide carbonique dans l'air, mais consomme celui qui s'y trouve.

287. Vraie nature de l'absorption de l'acide carbonique. — On a donc eu grand tort d'appeler « respiration des plantes », comme vous le lisez dans beaucoup de livres, la décomposition de l'acide carbonique de l'air. Les parties non vertes des plantes respirent, il est vrai, comme les animaux, mais la décomposition de l'acide carbonique par les parties vertes *est l'inverse d'une respiration*, et ressemble plutôt à une **digestion**.

Cela vous fait rire, maître Paul, de m'entendre dire que les plantes digèrent. Pourquoi riez-vous ? — Monsieur, c'est qu'une plante n'a pas d'estomac, pour digérer. — Si vous n'avez que cette raison-là, elle n'est pas fameuse : car il y a bien des animaux inférieurs dont l'organisation est si simple qu'ils n'ont pas de tube digestif, ce qui ne les empêche pas de digérer les aliments qui arrivent au contact de leur corps; ils digèrent alors par tout le corps. Mais, voyons ; pourquoi digérons-nous? — Pour nous nourrir. —

1. Que font les parties vertes pendant la nuit?

Bien. Et la plante qui décompose l'acide carbonique, est-ce que vous croyez que cela ne la *nourrit* pas, de garder le *carbone?* Une plante bien sèche contient à peu près la moitié de son poids de charbon. **1.** Eh bien! ce charbon, c'est dans l'acide carbonique de l'air qu'elle le prend, et aussi un peu dans celui de l'eau qui baigne ses racines, et qu'elle pompe. *Vous voyez bien que c'est là une espèce de digestion.*

Fig. 8. — Les parties vertes décomposent l'acide carbonique de l'air, gardent le carbone et restituent l'oxygène.

Voilà pourquoi notre haricot de tout à l'heure, qui a déjeuné à la lumière, a augmenté de poids. Voilà pourquoi et comment grandissent tout autour de nous les végétaux verts (fig. 8). Tout le jour ils travaillent à décomposer l'acide carbonique, à se garnir de charbon, à augmenter de poids et de taille. La nuit, ils se reposent, et même alors ils consomment un peu du charbon qu'ils ont emmagasiné dans le jour, et forment de l'acide carbonique. C'est bien simple.

288. L'hiver. — Mais Jacques demande à dire un mot? — Monsieur, en hiver, quand les feuilles sont tombées, qu'est-ce qui arrive? — Bien; bonne question. En hiver, mon enfant, c'est comme pendant la nuit en été. **2.** Le végétal respire et consomme nuit et jour, cette fois, le charbon entassé par prévoyance pendant les longs jours d'été. **3.** Aussi, à la fin de l'hiver, les plantes pèsent moins (en matières sèches, bien entendu) qu'au commencement. *Elles ont vécu sur leurs magasins, sur leurs réserves.* Mais si cela durait indéfiniment, elles finiraient par périr.

Avez-vous encore quelque chose à me demander, vous, Paul? — Monsieur, à quoi servent les racines, puisque ce

---

1. En quoi l'absorption de l'acide carbonique par les parties vertes est-elle une digestion? — **2.** En hiver, quand les feuilles sont tombées, qu'arrive-t-il? — **3.** Donnez-en la preuve.

sont les feuilles qui nourrissent le végétal? Pourquoi arrose-t-on, pourquoi fume-t-on? — Oh! oh! vous me posez bien des questions à la fois. Mais je n'en suis pas fâché, au contraire. D'ailleurs j'allais vous parler de tout cela.

289. Rôle des racines. — A quoi servent les racines? 1. D'abord à soutenir le végétal, qui, sans elles, serait bientôt renversé par le vent. Je n'ai pas besoin d'insister, n'est-ce pas? Cela est trop facile à comprendre.

Pourquoi arrose-t-on? Voyons, raisonnons un peu. Une plante, c'est comme une éponge pleine d'eau. A l'air, au soleil, elle se dessèche très vite, quand on l'a coupée. 2. Elle se dessécherait de même, étant debout; mais ses racines qui plongent dans un sol plus ou moins humide, lui apportent l'eau dont elle a besoin. Et c'est quand le sol se dessèche qu'il faut arroser.

3. Ainsi, voici comment les choses se passent: la feuille que le soleil menace de dessécher, prend de l'eau à la branche sur laquelle elle pousse; celle-ci en emprunte à son tour à la tige; celle-ci enfin à la racine, qui s'en imbibe dans le sol (fig. 9). 4. L'eau est comme sucée de haut en bas par suite de l'évaporation des feuilles; et elle monte, à travers le bois, par des tubes excessivement fins; elle monte aussi entre le bois et l'écorce.

Fig. 9. — Les racines fournissent à la plante l'eau et toutes les matières qu'elles puisent dans le sol.

Vous voyez qu'il ne faut pas arroser à tort et à travers. Il faut tenir compte de la chaleur, de la sécheresse de l'air, du vent, de la quantité de feuilles que possède la plante, et aussi des habitudes de celle-ci, car il y a des plantes qui ont besoin de beaucoup d'eau, et d'autres qui s'en passent volontiers. Celles-ci ont généralement ou des racines charnues qui gardent en réserve une certaine quantité d'eau, ou des racines qui pénètrent très profondément dans le sol, jusqu'à des couches toujours humides.

---

1 A quoi servent d'abord les racines? — 2. Quel autre service les racines rendent-elles à la plante? — 3. Comment les choses se passent-elles? — 4. Montrez comment se fait l'ascension de l'eau dans l'arbre.

290. Absorption dans le sol des matières nutritives. — 1. L'eau que les racines aspirent ainsi du sol n'est pas de l'eau pure, de l'eau distillée ; elle a dissous tout ce qui peut être dissous dans la terre où les racines absorbent ces matières en même temps que l'eau.

2. Cela est très utile aux plantes, car il n'y a pas seulement de l'eau et du carbone dans les matières végétales, dans le corps des plantes, il y a aussi de l'*azote*, moins que dans le corps des animaux, mais il y en a. Il y a aussi du *phosphore*, de la *potasse*, de la *chaux*, de la *silice*, du *fer* et d'autres substances. 3. Tout cela leur est fourni par l'eau qu'aspirent leurs feuilles et qu'absorbent leurs racines.

291. Nécessité des amendements*. — Vous comprenez bien qu'à force de dissoudre les matières que je viens de vous citer, l'eau finit par épuiser la terre, et qu'il n'y reste plus rien de ces substances nécessaires au végétal. Dans la nature sauvage, cela va tout seul. Quand une plante a poussé, et qu'elle a absorbé par ses racines tout ce que contient le sol qui lui a fourni de quoi vivre, *elle meurt*, tombe, pourrit sur place, *et rend à la terre ce qu'elle lui a pris*. Mais chez nous, hommes civilisés, les choses ne se passent pas ainsi. Quand la plante a poussé, nous la coupons, *nous l'enlevons* ; ce sont des fourrages, ce sont des céréales*, que nous emportons au loin. Et la terre, qu'est-ce qui lui rendra ce que lui a enlevé la luzerne ou le blé? Elle s'épuise naturellement, et, après deux ou trois récoltes de blé, elle n'a plus rien à donner au blé, qui n'y pousse plus : *il faut alors lui rendre ce qu'on lui a enlevé*.

C'est pour cela qu'on *amende*, qu'on *fume*, qu'on met des *engrais**. 4. Toutes les plantes ont besoin d'azote ; aussi le fumier de ferme, qui en contient beaucoup, leur convient à toutes. Mais il est très remarquable qu'elles n'absorbent pas toutes exactement les mêmes substances; naturellement, il faut rendre au sol précisément ce que la plante lui a enlevé. 5. Ainsi, le vin contient une forte quantité de potasse ; aussi la vigne aime-t-elle beaucoup les cendres, qui sont riches en

---

1. L'eau aspirée par les racines est-elle de l'eau pure? — 2. Qu'y a-t-il dans les matières végétales en plus de l'eau et du carbone? — 3. Par quoi tout cela leur est-il fourni? — 4. Pourquoi le fumier de ferme convient-il à toutes les plantes? — 5. Quelle nourriture doit-on donner à la vigne?

potasse. 1. Le blé contient du phosphore; on facilitera sa végétation en donnant à la terre des phosphates, des os. Tout cela est très facile à comprendre en principe. Nous y reviendrons cependant avec détail quand nous parlerons de l'*Agriculture*.

Il faut que j'ajoute quelque chose. Je vous disais il y a un moment : « Quand une plante a poussé, elle meurt, pourrit sur place et rend à la terre ce qu'elle lui a pris. » C'est exact, mais ce n'est pas complet. La plante rend à la terre non seulement ce qu'elle lui a pris, mais ce qu'elle a pris à l'air, c'est-à-dire tout son carbone, et aussi de l'azote de l'air, qu'elle a recueilli par un procédé très compliqué. Vous comprenez maintenant comment il se fait que *les terres épuisées se reposent* et deviennent fertiles, rien qu'en se couvrant de mauvaises herbes. C'est une espèce de fumier naturel qui s'y met tout seul. Cependant, dans la pratique, il est ordinairement plus avantageux de mettre du fumier et de cultiver sans interruption.

292. Les plantes fabriquent, les animaux consomment. — Vous voyez bien maintenant comment vivent les plantes, et vous comprenez pourquoi leur existence est nécessaire aux animaux. 2. Ce sont les plantes qui, grâce à la matière verte et au soleil, prennent dans l'air le carbone, et qui, par leurs racines, prennent dans le sol l'hydrogène et l'oxygène de l'eau, l'azote des composés minéraux azotés, et qui, avec tout cela, *fabriquent les matières organiques nécessaires à la vie de l'animal*, comme l'amidon, le sucre, l'huile, la matière azotée du blé (gluten), etc. 3. *L'animal, lui, est incapable de rien fabriquer ; il ne peut que transformer constamment*, que brûler et ramener à l'état d'eau, d'acide carbonique, de composé minéral azoté, les matières organiques que le végétal avait produites précisément avec ces éléments.

4. Aussi, l'animal mange le végétal (herbivore), ou bien il mange celui qui a déjà mangé le végétal (carnivore); mais en définitive, c'est de la plante qu'il vit. 5. Réciproquement, quand l'animal meurt, la plante retrouve dans le cadavre

---

1. Quelle est la nourriture qui convient au blé? — 2. Que font les plantes de tout ce qu'elles absorbent? — 3. Quel est le rôle réduit de l'animal? — 4. De quoi l'animal vit-il? — 5. Quels services l'animal rend-il à la plante?

de quoi se développer, et pendant la vie même de l'animal, elle se nourrissait de l'acide carbonique qu'il expirait et des résidus divers de son alimentation. **1.** Il y a là comme une sorte de *cercle* qui va du végétal à l'animal, de l'animal au végétal, en passant par l'air et la terre.

293. Le Soleil, condition nécessaire de la vie. — Tout cela a pour condition première le **soleil**. **2.** Si le soleil s'éteignait, les parties vertes cesseraient de fonctionner; elles disparaîtraient même, comme il arrive quand on met une plante verte à l'obscurité. Dès lors, plus de formation de matière nouvelle par les végétaux, et mort à bref délai des animaux, dont le garde-manger serait bientôt épuisé. Il est donc vrai de dire que, par la lumière comme par la chaleur, toute vie dépend du soleil.

294. Sujets d'étude réservés.— Voilà tout ce que je voulais vous dire cette année sur la physiologie végétale.

Fig. 10. — Sensitive intacte, après un choc, endormie à minuit.

Il nous reste encore bien des choses à étudier, et de bien intéressantes : ce que sont ces substances formées par les feuilles vertes; comment le sucre contenu dans les feuilles, dans la tige de la vigne et du blé, par exemple, quitte ces organes pour aller former le sucre du raisin, l'amidon du

1. A quoi peut-on comparer ces services mutuels?

2. Que deviendraient les plantes si le soleil s'éteignait?

grain de blé ; comment la betterave emmagasine **dans sa** racine, pendant la première partie de son existence, du sucre qu'elle dépensera dans la seconde, c'est-à-dire lorsqu'elle fleurira ; comment les sucs se meuvent dans les plantes, et ce que c'est que la *sève ;* ce qu'est un *bourgeon*, et comment il se fait qu'il peut vivre séparé du végétal qui le porte, et peut être aisément transplanté par *greffe* ou par *bouture ;* comment se fait le contact du grain de pollen et de l'ovule, nécessaire pour la formation de la graine ; comment certaines plantes n'ont pas le même aspect le jour et la nuit, soit à cause de leurs feuilles, comme l'acacia, soit à cause de leurs fleurs, comme la petite marguerite blanche ; ce qu'on appelle le *sommeil* des plantes ; comment d'autres ont des parties mobiles quand on les touche, comme les feuilles de la sensitive (fig. 10), les étamines de l'épine vinette.

Vous voyez qu'il vous reste encore bien des choses à apprendre. Mais, le principal, c'était de bien comprendre comment les végétaux fabriquent la matière organique, et je pense que vous le savez bien maintenant.

RESUMÉ. — PHYSIOLOGIE VÉGÉTALE.

1. **Germination** (p. 310). — **L'humidité** est une condition indispensable de la germination.

2. Il faut aussi un certain degré de **chaleur**.

3. Il faut enfin que la graine soit **dans l'air**.

4. Ce qu'il faut à la graine dans l'air, c'est l'**oxygène**. Elle l'absorbe, le respire, le brûle, et elle rend de l'*acide carbonique*, comme ferait un animal.

5. Pour brûler ainsi, il faut du *charbon*. La petite plante le trouve dans les deux cotylédons.

6. Si la graine germe dans l'obscurité, la germination se fera exclusivement à l'aide du charbon contenu dans les cotylédons ; la plante poussera jaune, et, si on la pèse après l'avoir fait dessécher, on constatera qu'elle pèsera moins qu'un simple haricot desséché qui n'aura pas germé.

7. Ainsi, dans l'obscurité, la pousse est jaune et le poids diminue.

8. Si, au contraire, la graine germe en pleine lumière, la pousse sera verte ; desséchée, la plante pèsera plus qu'un simple haricot.

9. En effet, la plante, une fois le charbon des deux cotylédons épuisé, ou même avant qu'il soit épuisé, prendra l'acide carbo-

nique contenu dans l'air, le décomposera, gardera le carbone et restituera l'oxygène.

10. Rôle des parties vertes et de la lumière (p. 314). — Ainsi les plantes purifient l'air; mais cette purification n'a lieu qu'à deux conditions : 1° il faut que la plante soit *verte*, car il n'y a que les parties vertes qui décomposent ainsi l'acide carbonique; 2° il faut que la plante soit exposée au soleil, ou tout au moins à la lumière.

11. A l'obscurité, la décomposition cesse complètement.

12. Parties non vertes des plantes (p. 315). — Les parties non vertes des végétaux : fleurs, fruits, racines, bois, se comportent à l'égard de l'air absolument comme les animaux : *elles consomment de l'oxygène et fabriquent de l'acide carbonique.*

13. Digestion des plantes (p. 316). — Ainsi, les parties non vertes des plantes *respirent* comme les animaux, mais la décomposition de l'acide carbonique par les parties vertes est plutôt une *digestion* qu'une respiration.

14. En effet, la plante se nourrit avec le *carbone*, qu'elle garde, absolument comme les animaux se nourrissent avec le carbone qu'ils trouvent dans les aliments.

15. En hiver, pendant la période de temps où les plantes sont dépourvues de feuilles, et par conséquent de parties vertes, elles vivent sur le charbon qu'elles ont amassé pendant les longs jours d'été.

16. Rôle des racines (p. 318). — Les racines servent d'abord à soutenir le végétal; mais là ne se borne pas leur rôle.

17. L'eau du sol, qu'elles sucent par suite de l'évaporation des feuilles, contient toutes sortes de matières : azote, phosphore, potasse, chaux, silice, fer. Ces matières sont absorbées par la plante.

18. Nécessité des amendements (p. 319). — A la longue cependant, ces matières s'épuisent; c'est pour les remplacer qu'il est nécessaire d'amender la terre, qu'on la fume, qu'on y met des engrais.

19. Les plantes fabriquent, les animaux consomment (p. 320). — Ce sont les plantes qui, grâce à la matière verte et au soleil, prennent dans l'air le carbone, dans le sol l'hydrogène et l'oxygène de l'eau, l'azote des composés minéraux azotés, et qui, avec tout cela, fabriquent les matières organiques nécessaires à l'animal : amidon, sucre, huile, gluten.

20. L'animal, lui, est incapable de rien fabriquer; il ne peut que ramener à l'état d'eau, d'acide carbonique, de composé minéral azoté, les matières organiques que le végétal avait produites précisément avec ces éléments.

21. Et tout cela a pour condition première le **soleil.**

SUJETS DE RÉDACTION.

1er devoir (p. 311). — Comment respire une plante qui germe. — Différence entre un haricot qui germe et végète dans l'obscurité. et un haricot qui germe et végète à la lumière. — Comment respire une plante qui végète.

2e devoir (p. 313). — Expérience de Priestley démontrant l'absorption par les plantes vertes de l'acide carbonique de l'air. — Expériences analogues faites avec les *conferves* et le *potamogeton*.

3e devoir (p. 315). — Rôle des parties non vertes des plantes. — Ce que font les parties vertes pendant la nuit. — Ce que fait un arbre dépourvu de feuilles pendant l'hiver.

4e devoir (p. 316). — L'absorption par les plantes de l'acide carbonique de l'air n'est-elle pas plutôt une digestion qu'une respiration?

5e devoir (p. 318). — Rôle des racines. — Nécessité des amendements, des engrais.

LEXIQUE

(Ce lexique contient tous les mots marqués d'un astérisque (*) dans le corps de l'ouvrage. Il ne donne que l'acception dans laquelle ces mots sont employés.)

Acéré, aigu ou tranchant. Les ongles des oiseaux de proie, ceux des chats, sont acérés.

Actuellement, présentement, au moment où l'on parle, ou, d'une façon plus générale, à l'époque où l'on vit.

Aérien, qui vit ou croît dans l'air, par opposition à *aquatique* : animal aérien, plante aérienne. Est aussi opposé à *souterrain* : les parties aériennes de la plante (page 90), celles qui sont au-dessus du sol. — *Aérien* se dit encore de ce qui se passe dans l'air : les phénomènes aériens.

Affaisser (s'), s'abaisser sous son propre poids.

Agent voyer, agent chargé de la construction et de l'entretien des chemins vicinaux.

Agressif, qui attaque sans avoir été provoqué : Le tigre est un animal agressif.

Aigrette, bouquet de poils ou de plumes que certains animaux portent sur la tête.

Alcool, ou *esprit-de-vin*, liquide obtenu par la distillation du vin ou de produits végétaux contenant du sucre et susceptibles de fermentation.

Algérie, colonie française au nord de l'Afrique, un quart plus grande que la France. 2.800.000 habitants. L'Algérie est divisée en trois départements : les départements d'*Alger*, de *Constantine* et d'*Oran*.

Alpes, chaîne de montagnes qui séparent la France de l'Italie et de la Suisse. On y remarque le *mont Blanc*, le pic le plus élevé de l'Europe.

Altitude, élévation d'un lieu au-dessus du niveau de la mer. — Le *mont Blanc* a 4810 m. d'altitude.

Amadou, substance provenant d'un champignon, l'agaric du chêne, à laquelle on a fait subir une préparation chimique pour la rendre plus inflammable.

Amendements, substances telles que la chaux, la marne, l'argile, etc., que l'on mélange à la terre pour la rendre plus favorable à la végétation.

Amidon, substance qu'on tire d'un grand nombre de plantes et notamment du blé. L'amidon délayé avec de l'eau constitue l'*empois*, sorte de colle employée par les blanchisseuses.

Amphibiens (animaux à double vie), groupe d'animaux qui vivent dans l'eau pendant leur jeune âge, et dans l'air après qu'ils ont subi certaines métamorphoses : Les grenouilles et les salamandres sont des amphibiens.

Anatomiste, celui qui s'occupe spécialement de l'étude du corps humain et de celui des animaux.

Annelés, animaux dépourvus d'os, de vertèbres et de sang rouge et qui semblent formés d'*anneaux* placés à la suite les uns des autres. Les insectes, les araignées, les mille-pattes, les vers, appartiennent à cette classe.

Annuel, qui dure un an, qui a lieu tous les ans.

Antérieur, placé en avant. Si l'on suppose le corps d'un animal divisé en deux parties, on appellera partie *antérieure* celle du côté de la tête. — L'autre partie sera appelée *postérieure*.

Anticiper, devancer une époque, faire une chose avant le temps.

Apprivoiser, rendre doux et familier un animal qui vit ordinairement à l'état sauvage.

Aquatique, qui vit ou croît dans l'eau, par opposition à *aérien :* animal aquatique, plante aquatique.

Arable (terre), terre qui peut être cultivée, fertile. La terre arable est un mélange de poudres calcaires, de grains de silex, de poussières argileuses et de débris animaux et végétaux.

Archet, sorte de petit arc tendu avec des crins et dont on se sert pour jouer du violon et de quelques autres instruments à cordes.

Arête, angle que forme la rencontre de deux surfaces droites ou courbes d'une pierre, d'un cristal, etc.

Articulés, classe d'animaux dont le corps semble formé d'anneaux ajoutés les uns aux autres, *articulés* les uns sur les autres : Les insectes, les araignées, les mille-pattes, sont des articulés.

Artificiel, qui est produit par l'art et l'industrie des hommes, par opposition à ce que la nature produit d'elle-même.

Asie Mineure, nom que donnaient les anciens à une partie de l'Asie au sud de la mer Noire et qu'on appelle aujourd'hui Turquie d'Asie.

Asphyxie, suspension de la respiration qui amène rapidement la mort. L'asphyxie peut être causée par submersion, par strangulation, par le séjour dans un espace confiné.

Atmosphère, couche d'air qui enveloppe la terre de toutes parts. Cette couche d'air a au moins 100 kil. d'épaisseur. — On donne aussi le nom d'*atmosphère* à l'unité de comparaison adoptée pour mesurer la force de la vapeur (1 k. 033 par cent. carré de surface).

Auditif, ce qui appartient à l'organe de *l'ouïe :* le conduit auditif, le nerf auditif.

Australie, île de l'Océanie, grande comme l'Europe, appartenant en partie aux Anglais. 3 millions d'habitants. Les villes principales sont : *Melbourne* et *Sydney*.

Auvergne, ancienne province réunie à la France sous Louis XIII (1610). Elle a formé les départements du *Puy-de-Dôme*, du *Cantal* et une partie de la *Haute-Loire*.

Baltique, mer au nord de l'Europe ; elle baigne la Prusse, le Danemark, la Suède et la Norwège.

Bestiole, très petit animal, très petite bête.

Bière, boisson fermentée que l'on prépare généralement avec de l'orge germée ou du houblon.

Bille (de bois), tronçon gros et court d'un arbre non encore façonné ni équarri.

Bisannuel, qui a lieu tous les deux ans, qui dure deux ans.

Bombe, globe de fer creux et rempli de poudre, qu'on lance au moyen d'un mortier, et qui éclate après être tombé à terre lorsque la mèche a communiqué le feu à la poudre.

Bornéo, grande île de l'Océanie (un peu plus grande que la France), appartenant en partie aux Hollandais. — Population : 4 millions d'hab.

Botaniste, celui qui étudie la Botanique, qui est savant en botanique. — *Botanique*, science qui a pour objet la connaissance, la description et la classification des végétaux.

Bouture, branche coupée à un arbre ou à une plante vivace et que l'on met en terre afin de lui faire prendre racine et d'en obtenir un nouveau sujet.

Bretagne, ancienne province réunie à la France sous François 1er en 1532 ; cap. *Rennes*. — La Bretagne a formé cinq départements : l'*Ille-et-Vilaine*, la *Loire-inférieure*, les *Côtes-du-Nord*, le *Morbihan* et le *Finistère*.

Calcaire (pierre), nom sous lequel on désigne la craie, la marne, la pierre à bâtir, le marbre, etc., parce que si on les chauffe à une très haute température, elles se transforment en chaux.

Calciner, soumettre une substance solide à l'action d'une chaleur très élevée pour en enlever tout ce qui est susceptible de se volatiliser, c'est-à-dire de se réduire en vapeur ou en gaz.

Cannes, ch.-l. de canton de l'arrondissement de Grasse (Alpes-Maritimes) 10.000 hab. Petit port, plage magnifique.

Carapace, enveloppe de nature cornée qui recouvre le corps des tortues et de certains reptiles.

Carène, partie inférieure d'un navire, comprenant la quille et les flancs jusqu'à fleur d'eau.

Carie, maladie des os ou des dents.

Carnassiers ou **Carnivores** (mangeurs de chair), nombreuse classe d'animaux qui se nourrissent de chair, comme le lion, la panthère, le chat, etc.

Cavité, creux, vide dans un corps solide : cavité dans un rocher, cavité du nez.

Céréales, nom que l'on donne à certaines plantes de la famille des *graminées*, blé, orge, etc., et dont les grains, reduits en farine, servent à la nourriture de l'homme.

Ceylan, grande île de l'Océan indien, appartenant aux Anglais. 2,400.000 hab. Ville principale : *Pointe-de-Galle*. Grand commerce de bois d'ébénisterie, de riz, etc.

Charnu, bien fourni de chair ; *parties charnues*, parties du corps où la chair se trouve en plus grosses masses. Se dit également des plantes et des fruits : la poire, la pêche, etc., sont des fruits charnus.

Chio, île de la Méditerranée, sur la côte ouest de l'Asie-Mineure. La cap., *Chio*, a été en partie détruite en 1881 par un tremblement de terre.

Chirurgien, celui qui professe la partie de la médecine qui a pour objet de faire des opérations sur les corps humains. Le *médecin* soigne les maladies, le *chirurgien* soigne les blessures.

Cire à cacheter, mélange de substances résineuses, très inflammables, qu'on colore le plus souvent en rouge.

Clos (vase), bien fermé, de façon à ne pas donner passage à l'air extérieur.

Colon, habitant d'une « colonie, » celui qui en exploite les produits.

Colonie, réunion de personnes qui se sont établies dans un pays jusque-là peu habité, pour le peupler et le cultiver. Par extension, réunion d'animaux vivant sur un même point.

Combustion, décomposition d'un corps par l'action du feu.

Comprimer, faire subir à un corps une *pression* qui en diminue le volume.

Concave (lentille), morceau de verre dont les deux faces sont creusées : les lentilles *concaves* rapetissent les objets à la vue.

Confiner, toucher aux limites d'une terre, d'un pays, etc. : la France *confine* à la Belgique, à la Suisse, à l'Italie, à l'Espagne.

Conique, qui a la forme d'un « cône. » Un pain de sucre est conique.

Continent, grande étendue de terre. On appelle *ancien continent* la réunion de l'Europe, de l'Asie et de l'Afrique, et *nouveau continent* l'Amérique.

Convexe (lentille), morceau de verre dont les deux faces sont bombées : les lentilles *convexes* grossissent les objets à la vue.

Coriace, qui est résistant et élastique comme du cuir

Corné, qui est de la nature de la *corne*, qui a l'apparence de la corne.

Côte, rivage, partie de la terre que baigne la mer.

Couche, planche de jardin faite ordinairement de fumier recouvert de terreau dans lequel on sème certaines plantes dont on veut hâter la végétation.

Crépuscule, demi-jour qui précède le lever du soleil et qui suit son coucher.

Cristallisé, se dit d'un corps qui a pris des formes symétriques en passant de l'état liquide ou gazeux à l'état solide.

Crustacé, nom donné à des animaux de la famille des *annelés* et dont le corps est revêtu d'une sorte de « croûte. » L'écrevisse est un crustacé.

Cuvier, célèbre naturaliste français (1769-1832), est le créateur de la *paléontologie*, c'est-à-dire de la science des êtres disparus.

Cylindrique, qui à la forme d'un « cylindre » comme une bougie, un tuyau de poêle.

Décanter, transvaser doucement un liquide pour séparer la partie limpide de ce qui a déposé au fond du vase.

Dépecer, mettre en pièces, couper, diviser en morceaux.

Dévier, être détourné de la direction naturelle. Les corps qui tombent suivent la verticale si aucun obstacle ne vient les faire *dévier*.

Diamètre, ligne droite qui passe par le centre d'un cercle et aboutit à la circonférence.

Diapason, petit instrument formé d'une tige d'acier recourbée, et qu'on met en vibration en le frappant sur un corps dur. Le diapason ordinaire donne la note *la*, d'après laquelle on établit toutes les autres.

Différent, se dit des personnes ou des choses qui ne sont pas semblables.

Digue, élévation de terre, de pierres ou de charpente destinée à arrêter les eaux ou à protéger certains pays de l'inondation.

Dilater, augmenter de volume sous l'influence de la chaleur. La chaleur fait dilater le mercure des thermomètres.

Distillée (eau). L'eau distillée s'obtient en réduisant de l'eau en vapeur au moyen de la chaleur, et en la faisant revenir ensuite à l'état liquide par le refroidissement.

Domestiquer, apprivoiser des animaux sauvages de telle manière qu'ils rendent des services à l'homme, qu'ils soient, en un mot, ses « domestiques. » Le cheval, le mouton sont des animaux domestiques.

Douce (eau), eau dont la saveur est agréable au goût. — On désigne sous le nom d'*eau douce* celle des fleuves, des étangs, des fontaines, par opposition à celle de la mer qui est *salée*.

Échasses, longs bâtons garnis d'étriers et qui servent à se hausser pour marcher dans les terrains marécageux.

Effervescence, sorte de bouillonnement qui se produit dans le mélange de diverses matières. L'effervescence est toujours accompagnée d'un dégagement de gaz.

Émergée (terre), qui s'élève au-dessus du niveau de la mer, par opposition aux *terres submergées*, c'est-à-dire, couvertes par les eaux.

Émission, action par laquelle une chose est poussée au dehors ou au loin.

Engluer, enduire de *glu*, ou par extension, prendre comme avec de la *glu*.

Engrais, fumier et autres matières propres à fertiliser la terre.

Esprit-de-vin, voir au mot *Alcool*.

Esquimaux, peuple de l'Amérique septentrionale, qui habite le Groënland, le Labrador et les bords de la mer polaire.

Étain, métal blanc plus dur et plus léger que le plomb. Il est d'un grand usage dans l'industrie.

Étal, table sur laquelle les bouchers exposent la viande.

Étamé (verre), verre sur l'un des côtés duquel on a appliqué une couche de *tain*, métal composé d'un mélange d'étain et de mercure. C'est de cette façon que sont préparées les glaces.

Étreindre, serrer fortement. Se dit particulièrement de l'action de presser quelqu'un entre ses bras.

Fanons, lames cornées qui garnissent la bouche des cétacés du genre baleine. Ces lames servent à retenir les petits animaux qui constituent leur nourriture.

Fermentation, décomposition qui s'effectue dans les substances animales ou végétales sous l'influence de l'air, de l'humidité et d'une chaleur modérée. Cette décomposition est accompagnée d'un dégagement abondant de gaz.

Flamand, habitant de la *Flandre*. Une partie de cette province, la *Flandre française*, a formé le département du *Nord*.

Floraison, production de *fleurs*.

Florian, écrivain français né en 1755, mort en 1794. Il a écrit des fables, comme La Fontaine, mais n'a pas atteint la même perfection que lui.

Fontainebleau, chef-lieu d'arrondissement du département de Seine-et-Marne. 11,600 hab. — Cette ville est remarquable par son château et sa forêt.

Friable, facile à réduire en poudre : le sel est friable, les matières calcinées sont friables.

Fructifier, produire des *fruits*.

Fuseau, petit instrument de bois qui sert à filer. C'est une sorte de bâton rond et court, assez gros au milieu et qui va s'amincissant graduellement vers ses deux extrémités.

Gabon, possession française située sur la côte occidentale d'Afrique. Ce pays est traversé par l'équateur. Les productions du Gabon sont le caoutchouc et la gomme.

Galerie, sorte de long couloir que les mineurs pratiquent sous terre pour découvrir et exploiter les filons de houille ou de minerai.

Galicie, ancien royaume devenu province autrichienne depuis le partage de la Pologne en 1772.

Gamme, suite des *sept notes* de la musique disposées selon l'ordre naturel des sons.

Gangrène, destruction complète de la vie dans une partie du corps. Lorsqu'elle atteint les os on lui donne le nom de *nécrose*. C'est une affection très dangereuse.

Garrot, petite proéminence située à la naissance du cou, chez certains quadrupèdes.

Germination, phénomène à la suite duquel le germe d'une graine, jusque là caché, se montre au dehors.

Gigantesque, qui tient du *géant*, qui a des proportions excessives. Se dit des animaux et des choses remarquables par leur grandeur, par leur élévation.

Gomme, substance visqueuse qui découle de certains arbres. — *Gomme arabique*, gomme provenant de plusieurs plantes du genre acacia.

Graduellement, qui a lieu par degrés, par gradation.

Grange, bâtiment de ferme dans lequel on emmagasine les grains en gerbes et où on les bat.

Grêle, qui est long et mince; s'emploie surtout en comparaison avec d'autres corps ou objets de même nature : une plante grêle, un os grêle.

Groënland, possession danoise au nord de l'Amérique, en partie couverte par d'immenses glaciers.

Guinée, vaste contrée de l'Afrique occidentale qui s'étend de la Sénégambie au fleuve *Cunène* et se divise en Guinée septentrionale et Guinée méridionale.

Gustatives (sensations), qui appartiennent à l'organe du *goût*.

Hectare, mesure agraire d'une superficie de cent *ares* ou 10.000 m. carrés.

Hémisphère, *demi-sphère*. Une sphère est un corps qui a la forme d'un globe ou boule. On dit les hémisphères terrestres : la terre étant considérée comme un globe partagé en deux parties égales par une ligne idéale qu'on nomme *équateur*.

Herbivore, nom par lequel on désigne les animaux qui se nourrissent d'*herbe* : Les chevaux, les ruminants sont des herbivores.

Hermétiquement, se dit de tout ce qui est bien fermé. Un vase est fermé hermétiquement lorsqu'il est clos de manière à ne rien laisser échapper de ce qu'il contient.

Hibernant, hiberner. Se dit des animaux qui passent une partie de l'*hiver* dans un état d'engourdissement dont ils ne sortent qu'au printemps : Les chauves-souris, les taupes sont des animaux hibernants.

Hindoustan ou **Indoustan**, partie septentrionale de l'Inde (voir ce mot).

Horizontal, e, parallèle à l'horizon. La surface des eaux tranquilles représente un plan horizontal.

Huile, nom donné à tous les corps gras qui conservent l'état liquide à la température ordinaire. On extrait de l'huile de l'olive, des noix, des graines de colza, de navette, etc.

Humecter, rendre *humide*, mouiller légèrement.

Hutte, petite cabane grossièrement construite avec du bois, de la paille ou de la terre. On désigne sous le nom de *huttes* les habitations des sauvages, les demeures provisoires des charbonniers dans la forêt.

Identité, ressemblance en général. L'*identité chimique* existe entre plusieurs corps qui ont la même composition, les mêmes propriétés.

Immémorial, qui est si ancien qu'il n'en reste aucune « mémoire, » aucun souvenir. *De temps immémorial* signifie depuis une époque très reculée qu'on ne peut fixer.

Impunément, sans danger, sans inconvénient, sans crainte d'aucune punition.

Incolore, qui n'est pas *coloré* : l'eau est un liquide incolore, l'air est un gaz incolore.

Incruster (s'), se dit des choses qui adhèrent fortement à une autre, qui font corps avec elle, comme des coquillages soudés à un rocher.

Inde, vaste contrée de l'Asie méridionale, sept fois grande comme la France. Les Anglais en possèdent la plus grande partie. La capitale des Indes anglaises est *Calcutta* (800.000 hab.).

Indigo, matière colorante que l'on extrait des tiges et des feuilles de l'indigotier. On s'en sert dans l'industrie pour teindre en bleu.

Inoculer, introduire dans le sang le principe d'une maladie contagieuse ou le venin sécrété par certains animaux.

Inoffensif, qui n'est pas dangereux, qui n'attaque personne.

Interne, le contraire d'*externe*, ce qui est au dedans, à l'intérieur. La *conformation interne* d'un animal, c'est la conformation des parties intérieures de son corps.

Intertropical, qui est situé entre les deux *tropiques*.

Invertébrés, animaux sans os et sans *vertèbres* (annelés, mollusques, zoophytes).

Jardin des Plantes ou *Muséum d'histoire naturelle*, grand établissement scientifique de Paris, fondé en 1635 et qui contient des collections d'histoire naturelle, de plantes et d'animaux vivants de tous les pays.

Java, grande île de l'Océanie faisant partie de l'archipel de la Sonde. 18 millions d'hab. Possession hollandaise très riche par ses cultures. Cap. *Batavia*.

Laiton, alliage de cuivre et d'étain, ce qu'on appelle vulgairement *cuivre jaune*.

Larve, nom qu'on donne aux insectes dans leur premier état, au sortir de l'œuf, avant qu'ils n'aient subi aucune métamorphose : la chenille est la larve du papillon.

Larynx, partie supérieure de la trachée artère, qu'on nomme vulgairement gosier, et qui contribue à la formation de la voix.

Latéral, qui est situé sur les côtés : rameaux latéraux d'un arbre, nageoires latérales.

Lavoisier, physicien et chimiste célèbre (1743-1794), qui peut être considéré comme le fondateur de la chimie moderne.

Lieue, ancienne mesure itinéraire dont l'étendue variait selon les pays. La *lieue métrique* actuelle est de 4 kilomètres.

Linné, célèbre botaniste suédois (1707-1778), auteur d'une classification des plantes.

Liquéfier, faire passer de l'état solide à l'état liquide au moyen de la chaleur, ou de l'état gazeux à l'état liquide au moyen de la condensation obtenue par le refroidissement.

Lit, d'une rivière ou d'un fleuve, canal dans lequel coule cette rivière ou ce fleuve.

Locomobile, machine à vapeur montée sur quatre roues, utilisée dans l'industrie et l'agriculture comme force motrice, c'est-à-dire pour mettre en mouvement des machines et engins divers.

Loupe, instrument dont on se sert pour grossir les objets à la vue et étudier des détails qui échapperaient à l'œil nu.

Lumineux, qui répand de la lumière : Les étoiles sont lumineuses.

Madagascar, grande île sur la côte orientale de l'Afrique, plus grande que la France, cap. *Tananarive*. Pop. : 2,500,000 hab.

Malte, île de la Méditerranée entre la Sicile et l'Afrique. Importante station militaire appartenant aux Anglais. 147,000 hab.

Mammifères, littéralement *porteurs de mamelles*, animaux qui allaitent leurs petits. On donne ce nom à la première classe du règne animal : L'homme, les ruminants, les carnivores, etc., sont des mammifères.

Marais, terrain très humide ou dont une

grande partie est habituellement couverte d'eau qui ne peut s'écouler.

Marin, Marine, qui se trouve, qui croît ou vit dans les eaux de la mer ou sur ses bords : plante marine, animal marin.

Martinique, île faisant partie de l'archipel des Antilles. La Martinique appartient à la France. 155,000 hab. Villes principales : *Fort-de-France* et *Saint-Pierre*.

Mastication, premier acte de la nutrition, qui consiste à broyer, à *mâcher* les aliments et à en faire une sorte de bouillie à l'aide de la salive sécrétée par les glandes salivaires.

Médiane, qui se trouve au milieu. *Ligne médiane*, ligne qu'on suppose partager un corps en deux parties égales, dans le sens de la longueur.

Membrane, tissu organique, aplati en forme de lame ou de toile, qui sert à embrasser ou à envelopper certains organes.

Mercure, métal appelé communément *vif-argent*. C'est le seul métal liquide à la température ordinaire.

Micronésie, une des quatre divisions conventionnelles de l'Océanie. Elle comprend les îles Carolines, les Mariannes, etc. — Micronésie veut dire *petites îles*.

Microscope, instrument d'optique dont la construction est plus compliquée que celle de la loupe, et qui, beaucoup plus que cette dernière, grossit les objets à la vue.

Milan, ville de l'Italie située dans la vallée du Pô (262,000 hab.). C'est la ville la plus industrielle du royaume.

Million, nombre égal à mille fois mille.

Mine, excavation pratiquée dans le sein de la terre pour l'extraction de la houille ou des minerais dont on tire les métaux.

Minerai. — Les métaux se trouvent très rarement dans la terre à l'état pur. On les rencontre le plus souvent à l'état de *minerai*, c'est-à-dire combinés avec le soufre, l'oxygène ou bien avec d'autres métaux.

Mobile, se dit de tout ce qui peut se mouvoir ou être mû : l'aiguille aimantée est mobile sur son pivot.

Molaires, grosses dents aplaties, placées au fond de la bouche, et qui servent à broyer les aliments.

Mortel, qui cause la *mort* ou qui peut la causer. La morsure de certains serpents est presque toujours mortelle.

Moteur, qui fait mouvoir. *Muscle moteur*, muscle qui, obéissant au cerveau, fait mouvoir un membre, un organe.

Mouler, introduire une matière liquide ou pâteuse dans un « moule. » — Le *moule* est un objet creusé de manière à donner une forme déterminée à l'objet qu'on y introduit.

Moyeu, grosse pièce de bois qui forme le centre de la roue des voitures. C'est dans le moyeu que s'emboîtent les *rais* ou rayons ainsi que l'*essieu*.

Naples, ancienne capitale du royaume de ce nom, maintenant ville principale du royaume d'Italie (450,000 hab.)

Naturaliste, celui qui s'occupe spécialement de l'histoire naturelle, qui s'attache à la connaissance des plantes, des minéraux, des animaux.

Naturel, qui est produit par la nature seule, par opposition à ce qui est *artificiel*, c'est-à-dire produit par le travail de l'homme.

Nice, chef-lieu du département des Alpes-Maritimes, 53,000 habitants. Port sur la Méditerranée.

Nocturne (animal), qui ne se met en mouvement que la *nuit* et qui, pendant tout le jour, reste caché dans sa retraite : les chauves-souris, les hiboux, sont des animaux nocturnes.

Normandie, province confisquée par Philippe-Auguste sur Jean-sans-Terre en 1204. Elle a formé les départements de la *Seine-Inférieure*, de l'*Eure*, du *Calvados*, de la *Manche*, et la majeure partie de l'*Orne*.

Norwège, état du nord de l'Europe formant avec la Suède la presqu'île scandinave. Pop. 1,800,000 hab.; cap. *Christiania*.

Nuque, le derrière du cou, partie opposée à la gorge.

Obliquement, qui ne suit pas la direction de la ligne verticale, qui est incliné sur l'horizon. La pluie, lorsqu'il fait du vent, tombe obliquement.

Octave, intervalle musical comprenant les huit degrés de la gamme. Exemples d'octaves : *do*, ré, mi, fa, sol, la, si, *do*. — *ré*, mi, fa, sol, la, si, do, *ré*.

Opaque, qui n'est pas transparent, qui ne laisse point passer la lumière.

Orienter (s'), chercher de quelle manière on est placé par rapport aux quatre points cardinaux. — La boussole sert à s'orienter.

Osciller, se mouvoir alternativement en deux sens contraires. Le mouvement d'un pendule qui se balance à droite et à gauche s'appelle *oscillation*.

Oxydation, combinaison des métaux ou autres substances avec l'*oxygène*.

Palmé, se dit de la patte des oiseaux lorsque leurs doigts sont réunis par une *membrane*. Les oiseaux qui ont des pattes ainsi constituées sont nommés *palmipèdes*.

Papin (Denis), célèbre physicien français (1647-1710), le premier qui ait connu la force élastique de la vapeur d'eau, et le parti qu'on en pouvait tirer pour les machines.

Parallèle, se dit de deux lignes ou de deux surfaces également distantes l'une de l'autre dans toute leur étendue : les côtés d'une règle bien dressée sont parallèles.

Parois, côtés intérieurs d'un vase, d'un tube, d'un tuyau, etc.

Perpendiculaire, qui rencontre à angle droit une ligne ou une surface. Toute verticale est perpendiculaire à une horizontale quelconque. Dans la lettre majuscule L le montant de la lettre est perpendiculaire au jambage du bas, et réciproquement.

Pétrir de l'argile, c'est en faire une pâte en la remuant, en la mélangeant, en la pressant avec les mains ou avec des instruments, comme le boulanger pétrit la farine.

Phalanges, nom donné aux petits os des doigts et des orteils.

Physiologiste, celui qui est versé dans la science qui traite des phénomènes de la vie, des fonctions des organes dans les animaux ou dans les végétaux.

Pneumatique (machine), pompe au moyen de laquelle on enlève l'air d'un récipient ; ce qui s'appelle faire le *vide*.

Pôle. La terre est à peu près ronde. Elle tourne sur elle-même, comme tournerait une orange autour d'une aiguille qui la traverserait de part en part en passant par son centre. Si on suppose qu'une ligne imaginaire, qu'on nomme axe, traverse la terre comme l'aiguille traverse l'orange, les deux extrémités de l'axe sont les pôles.

Pologne, ancien Etat de l'Europe que les Prussiens, les Russes, et les Autrichiens se partagèrent en 1772. On donne aujourd'hui le nom de *Pologne* à la partie annexée à la Russie.

Poudre, mélange très inflammable de salpêtre, de charbon et de soufre qu'on emploie à lancer des projectiles, à briser des rochers, etc.

Pouls, battement produit par le choc du sang sur les artères. On sent aisément le *pouls* aux endroits du corps où les artères sont voisines de la peau, comme à la tempe et au poignet.

Priestley, savant physicien et chimiste anglais (1733-1804). Il reçut de la Convention nationale le titre de citoyen français.

Proie, ce que les animaux carnassiers trouvent ou enlèvent pour leur nourriture. La souris est la proie du chat. — *Oiseaux de proie*, ceux qui se nourrissent exclusivement de la chair d'autres animaux : les aigles et les vautours sont des oiseaux de proie.

Provençal, habitant de la « Provence, » ancienne province française qui a formé les départements des *Basses-Alpes*, du *Var*, des *Bouches-du-Rhône* et une partie de *Vaucluse* et des *Alpes-Maritimes*.

Putréfaction, décomposition qui s'opère dans tous les corps organisés privés de la vie. La putréfaction est le signe certain de la mort.

Puy-de-Dôme, montagne de France au centre du département de même nom. Sa hauteur est de 1465 mètres.

Pyrénées, chaîne de montagnes qui sépare la France de l'Espagne. Les Pyrénées françaises s'étendent du golfe de Gascogne à la Méditerranée. Le point culminant est, en France, le *pic de Néthou* qui a 3,402 mètres.

Quadrupède, animal à *quatre pieds* tel que le cheval, le lion, l'ours, le chien, etc.

Quinte, intervalle de cinq notes consécutives y compris les deux extrêmes. Exemple : de *do* à *sol*, il y a une quinte.

Ramifié, divisé en plusieurs branches, en plusieurs *rameaux* : Le bois du renne est ramifié. Ce mot s'applique aussi à tout ce qui est divisé, subdivisé. Les veines et les artères sont ramifiées par tout le corps.

Rapine, vol, pillage, exercés habituellement sur une grande échelle.

Récent, ce mot, dans la langue journalière, veut dire arrivé ou fait depuis peu. Mais lorsqu'il s'agit de faits espacés de plusieurs milliers d'années comme la formation des divers terrains, l'apparition des divers animaux, le mot *récent*, appliqué à l'un de ces phénomènes, signifie seulement qu'il est plus rapproché de notre époque que les autres.

Récifs, chaîne de rochers à fleur d'eau.

Rectifier, rétablir une chose dans l'état, dans l'ordre où elle doit être : rectifier un calcul, rectifier un jugement, une idée.

Reptiles, animaux vertébrés, à sang froid, aériens, et qui ont la peau garnie de fausses écailles : les tortues, les lézards, les serpents sont des reptiles.

Résine, produit qui découle naturellement, ou par suite d'incisions faites à l'écorce de certains arbres, tels que le pin, le sapin, le mélèze, le térébinthe, etc.

Rhône (fleuve), un des plus grands fleuves français (812 kilom.) et le plus impétueux. Le Rhône prend sa source en Suisse, traverse le lac de Genève, le S.-E. de la France, et se jette dans la Méditerranée.

Rugueux, qui a des rugosités, c'est-à-dire dont la surface inégale est couverte de rides, d'aspérités.

Saillie, éminence, bosse qui se trouve à la surface de certains objets.

Salubre, se dit de toute chose *saine* et qui entretient la santé, par opposition à ce qui est *malsain*.

Sauvageon, arbre qui vient sans culture.

Seconde, la soixantième partie d'une minute.

Septentrional, qui est du côté du *septentrion*, c'est-à-dire du côté du nord.

Serre, lieu clos et couvert où l'on renferme les plantes qu'on veut mettre à l'abri de la gelée ou d'une température trop basse pour elles.

Sibérie, vaste contrée de l'Asie septentrionale, plus grande que l'Europe entière. Cap. *Tobolsk*. L'agriculture est nulle en Sibérie mais on y trouve d'abondantes mines d'or, d'argent, de cuivre et de platine.

Siècle, espace de temps composé de 100 ans.

Sobriété, tempérance, modération dans le boire et le manger.

Solidifier, faire passer un corps de l'état liquide à l'état solide, soit par le refroidissement, soit par la congélation, soit enfin par une action chimique quelconque.

Somme, rivière de France qui prend sa source dans le département de l'Aisne, traverse Saint-Quentin, Amiens, Abbeville, et se jette dans la Manche à Saint-Valery-s.-Somme.

Source, origine d'un cours d'eau; l'endroit même où l'eau sort de terre pour former ensuite un ruisseau, une rivière ou un fleuve.

Soyeux, fin et doux au toucher, comme de la *soie*.

Spitzberg, groupe d'îles de l'Océan glacial arctique à 600 kilom. au nord de la Laponie, à 10° environ du pôle nord. On y trouve des oiseaux, des rennes, des renards et des ours.

Spongieux, dont la structure ressemble à celle de l'*éponge* ; qui est mou, élastique, et absorbe l'eau comme une éponge.

Statuaire (marbre), celui qui est propre à faire des *statues*. Le marbre statuaire est blanc, sans aucune tache ni veine.

Structure, manière dont un corps est composé, dont ses parties sont disposées entre elles.

Subjuguer, soumettre, réduire par la force.

Submergé, qui est entièrement couvert par les eaux.

Suède, royaume de l'Europe septentrionale uni à la Norwège depuis 1840. Popul. 4 millions d'hab.; cap. *Stockholm*.

Sulfureux, se, qui tient de la nature du *soufre*, qui renferme du soufre.

Synthèse, opération par laquelle on réunit des corps simples, soit pour en former des corps composés, soit pour recomposer des corps dont les éléments ont été séparés par l'*analyse*.

Tactiles (sensations), qui sont ou qui peuvent être l'objet du *toucher*.

Terre-Neuve, grande île de l'Océan atlantique, au nord-est de l'Amérique du nord, qui appartient aux Anglais. Tout près se trouve le banc de sable sous-marin, connu sous le nom de *Banc de Terre-Neuve*, et où se fait la pêche à la morue, la plus active qui soit au monde.

Terrier, trou que certains animaux se creusent dans la terre pour s'y retirer, pour se « terrer. » Le renard, le lapin se creusent des terriers.

Thermomètre, instrument qui sert à mesurer le degré de chaleur des corps ou, plus généralement, à indiquer les variations de la température, par le moyen de la dilatation ou de la contraction du mercure ou de l'alcool.

Transversal, en travers. Lorsqu'on coupe une baguette dans le sens de l'épaisseur, on fait une coupe *transversale*.

Trapu, gros et court, se dit des personnes et des animaux.

Trébucher, se dit d'une chose qui emporte par sa pesanteur celle dont on se sert pour la peser. Le plateau d'une balance *trébuche* lorsque, rompant l'équilibre, il enlève le plateau correspondant.

Triangulaire, qui a la forme d'un *triangle*.

Tuilerie, lieu où l'on fait de la « tuile. »

Vallée, étendue de terrain entre deux ou plusieurs montagnes ou collines.

Vase, bourbe ou limon déposé au fond de la mer, des rivières, des marais, etc.

Végétation, développement, accroissement des parties qui constituent les végétaux.

Végétaux, tout ce qui croît par la « végétation, » arbres, herbes, champignons, etc.

Ventiler, renouveler l'air, pratiquer des ouvertures pour faire circuler l'air.

Ventouse, en histoire naturelle on donne ce nom à un organe de succion propre aux sangsues et à quelques autres animaux, au moyen duquel ils adhèrent fortement.

En chirurgie on appelle *ventouse* une petite cloche de verre dans laquelle on raréfie l'air en y brûlant du papier et qu'on applique ensuite sur la peau. Celle-ci se gonfle sous la pression du sang qui n'est plus équilibrée par l'air atmosphérique.

Vertèbre, chacun des petits os qui composent la *colonne vertébrale*.

Vertébrés, nom donné aux animaux qui ont des *vertèbres* et du sang rouge. Ils se divisent en mammifères, oiseaux, reptiles, amphibiens et poissons.

Vertical, e, qui est perpendiculaire au plan de l'horizon ou à la surface des eaux tranquilles. — *Ligne verticale*, celle que suivent les corps qui tombent et qui est indiquée par le fil à plomb.

Vignoble, étendue de pays planté de *vignes*.

Vin, liqueur alcoolique que l'on obtient par la *fermentation du jus de raisin* et qui sert de boisson.

Vinée, lieu destiné à recevoir les cuves où fermente la vendange.

Vinaigre, vin que l'on a rendu « aigre », acide, par une nouvelle fermentation. On fait aussi du vinaigre avec du cidre, de la bière et même avec du bois.

Vivace, se dit des plantes qui vivent plusieurs années, et ne meurent pas après avoir donné leurs graines, comme les plantes *annuelles* et *bisannuelles*.

Volta, célèbre physicien italien (1745-1826), inventa de nombreux instruments de physique et particulièrement la pile électrique qui porte son nom.

Zélande (Nouvelle-), possession anglaise dans l'Océanie (grande comme la moitié de la France). On y élève beaucoup de moutons. Les villes principales sont : *Auckland, Dunedin, Wellington*. La laine et l'or sont les deux articles d'exportation les plus importants.

Zoophytes (littéralement *animaux-plantes*), classe d'animaux qui présentent un aspect extérieur qui les rapproche des plantes. Les étoiles de mer, les polypes, les éponges sont des zoophytes.

TABLE ALPHABÉTIQUE

TABLE DES MATIÈRES

Paris. — Imp. E. CAPIOMONT et V. RENAULT, rue des Poitevins, 6.

www.ingramcontent.com/pod-product-compliance
Ingram Content Group UK Ltd.
Pitfield, Milton Keynes, MK11 3LW, UK
UKHW020307230726
13925UKWH00001B/256